基礎からの
物理学

山本貴博 著

裳華房

PHYSICS : THE BASICS

by

Takahiro YAMAMOTO, Dr. Sc.

SHOKABO

TOKYO

は　し　が　き

　本書は，読者層として理工系の大学1年生を念頭におき，読者らがそれぞれの専門分野に進む前に身に付けておいてもらいたい「物理学の基礎」について執筆した教科書である．また，すでに専門分野に進んでいる読者が，もう一度，物理学の基礎を復習したいという場合にも，独学で学ぶことができるように構成した．したがって本書は，無闇に特定の分野に偏ることはせず，広範にわたる理工系分野の共通言語としての物理学を習得できる内容となっている．

　物理学は，その名の通り「物（もの）の理（ことわり）に関する学問」であり，その対象は，この宇宙のあらゆる「もの」や「こと」，すなわち「自然現象」である．人類は長い歴史の中で，一見，複雑で混沌としているようにみえる自然現象の中からいくつもの規則性や共通性を見出し，それらの背後に潜む「自然の原理や法則」を繰り返し発見しながら，物理学の適用範囲を拡大させてきた．19世紀末までには，（主として）人間が五感で感知できる自然現象を対象にした物理学として，**力学**，**熱力学**，**電磁気学**の3大理論を完成させた．20世紀に入ると，五感で感知できないミクロな世界の法則（量子力学）や，日常的な感覚とは一見して相容れない時間や空間の概念（相対性理論）を完成させた．20世紀以降に誕生した比較的新しい物理学（量子力学や相対性理論など）を**現代物理学**とよぶのに対して，19世紀末までに確立した物理学（力学，熱力学，電磁気学など）を**古典物理学**という．

　力学，熱力学，電磁気学を3本柱とする古典物理学は，現代物理学の発展に多くの影響を与えただけでなく，それ自身が学理的にも実用的にも価値をもち，今日でもなお，多くの科学技術の発展に貢献し続けている．そこで本書では，広範に及ぶ物理学の分野の中から，この古典物理学の3本柱に焦点を絞り，物理学の基礎をしっかりと身に付けられるように構成した（第Ⅰ部：力学，第Ⅱ部：熱力学，第Ⅲ部：電磁気学）．ただし，大学1年生向けの基礎の物理学ということを踏まえ，力学では「惑星の運動（ケプラー問題）」，熱力学では「自由エネルギー」や「相転移」，電磁気学では「ベクトルポテンシャル」や「物質中での電磁気現象」などの多少高度な内容は割愛し，これらについては，各分野の教科書に譲ることにした．また，力学・熱力学・電磁気学以外の分野（弾性体力学，振動と波動，流体力学，量子力学，統計力学，相対性理論など）については，部を設けての説明は割愛したものの，本書の処々でそれらの話題に触れることで，物理学の分野間の関連性を実感できるように配慮しながら，大学の学部上級で学ぶ専門科目への橋渡しとなるように心掛けた．

　本書で必要となる数学は，高等学校で学ぶ初等的な微分積分とベクトルの知識である．大学入学後に学ぶ数学（テイラー展開，偏微分，全微分，微分方程式，ベクトルの外積など）については，本書で物理学を学びながら習得できるように十分に配慮し

てある．ただし，数学の説明の煩雑さのために物理学の説明の流れが悪くなるような箇所では，数学の帰結を公式的に与えることで，論理の流れが切れないように工夫してある．それらについての説明は，巻末に付録としてまとめた．また，各章の補充問題や各部末の演習問題の略解の補足説明を裳華房のホームページ（www.shokabo.co.jp）に掲載したので，必要に応じて参照して頂きたい（ダウンロードも可）．

　本書では，物理学の発展に貢献した先人らに少しでも親しみをもってもらえればとの思いから，処々に先人らの似顔絵を載せた．これらの似顔絵は，著者の講義を聞きながらノートの隅に先人らの似顔絵を描いていた中西智香さんの作品である．この場を借りて御礼を申し述べたい．また，裳華房 編集部の小野達也氏には，本書の企画から出版まで粘り強く，そして綿密にご助力頂いた．小野氏の的確で気の利いたアドバイスと励ましがなければ，本書を完成させることはできなかったであろう．ここに心から御礼を申し述べたい．そして何より，著者をいつも支えてくれている家族と両親に，この場を借りて感謝の意を表したい．

　　　2016 年初秋

　　　　　　　　　　　　　　　　　　　　　　　　　　　　　　　　山 本 貴 博

目　　次

第 I 部　力　　学

第 1 章　力学が対象とするもの … 2

第 2 章　位置ベクトルと座標

- 2.1　座標の設定 … 4
  - 2.1.1　位置ベクトルとデカルト座標 … 4
  - 2.1.2　物理量の単位と次元 … 5
- 2.2　位置ベクトル … 6
- 2.3　様々な座標 … 6
  - 2.3.1　2 次元極座標 … 7
  - 2.3.2　3 次元極座標 … 7
  - 2.3.3　円柱座標 … 8

第 3 章　質点の運動学

- 3.1　速度と速さ … 10
  - 3.1.1　1 次元運動の場合 … 10
  - 3.1.2　3 次元運動の場合 … 11
- 3.2　加速度 … 12
- 3.3　速度と加速度の 2 次元極座標表現 … 14
- 3.4　運動学から力学へ … 15
- 3.5　基本的な運動 … 15
  - 3.5.1　等速運動 … 15
  - 3.5.2　等加速度運動 … 15
  - 3.5.3　等速円運動 … 16

第 4 章　質点の力学　〜ニュートンの運動の法則〜

- 4.1　運動の第 1 法則（慣性の法則） … 19
- 4.2　運動の第 2 法則（運動方程式） … 20
  - 4.2.1　ニュートンの運動方程式 … 20
  - 4.2.2　質量と重さ … 21
  - 4.2.3　運動状態の確定 … 22
  - 4.2.4　運動量 … 22
  - 4.2.5　力積 … 23
- 4.3　運動の第 3 法則（作用・反作用の法則） … 24
  - 4.3.1　作用・反作用の法則 … 24
  - 4.3.2　運動量保存の法則 … 25
  - 4.3.3　2 つの質点の衝突 … 26

第 5 章　自然界の様々な力

- 5.1　自然界の 4 つの基本的な力 … 27
- 5.2　万有引力 … 28
  - 5.2.1　ニュートンの万有引力の法則 … 28
  - 5.2.2　重力 … 28
- 5.3　電磁気力 … 29
  - 5.3.1　電荷と電気量 … 29
  - 5.3.2　クーロンの法則とクーロン力 … 30
  - 5.3.3　万有引力と電磁気力の大きさ … 30

第 6 章　巨視的物体にはたらく力

- 6.1　垂直抗力と張力 … 32
- 6.2　摩擦力 … 32
  - 6.2.1　静止摩擦力 … 33
  - 6.2.2　動摩擦力 … 33
- 6.3　粘性抵抗と慣性抵抗 … 35
  - 6.3.1　粘性抵抗 … 35
  - 6.3.2　慣性抵抗 … 35
- 6.4　弾性力（復元力） … 35

第 7 章　様々な力のもとでの質点の運動

- 7.1 粗い面を滑る質点の運動 …………37
- 7.2 粘性抵抗を受けながら落下する質点 …………38
- 7.3 弾性力のもとでの質点の運動 ……41
  - 7.3.1 一般解の天下り的な導出 ……41
  - 7.3.2 解の物理的意味 …………42
  - 7.3.3 一般解の形式的な導出 ……43
- 7.4 振り子の微小振動 …………44
- 7.5 粘性抵抗を受けて運動する振動子 ‥45
- 7.6 周期的な外力のもとでの振動子の運動 …………49
  - 7.6.1 身の回りの強制振動 …………49
  - 7.6.2 周期的な外力のもとでの振動子の運動 …………50
  - 7.6.3 うなりと共振 …………51

第 8 章　力学的エネルギーとその保存則

- 8.1 仕事 …………53
  - 8.1.1 一定の力がする仕事 …………53
  - 8.1.2 仕事の一般式 …………55
- 8.2 保存力と位置エネルギー …………56
  - 8.2.1 保存力と非保存力 …………56
  - 8.2.2 位置エネルギー（ポテンシャルエネルギー）‥57
  - 8.2.3 ポテンシャルエネルギーと保存力の関係 …………58
  - 8.2.4 等ポテンシャル面 …………60
  - 8.2.5 平衡点 …………60
- 8.3 力学的エネルギー保存の法則 ……61
  - 8.3.1 運動エネルギーと仕事の関係‥61
  - 8.3.2 力学的エネルギー保存の法則‥62
  - 8.3.3 位置エネルギーをポテンシャルエネルギーとよぶ理由 ……64

第 9 章　角運動量とその保存則

- 9.1 角運動量 …………65
- 9.2 角運動量と力のモーメント ………66
  - 9.2.1 角運動量の時間変化 …………66
  - 9.2.2 中心力と角運動量の保存則 ‥67

第 10 章　非慣性系での物体の運動

- 10.1 並進運動座標系 …………68
  - 10.1.1 並進運動座標系での物体の運動 …………68
  - 10.1.2 ガリレイの相対性原理 ……69
- 10.2 回転座標系 …………70
  - 10.2.1 2次元の回転座標系 …………70
  - 10.2.2 回転座標系での運動方程式‥70

第 11 章　質点系の力学

- 11.1 質点系にはたらく力 〜内力と外力〜 …………72
- 11.2 質点系の運動量 …………73
- 11.3 質量中心(重心)の運動 …………74
  - 11.3.1 質量中心とその運動方程式‥74
  - 11.3.2 質量中心と重心 …………75
- 11.4 質点系の角運動量 …………76
- 11.5 重心座標系での質点系の運動 ……78
  - 11.5.1 重心座標系 …………78
  - 11.5.2 質点系の運動エネルギー …79
  - 11.5.3 重心の角運動量と内部角運動量 …………79
  - 11.5.4 全角運動量の運動方程式の分離 …………81

第 12 章　剛体の力学

- 12.1 剛体とは …………82
- 12.2 剛体の自由度と運動方程式 ………82
  - 12.2.1 自由度と拘束条件 …………82
  - 12.2.2 剛体の自由度 …………83

12.2.3　剛体の運動方程式……………84
12.3　連続的な質量分布をもつ剛体……85
12.4　固定軸の周りの剛体の回転運動…88
　12.4.1　回転の運動方程式と慣性モーメント……………88
　12.4.2　固定軸の周りの回転運動の具体例………………91
12.5　慣性モーメントに関する諸定理…93
12.6　慣性モーメントの具体的な計算…94
　12.6.1　長さ l, 質量 M の一様な棒…94
　12.6.2　半径 a, 質量 M の薄い円板…95
　12.6.3　半径 a, 質量 M の球体………96
12.7　剛体の平面運動……………………96

第Ⅰ部【力学】演習問題………………………………………………100

第Ⅱ部　熱　力　学

第13章　熱力学が対象とするもの …………104

第14章　熱平衡状態と温度

14.1　"温かさ"の尺度………… 106
14.2　熱平衡状態………………107
14.3　熱力学第0法則…………107
14.4　温度………………………108
　14.4.1　温度の導入……………108
　14.4.2　セルシウス温度………109
　14.4.3　物体の熱膨張（体積膨張と線膨張）………110
14.5　経験的温度と熱力学的温度……110
　14.5.1　シャルルの法則………111
　14.5.2　経験的温度と熱力学的温度・111
14.6　理想気体の状態方程式…………112
　14.6.1　ボイル－シャルルの法則…112
　14.6.2　アボガドロの法則………112
　14.6.3　理想気体の状態方程式……113
　14.6.4　実在気体……………………114
14.7　状態量と状態方程式……………115

第15章　気体の分子運動論

15.1　気体の圧力………………117
　15.1.1　ベルヌーイの関係式……117
　15.1.2　エネルギー等分配則……119
15.2　内部エネルギー…………………120
　15.2.1　理想気体の内部エネルギー…120
　15.2.2　ジュールの法則……………121

第16章　熱力学第1法則

16.1　熱とは何か………………122
　16.1.1　熱の本性………………122
　16.1.2　熱と内部エネルギー…123
16.2　熱力学第1法則…………125
　16.2.1　ジュールの実験………125
　16.2.2　熱力学第1法則………126
16.3　準静的変化による仕事…127
　16.3.1　系が外部にする仕事………127
　16.3.2　準静的変化…………………128
　16.3.3　準静的変化と可逆変化……128
16.4　熱容量……………………………130
　16.4.1　熱容量の一般論……………130
　16.4.2　定積熱容量と定圧熱容量…131
16.5　理想気体の断熱変化……………133

第17章　熱力学第2法則

17.1　熱機関……………………135
17.2　カルノーサイクル………137
　17.2.1　熱機関の効率を悪化させる原因………………137

17.2.2 カルノーサイクルの動作……137
17.2.3 カルノーサイクルの効率……138
17.2.4 可逆機関の順サイクルと
 逆サイクル……………141
17.3 熱力学第2法則……………142
17.3.1 クラウジウスの原理と
 トムソンの原理………142
17.3.2 カルノーの定理…………143
17.4 熱力学的温度………………144

17.4.1 可逆機関の効率…………144
17.4.2 熱力学的温度……………144
17.5 エントロピー増大の法則……145
17.5.1 可逆機関における不変量…145
17.5.2 不可逆変化とエントロピー増大
 ………………………146
17.5.3 エントロピーの微視的解釈
 ………………………148

第Ⅱ部【熱力学】演習問題……………152

第Ⅲ部　電 磁 気 学

第18章　電磁気学が対象とするもの……156

第19章　静　電　場

19.1 電荷と電気素量……………159
19.2 クーロンの法則とクーロン力……161
19.2.1 クーロンの法則…………161
19.2.2 クーロン力のベクトル表現…162
19.3 重ね合わせの原理…………162
19.4 電場………………………163
19.4.1 1個の点電荷がつくる電場…163
19.4.2 複数の点電荷がつくる電場…164
19.4.3 連続分布する電荷がつくる電場
 ………………………165
19.5 電気力線……………………169
19.6 ガウスの法則………………170
19.6.1 電気力線の本数…………170
19.6.2 ガウスの法則(積分形)……171
19.7 ガウスの法則の応用………173
19.8 静電ポテンシャル…………175
19.8.1 クーロン力のする仕事と保存力
 ………………………175
19.8.2 静電ポテンシャル(電位)……176
19.8.3 複数の点電荷がつくる
 静電ポテンシャル………177
19.8.4 静電ポテンシャルの勾配……179
19.8.5 等電位面…………………180
19.9 導体…………………………181
19.9.1 静電誘導…………………181
19.9.2 導体の帯電………………182
19.10 コンデンサーと静電容量……183
19.10.1 静電容量…………………183
19.10.2 コンデンサー……………183
19.10.3 平行平板コンデンサー……184
19.11 電場のエネルギー……………186
19.11.1 コンデンサーに蓄えられる
 エネルギー………………186
19.11.2 電場のエネルギー密度……186

第20章　静　磁　場

20.1 電流…………………………188
20.2 オームの法則………………189
20.2.1 オームの第1法則と第2法則
 ………………………189
20.2.2 オームの法則の微視的説明…190
20.3 直線電流の間にはたらく力……192
20.4 磁場と磁束密度……………194
20.5 アンペール力とローレンツ力……195

20.5.1 アンペール力とフレミングの
 左手の法則………………195
20.5.2 ローレンツ力……………195
20.6 ビオ-サバールの法則………196
20.7 磁束密度に対するガウスの法則…199
20.8 アンペールの法則…………200
20.8.1 アンペールの法則の導出……200
20.8.2 アンペールの法則…………203

20.9　アンペールの法則の応用………204

第21章　電磁誘導

21.1　電磁誘導の発見……………207
　21.1.1　電磁誘導の実験…………207
　21.1.2　レンツの法則……………210
21.2　ファラデーの電磁誘導の法則…210
　21.2.1　電磁気学の第3の原理……210
　21.2.2　誘導電場…………………211
21.3　閉回路の形状が変化する場合の電磁誘導……………………213
21.4　自己誘導………………………215
　21.4.1　自己誘導と相互誘導………215
　21.4.2　自己インダクタンス…………215
21.5　磁場のエネルギー……………216
　21.5.1　コイルに蓄えられるエネルギー………………………216
　21.5.2　磁束密度のエネルギー密度・216
21.6　相互誘導………………………217
　21.6.1　相互インダクタンス…………217
　21.6.2　相互インダクタンスの相反関係………………………218

第22章　マクスウェルの変位電流の法則

22.1　アンペールの法則の再考………219
22.2　変位電流とアンペール-マクスウェルの法則…………220
22.3　マクスウェルによる電磁波の予言………………………222

第23章　マクスウェル方程式と電磁波

23.1　電磁気学の4つの原理とマクスウェル方程式…………224
23.2　電磁波…………………………225
　23.2.1　自由空間のマクスウェル方程式………………………225
　23.2.2　電場と磁束密度の波動方程式………………………226
　23.2.3　波動方程式の平面波解……229
　23.2.4　電磁波の速度と光の正体…230
　23.2.5　電磁波の分類………………231
23.3　電磁波によるエネルギーの伝播・232
　23.3.1　電磁波のエネルギー………232
　23.3.2　ポインティングベクトル……232
23.4　エピローグ ～光をめぐるその後の展開～………………………233
　23.4.1　光の粒子説と波動説………234
　23.4.2　光電効果 ～光の電磁波説の限界～………………………235
　23.4.3　光量子仮説と量子力学の誕生………………………236
　23.4.4　粒子性と波動性を兼ね備える光子 ～量子の世界～………236
　23.4.5　最後に………………………238

第Ⅲ部【電磁気学】演習問題……………………………………………239

付　録

A. 物理学を学ぶための数学ミニマム ‥242
　A.1　テイラー展開および偏微分と全微分(完全微分) …………242
　A.2　2階線形微分方程式……………243
　A.3　ベクトルのスカラー積(内積)‥244
　A.4　ベクトル積(ベクトルの外積)‥245
B. 熱力学第2法則に関わる諸原理……245
　B.1　クラウジウスの原理とトムソンの原理の等価性 ………………245
　B.2　カルノーの定理の証明 ………246

演習問題の略解……………………………………………………………… 248
索　引……………………………………………………………………… 253

第 I 部　力　学

　力学は,「物体の運動」や「物体にはたらく力」を対象とする物理学の一分野である. 第 I 部の第 10 章までは, 大きさをもたない点状の物体(**質点**)を導入することで, 物体の大きさや形によらない力学法則と現象について述べる. はじめに, 質点の位置・速度・加速度の間の関係をまとめ, 続いて, 物体の運動を司るニュートンの運動法則について述べる. さらに, 様々な力のもとでの質点の運動や保存則などについても述べる.

　一方, 後の 2 つの章では, 互いに力を及ぼし合う質点から成る系(**質点系**)の運動について述べ(第 11 章), 引き続き, 質点系の中でも, すべての質点間の距離が変らない物体(**剛体**)の運動について述べる(第 12 章).

第 1 章
力学が対象とするもの

Mechanics

キーワード：質点，質点系，剛体

　力学は，「物体の運動」や「物体にはたらく力」を対象にした物理学の一分野であり，物体の運動を司る原理や法則をまとめたものである．物体と一言でいっても，小さな物体から大きな物体，硬い物体から柔らかい物体まで様々である．これらすべての物体の運動が力学の対象であるが，第 I 部の第 2 章〜第 10 章では質点とよばれる「大きさをもたない点状の物体」の運動について述べる．

　　　　　　質点：大きさをもたない点状の物体

　読者の中には「質点という抽象的な概念の物体を考えることに，一体どれだけの意味があるのか」と否定的に思う人もいるかもしれないので，次のことを考えてみよう．

　いま，私たちの惑星「地球」に注目してみると，地球の半径は約 6400 km であり，私たち人間のサイズに比べてはるかに大きく，明らかに質点ではない．一方，地球は太陽の周りを公転しているが，その公転半径の平均は約 1 億 5000 万 km であり，地球の半径に比べてはるかに大きい．したがって，地球の公転について考察する際には，地球の大きさをひとまず無視して，地球を質量をもった点，すなわち「質点」とみ

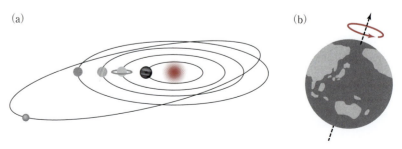

図 1.1　太陽の周りを公転する天体(a)と自転する地球(b)の概念図

なしても差し支えなさそうである．実際，地球に限らず太陽系の他の天体についても，それらを質点とみなして公転軌道(天体が太陽の周りに描く軌跡(図 1.1(a))を計算しても，その計算結果は実際の公転軌道と極めて良く一致する．

一方，地球は地軸の周りを自転しているが，自転について考察する際には，もはや地球を「質点」とみなすわけにはいかず，地球の大きさや形状などを考慮しなければならない(図 1.1(b))．つまり，同じ物体(いまの場合は地球)であっても，考察する運動によって，質点とみなして良い場合と悪い場合がある．

さて，図 1.1(a) に示した太陽系内の惑星のように，相互作用する複数の質点(= 天体)から成る系を**質点系**という．そして，質点系の中でも，質点相互の位置が変わらない物体を**剛体**とよぶ．

> **質点系**：多数の質点から構成される系
> **剛　体**：質点相互の位置が変わらない質点系

第 I 部の第 10 章までは質点が 1 個の場合の力学(質点の力学)について述べることにし，質点系と剛体の力学については第 I 部の第 11 章以降で述べる．

第 2 章
位置ベクトルと座標

質点の運動とは，質点の位置が時々刻々と変化することである．したがって，質点の運動について考察するには，その位置を指定する手段が必要である．この章では，質点の位置を指定する位置ベクトルと座標について述べる．

> キーワード：位置ベクトル，直交座標(デカルト座標)，極座標，
>   円柱座標
> 必要な数学：ベクトル，三角関数

2.1 座標の設定

2.1.1 位置ベクトルとデカルト座標

図 2.1(a) をみてみよう．マス目の上に描かれた質点の位置は「左下隅から数えて，右に 6 マス，上に 4 マス」と指定することもできるし，「右上隅から数えて，左に 2 マス，下に 2 マス」と表現することもできる．表現は異なるものの，いずれも同じ位置を指している．もし，これらの表現から「左下隅から数えて」や「右上隅から数えて」を省略して「右に 6 マス，上に 4 マス」や「左に 2 マス，下に 2 マス」だけにしてしまうと，「どこから数えて」なのかがわからず，もはや質点の位置はわからない．

この例からわかるように，質点の位置を指定するためには「どこからなのか」，すなわち，「位置の基準点」を指定することが不可欠である．ただし，位置の基準点はどこでもよく，その都度，都合よく決めればよい．

位置の基準点のことを**座標原点**(あるいは単に**原点**)という．図 2.1(b) のように座標原点 O を選び，座標原点 O を通り，互いに直交する 2 つの軸(x 軸と y 軸)を設定すると，質点の位置は例えば $(x, y) = (4, 3)$ と表される．また，大きさと向きをもった量を**ベクトル**といい，座標原点 O を始点として質点の位置を終点とするベクトル(図の赤茶色の矢

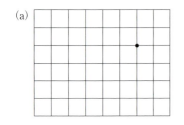

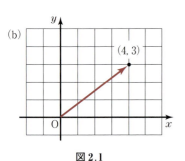

図 2.1
(a) マス目の上の質点
(b) 座標の設定

印)を**位置ベクトル**という．なお，図 2.1(b) のように，互いに直交する座標軸から構成される座標を**直交座標**あるいは**デカルト座標**という[1]．

位置ベクトル：座標原点を始点として質点の位置を終点とするベクトル

いま，直交座標での任意の位置ベクトルを

$$\boldsymbol{r} = (x, y) \tag{2.1}$$

のように表すことにしよう．

このように，本書ではベクトルで与えられる物理量は太字の斜体（$\boldsymbol{a}, \boldsymbol{b}, \boldsymbol{c}$ や $\boldsymbol{A}, \boldsymbol{B}, \boldsymbol{C}$ など）で表し，スカラー（大きさ）で与えられる物理量は細字の斜体（a, b, c や A, B, C など）で表すことにする．

2.1.2 物理量の単位と次元

図 2.1 の例では，位置ベクトルを $(x, y) = (4, 3)$ と表したが，x 軸と y 軸の目盛 1 マスの大きさが不明なので，それが $x = 4\,\mathrm{m}$ なのか $x = 4\,\mathrm{cm}$ なのかはわからない．このことからわかるように，質点の位置を数量的に表現する際には，メートル (m)，センチメートル (cm)，ミリメートル (mm) などの単位が不可欠である．

本書では**長さの単位**に**メートル** (m)，**質量の単位**に**キログラム** (kg)，**時間の単位**に**秒** (s) を採用する．そして，これらを基本単位として他の物理量の単位を定める単位系を **MKS 単位系**とよぶ[2]．

なお，電磁気学（第 III 部）で登場する物理量の単位は，長さ，時間，質量の 3 つの基本単位だけでは表現できない．そこで，電磁気現象を特徴づける物理量として**電流**を基本単位に選び，**電流の単位であるアンペア** (A) を MKS 単位系に加え，この単位系を **MKSA 単位系**という．

表 2.1 MKSA 単位系

長さ [L]	質量 [M]	時間 [T]	電流 [I]
m	kg	s	A

さらに MKSA 単位系に，温度の単位としてケルビン (K)，光の強度を表す単位としてカンデラ (cd)，物質量を表す単位としてモル (mol) の 3 つを加えた単位系を **SI 単位系**という．

MKSA 単位系では，長さ L，質量 M，時間 T，電流 I を用いて，任意の物理量の大きさ W を

$$W = qL^a M^b T^c I^d \qquad (a, b, c, d, q \text{ は実数}) \tag{2.2}$$

の形で表すことができ，この物理量 W の単位は，$\mathrm{m}^a \mathrm{kg}^b \mathrm{s}^c \mathrm{A}^d$ となる．また，このとき

$$[W] \equiv [L^a M^b T^c I^d] = [L]^a [M]^b [T]^c [I]^d \tag{2.3}$$

---

[1] 直交座標をデカルト座標とよぶのは，この座標の考案者がフランスの哲学者ルネ・デカルト (René Descartes) であることに由来する．また，直交座標はカーテシアン座標 (Cartesian coordinate) ともよばれるが，このよび名もデカルト (Descartes) に由来する．フランス語で des は冠詞であるため，Descartes から Des をとり Cartes とし，末尾に ian を付けたものである．考案者の名前の末尾に ian を付けて専門用語にするのは，物理学や数学の分野の慣例である．

ルネ・デカルト
（フランス，1596 - 1650）

[2] 長さの単位にセンチメートル (cm)，質量の単位にグラム (g)，時間の単位に秒 (s) を採用し，これらを基本単位に選ぶ単位系を **cgs 単位系**とよぶ．

を物理量 W の**次元**あるいは**ディメンション**といい(本書の表紙裏面を参照)，物理法則や定義から求めることができる．

なお，ディメンションの異なる物理量を掛けたり割ったりすることはできるが，足したり引いたりすることはできない．

2.2 位置ベクトル

質点は運動の最中に，その位置を時々刻々と変化させる．すなわち，位置ベクトル $\bm{r}$ は時間 t の関数であり，$\bm{r}(t)$ と表すことができる．例えば，(2.1)式の 2 次元直交座標での位置ベクトルの場合には x, y 成分も時間 t の関数であり，

$$\bm{r}(t) = (x(t), y(t)) \tag{2.4}$$

と表せる．

このことは，3 次元空間を運動する質点の場合へ容易に拡張できる．2 次元の直交座標の場合と同様に，3 次元空間のどこか 1 点を座標原点 O に定め，座標原点 O を通り，互いに直交する 3 つの軸(x, y, z 軸)を設定することで，3 次元の直交座標が設置される(図 2.2)．これにより，3 次元空間を運動する質点の位置ベクトル $\bm{r}(t)$ は，(2.4)式に z 成分が加わって

$$\bm{r}(t) = (x(t), y(t), z(t)) \tag{2.5}$$

と表せる．

次に，位置ベクトルの別の表現法を導入する．まず，x, y, z 軸にそれぞれ平行で，大きさが 1 の単位ベクトルである

$$\bm{e}_x = (1, 0, 0), \quad \bm{e}_y = (0, 1, 0), \quad \bm{e}_z = (0, 0, 1) \tag{2.6}$$

を導入する(図 2.2)．これらのベクトルを**基底ベクトル**または**基本ベクトル**とよぶ．ただし，**基底ベクトルは次元をもたない無次元量**であることを注意しておく．(2.6)式の基底ベクトルを用いると，例えば(2.5)式の位置ベクトル $\bm{r}(t)$ は

$$\bm{r}(t) = x(t)\bm{e}_x + y(t)\bm{e}_y + z(t)\bm{e}_z \tag{2.7}$$

と表すことができる．

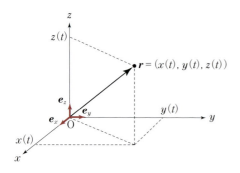

図 2.2 3 次元の直交座標での位置ベクトル $\bm{r}$ と基底ベクトル $\bm{e}_x, \bm{e}_y, \bm{e}_z$

2.3 様々な座標

質点の位置を指定するための座標は，直交座標だけではない．質点の運動に応じて都合よく座標を選べばよい．上手に座標を選ぶことで，

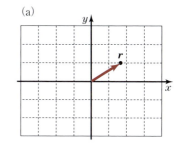

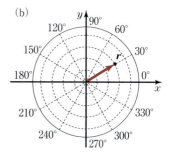

図 2.3 2 次元の直交直線座標 (a) とその極座標プロット (b)

2.3.1 2次元極座標

前節までは，図 2.3(a) に示すように，2 次元平面上にある質点の位置を直交座標によって指定した．ここでは，図 2.3(a) の原点の位置と質点の位置を変更せずに，紙面上に描かれた直交座標を図 2.3(b) に示すような極座標プロットに置き換えてみる．なお，図 2.3(a) の x 軸を極座標プロットの $0°$ に一致するように選んだ．

すぐにわかるように，極座標プロットでは，座標原点から質点までの距離 r (すなわち，位置ベクトル $\boldsymbol{r}$ の大きさ) と角度 θ (= 位置ベクトル $\boldsymbol{r}$ と x 軸のなす角) の 2 つの変数を指定すれば，質点の位置は一義的に定まる．

このように，平面上の質点の位置を (r, θ) の 2 変数で指定する座標を，**2次元極座標**という．また，2 次元の直交座標と極座標の間には

$$x = r\cos\theta \quad (-\infty \leq x \leq \infty) \tag{2.8}$$
$$y = r\sin\theta \quad (-\infty \leq y \leq \infty) \tag{2.9}$$

あるいは，これらの逆変換として

$$r = \sqrt{x^2 + y^2} \quad (0 \leq r \leq \infty) \tag{2.10}$$
$$\theta = \tan^{-1}\frac{y}{x} \quad (0 \leq \theta < 2\pi) \tag{2.11}$$

の関係がある[3]．

3) 直交座標にせよ，極座標にせよ，平面上の質点の位置を指定するためには，2 つの変数が必要である (直交座標であれば (x, y)，極座標であれば (r, θ))．このように，物体の位置を一義的に指定するために必要な変数の数のことを (力学的)**自由度**という．詳しくは，第 12 章の 12.2.1 項で述べる．

=== 〈例題〉平面上の 2 点間の距離 ===

位置ベクトル $\boldsymbol{r}_1 = (r_1\cos\theta_1, r_1\sin\theta_1)$ と $\boldsymbol{r}_2 = (r_2\cos\theta_2, r_2\sin\theta_2)$ で指定される 2 点間の距離 $l_{12} = |\boldsymbol{r}_1 - \boldsymbol{r}_2|$ を求めよ．

〈解〉 $\boldsymbol{r}_1 - \boldsymbol{r}_2 = (r_1\cos\theta_1 - r_2\cos\theta_2, r_1\sin\theta_1 - r_2\sin\theta_2)$ であるから，

$$\begin{aligned}l_{12} = |\boldsymbol{r}_1 - \boldsymbol{r}_2| &= \sqrt{(r_1\cos\theta_1 - r_2\cos\theta_2)^2 + (r_1\sin\theta_1 - r_2\sin\theta_2)^2} \\ &= \sqrt{r_1^2 + r_2^2 - 2r_1r_2(\cos\theta_1\cos\theta_2 + \sin\theta_1\sin\theta_2)} \\ &= \sqrt{r_1^2 + r_2^2 - 2r_1r_2\cos(\theta_1 - \theta_2)}\end{aligned}$$

となる．最後の等号において，加法定理 $\cos(\theta_1 - \theta_2) = \cos\theta_1\cos\theta_2 + \sin\theta_1\sin\theta_2$ を用いた． ◆

2.3.2 3次元極座標

3 次元空間中の質点の位置を図 2.4(a) のような (r, θ, ϕ) の 3 変数で指定する座標を **3次元極座標**という．

3 次元の直交座標と極座標の間には，図 2.4(b) からわかるように

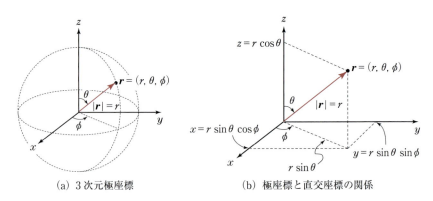

(a) 3次元極座標　　　　　(b) 極座標と直交座標の関係

図 2.4

$$x = r \sin\theta \cos\phi \quad (-\infty \leq x \leq \infty) \quad (2.12)$$
$$y = r \sin\theta \sin\phi \quad (-\infty \leq y \leq \infty) \quad (2.13)$$
$$z = r \cos\theta \quad (-\infty \leq z \leq \infty) \quad (2.14)$$

あるいは，これらの逆変換として

$$r = \sqrt{x^2 + y^2 + z^2} \quad (0 \leq r \leq \infty) \quad (2.15)$$
$$\theta = \tan^{-1}\frac{\sqrt{x^2 + y^2}}{z} \quad (0 \leq \theta \leq \pi) \quad (2.16)$$
$$\phi = \tan^{-1}\frac{y}{x} \quad (0 \leq \phi < 2\pi) \quad (2.17)$$

の関係がある．

2.3.3 円柱座標

3次元空間中の質点の位置を図 2.5(a) のような (ρ, ϕ, z) の 3 変数で指定する座標系を**円柱座標**という．

3次元の直交座標と円柱座標の間には，図 2.5(b) からわかるように

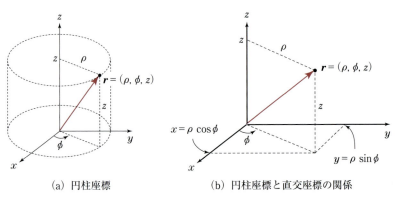

(a) 円柱座標　　　　　(b) 円柱座標と直交座標の関係

図 2.5

$$x = \rho \cos\phi \quad (-\infty \le x \le \infty) \qquad (2.18)$$
$$y = \rho \sin\phi \quad (-\infty \le y \le \infty) \qquad (2.19)$$
$$z = z \quad (-\infty \le z \le \infty) \qquad (2.20)$$

あるいは，これらの逆変換として

$$\rho = \sqrt{x^2 + y^2} \quad (0 \le \rho \le \infty) \qquad (2.21)$$
$$\phi = \tan^{-1}\frac{y}{x} \quad (0 \le \phi < 2\pi) \qquad (2.22)$$
$$z = z \quad (-\infty \le z \le \infty) \qquad (2.23)$$

の関係がある．

Mechanics

第 3 章
質点の運動学

ガリレオ・ガリレイ
(イタリア，1564 – 1642)

近代科学の祖の一人である**ガリレオ・ガリレイ**の有名な言葉に，「自然という書物は数学という言葉で書かれている」というものがある．この章では，質点の運動状態を表す物理量を導入し，それらの間の数学的な関係について述べる．なお，このような学問を**運動学**という．

> キーワード：**位置ベクトル，速度，加速度**
>
> 必要な数学：**ベクトル，三角関数，微分・積分**

3.1 速度と速さ

この節では，質点の運動状態を表す物理量の1つである**速度**（velocity）について述べる．

3.1.1 1次元運動の場合

簡単のため，まずは直線上を運動する1個の質点について考えよう．図 3.1 に示すように，時刻 t において位置 $x(t)$ にいた質点が，時刻 $t' = t + \Delta t$ において位置 $x(t') = x(t + \Delta t)$ にいたとする．このとき，位置の変化量 $\Delta x = x(t') - x(t)$ を**変位**とよぶ．また，時刻 t から時刻 t' までの時間帯 $\Delta t = t' - t$ での位置の変化率の平均は

$$\overline{v(t)} = \frac{\Delta x}{\Delta t} = \frac{x(t + \Delta t) - x(t)}{\Delta t} \quad (3.1)$$

で与えられ，これを時間帯 Δt における**平均の速度**という．

また，(3.1)式において，Δt を限りなくゼロに近づける（$\Delta t \to 0$ の極限をとる）ことを，

$$v(t) = \lim_{\Delta t \to 0} \frac{x(t + \Delta t) - x(t)}{\Delta t} \equiv \frac{dx}{dt} \quad (3.2)$$

と表し，これを時刻 t における**瞬間の速度**あるいは単に**速度**とよぶ．質点が x 軸の正方向に動いているときには

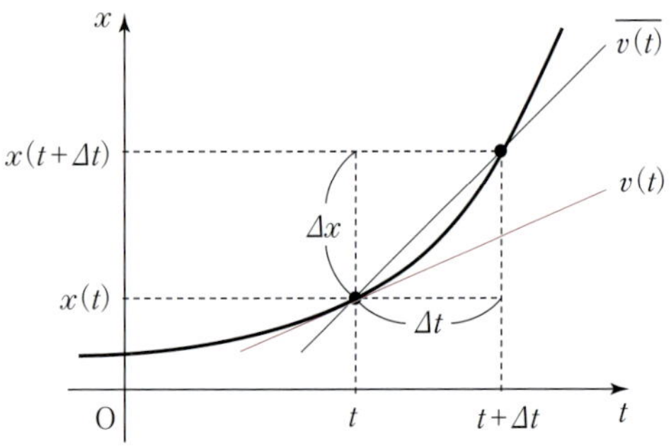

図 3.1 位置と速度（平均の速度と瞬間の速度）の関係

$v(t) > 0$, 負方向に動いているときには $v(t) < 0$ であり, 速度の大きさ (絶対値 $|dx/dt| \geq 0$) のことを**速さ**という. すなわち, 「速さ」は単位時間当たりに質点が移動する距離であり, 運動の方向の情報を含まない. 一方, 「速度」は質点の運動の向きと速さを合わせもった量である.

> 速さ：単位時間当たりに質点が移動する距離(必ず正のスカラー量)
> 速度：質点の運動の向きと速さを合わせもった量

位置ベクトルから速度を求める

(3.2)式の速度の定義からわかるように, 速度 $v(t)$ は位置 $x(t)$ を時間 t で微分することによって得られる. この関係式のおかげで, 仮に質点の速度 $v(t)$ に関する観測データがなくても, 位置 $x(t)$ のデータさえあれば, それを時間 t で微分することで速度 $v(t)$ を得ることができるわけである. これは微分法のご利益である (第I部末の演習問題1を参照).

速度から位置ベクトルを求める

(3.2)式の両辺を時刻 $t = 0$ から $t = \tau$ の時間帯 $[0, \tau]$ にわたって時間 t で積分すると

$$\int_0^\tau v(t)\,dt = x(\tau) - x(0) \qquad (3.3)$$

が得られる. この関係式は, $[0, \tau]$ の時間帯での速度 $v(t)$ が与えられているとき, $v(t)$ を $[0, \tau]$ にわたって時間 t で積分すれば, 初期の時刻 $t = 0$ での質点の初期位置 $x(0)$ から任意の時刻 $t = \tau$ での質点の変位 $x(\tau) - x(0)$ が求められることを表している. また, 質点の初期位置 $x(0)$ がわかっている場合には, 任意の時刻 $t = \tau$ での質点の位置 $x(\tau)$ を確定できる. これは積分法のご利益である.

3.1.2 3次元運動の場合

ここでは, 上述の1次元運動の場合の結果を3次元に拡張する.

時刻 $t + \Delta t$ と t の間の平均の速度は

$$\overline{v(t)} = \frac{r(t + \Delta t) - r(t)}{\Delta t} \qquad (3.4)$$

で与えられ, 時刻 t での速度は, (3.4)式において $\Delta t \to 0$ の極限をとることで,

$$\boxed{v(t) = \lim_{\Delta t \to 0} \frac{r(t + \Delta t) - r(t)}{\Delta t} \equiv \frac{dr}{dt}} \qquad (3.5)$$

のように与えられる. なお, 位置ベクトルと速度の幾何学的関係は, 例えば図3.2のようになる.

(3.5)式で示したように, 速度はベクトル量であるから, 直交座標では

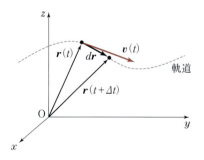

図3.2 3次元運動の位置ベクトルと速度. 速度は軌道 (質点が運動の際に描く道筋) の接線方向を向いたベクトル.

$$\bm{v}(t) = (v_x, v_y, v_z) = \left(\frac{dx}{dt}, \frac{dy}{dt}, \frac{dz}{dt}\right) \tag{3.6}$$

あるいは，2.2 節で述べた基底ベクトル $\bm{e}_x, \bm{e}_y, \bm{e}_z$ を用いて

$$\bm{v}(t) = \frac{dx}{dt}\bm{e}_x + \frac{dy}{dt}\bm{e}_y + \frac{dz}{dt}\bm{e}_z \tag{3.7}$$

と表される．また，速さ（速度の大きさ）は

$$\begin{aligned} v(t) &= \sqrt{v_x^2 + v_y^2 + v_z^2} \\ &= \sqrt{\left(\frac{dx}{dt}\right)^2 + \left(\frac{dy}{dt}\right)^2 + \left(\frac{dz}{dt}\right)^2} \end{aligned} \tag{3.8}$$

と表され，必ず $v(t) \geq 0$ である．なお，**速度と速さの単位は** m/s である．

― 〈例題 3.1〉 サイクロトロン運動の速度と速さ ―

任意の時刻 t での質点の位置ベクトルが $\bm{r} = (r\cos\omega t, r\sin\omega t, v_0 t)$ で与えられるとき，この質点の速度 $\bm{v}$ と速さ v を求めよ．なお，r, ω, v_0 は定数である．

〈解〉 (3.6)式より，質点の速度 $\bm{v}$ は
$$\bm{v} = (-r\omega\sin\omega t, r\omega\cos\omega t, v_0)$$
となり，(3.8)式より，質点の速さ v は，$v = \sqrt{(r\omega)^2 + v_0^2}$ となる．◆

次に，(3.5)式の両辺を時刻 $t = 0$ から $t = \tau$ の時間帯 $[0, \tau]$ にわたって時間 t で積分すると

$$\int_0^\tau \bm{v}(t)\,dt = \int_0^\tau \frac{d\bm{r}(t)}{dt}dt = \bm{r}(\tau) - \bm{r}(0) \tag{3.9}$$

が得られる．すなわち，$\bm{v}(t)$ を時間帯 $[0, \tau]$ にわたって時間 t で積分することで，変位 $\bm{r}(\tau) - \bm{r}(0)$ が求まる．初期の位置ベクトル $\bm{r}(0)$ がわかっている場合には，任意の時刻 $t = \tau$ での位置ベクトル $\bm{r}(\tau)$ が求まることになる．

3.2 加 速 度

一般に，質点は運動の最中にその速度を時々刻々と変化させる．速度の時間変化率を**加速度**とよび，

$$\bm{a}(t) = \lim_{\Delta t \to 0} \frac{\bm{v}(t + \Delta t) - \bm{v}(t)}{\Delta t} \equiv \frac{d\bm{v}}{dt} \tag{3.10}$$

のように定義される．また，(3.5)式より，速度 $\bm{v}$ は位置ベクトル $\bm{r}$ の時間微分で与えられるので，加速度 $\bm{a}$ は位置ベクトル $\bm{r}$ を用いて

$$\bm{a}(t) = \frac{d\bm{v}}{dt} = \frac{d^2\bm{r}}{dt^2} \tag{3.11}$$

と表される．これらの定義からわかるように，**加速度の単位は** m/s^2 で

ある．

加速度はベクトル量であるから，直交座標では

$$\boldsymbol{a}(t) = (a_x, a_y, a_z) = \left(\frac{dv_x}{dt}, \frac{dv_y}{dt}, \frac{dv_z}{dt} \right) \quad (3.12)$$

$$= \left(\frac{d^2x}{dt^2}, \frac{d^2y}{dt^2}, \frac{d^2z}{dt^2} \right) \quad (3.13)$$

あるいは，基底ベクトルを用いて

$$\boldsymbol{a}(t) = a_x \boldsymbol{e}_x + a_y \boldsymbol{e}_y + a_z \boldsymbol{e}_z \quad (3.14)$$

と表される．また，加速度の大きさは

$$a(t) = \sqrt{a_x^2 + a_y^2 + a_z^2} \quad (3.15)$$

と表される．

― 〈例題 3.2〉 **サイクロトロン運動の加速度** ―

例題 3.1 の質点の加速度 $\boldsymbol{a}$ と加速度の大きさ a を求めよ．

〈解〉 (3.12)式に例題 3.1 の解を代入することで，質点の加速度は

$$\boldsymbol{a} = (-r\omega^2 \cos \omega t, -r\omega^2 \sin \omega t, 0)$$

となる．一方，加速度の大きさは(3.15)式より，$a = r\omega^2$ となる． ◆

次に，(3.11)式の両辺を時刻 $t = 0$ から $t = \tau$ の時間帯 $[0, \tau]$ にわたって時間 t で積分すると

$$\int_0^\tau \boldsymbol{a}(t) dt = \int_0^\tau \frac{d\boldsymbol{v}(t)}{dt} dt = \boldsymbol{v}(\tau) - \boldsymbol{v}(0) \quad (3.16)$$

が得られる．すなわち，$\boldsymbol{a}(t)$ を時間帯 $[0, \tau]$ にわたって時間 t で積分することで，速度の増分 $\boldsymbol{v}(\tau) - \boldsymbol{v}(0)$ が求まり，初期の速度 $\boldsymbol{v}(0)$ がわかっている場合には，任意の時刻 $t = \tau$ での速度 $\boldsymbol{v}(\tau)$ が求まる．さらに，(3.9)式を用いれば位置の変位も求まり，もし初期位置がわかっている場合は，任意の時刻の位置 $\boldsymbol{r}(\tau)$ も求まることになる．

ジャーク(躍度)

ここまでで，速度 $\boldsymbol{v}$ は位置ベクトル $\boldsymbol{r}$ の時間変化率 $\boldsymbol{v} = d\boldsymbol{r}/dt$ で与えられ，加速度 $\boldsymbol{a}$ は速度 $\boldsymbol{v}$ の時間変化率 $\boldsymbol{a} = d\boldsymbol{v}/dt$ で与えられることがわかった．この考え方を延長すると，加速度の時間変化率として

$$\boldsymbol{j}(t) = \lim_{\Delta t \to 0} \frac{\boldsymbol{a}(t + \Delta t) - \boldsymbol{a}(t)}{\Delta t} \equiv \frac{d\boldsymbol{a}}{dt} \quad (3.17)$$

を導入することができて，$\boldsymbol{j}(t)$ は**ジャーク**または**躍度**とよばれる．

躍度という言葉は聞き慣れないかもしれないが，微弱な振動の検知や衝撃の評価などに利用されている．また，人間の感覚器官が躍度に敏感であることから，乗り物の乗り心地の改善のために利用されるなど，人間工学やスポーツ工学，あるいは医療や福祉の分野へも応用されつつある．

3.3 速度と加速度の2次元極座標表現

平面上を運動する質点の位置ベクトル $\boldsymbol{r}$ は，2次元直交座標では

$$\boldsymbol{r} = x\boldsymbol{e}_x + y\boldsymbol{e}_y \tag{3.18}$$

と表される（図3.3を参照）．ここで，$\boldsymbol{e}_x$ と $\boldsymbol{e}_y$ は2次元直交座標の x 軸と y 軸に固定された基本ベクトルである．

一方，2次元極座標での2つの基本ベクトル $\boldsymbol{e}_r$ と $\boldsymbol{e}_\theta$ は，2次元直交座標での基本ベクトル $\boldsymbol{e}_x$ と $\boldsymbol{e}_y$ との間に

$$\boldsymbol{e}_r = \cos\theta\,\boldsymbol{e}_x + \sin\theta\,\boldsymbol{e}_y \tag{3.19}$$

$$\boldsymbol{e}_\theta = -\sin\theta\,\boldsymbol{e}_x + \cos\theta\,\boldsymbol{e}_y \tag{3.20}$$

の関係がある（図3.3を参照）．この2式から

$$|\boldsymbol{e}_r| = |\boldsymbol{e}_\theta| = 1, \qquad \boldsymbol{e}_r \cdot \boldsymbol{e}_\theta = 0 \tag{3.21}$$

であることが容易に示される．したがって，極座標での質点の位置ベクトル $\boldsymbol{r}$ は

$$\boldsymbol{r} = r\boldsymbol{e}_r \tag{3.22}$$

と表される．

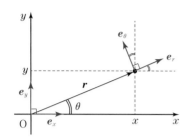

図 3.3 2次元極座標での基本ベクトル $\boldsymbol{e}_r$ と $\boldsymbol{e}_\theta$

$\boldsymbol{e}_r$ と $\boldsymbol{e}_\theta$ は θ の関数であり，θ は時間 t の関数であるから，$\boldsymbol{e}_r$ と $\boldsymbol{e}_\theta$ の時間微分はそれぞれ(3.19)式と(3.20)式より

$$\frac{d\boldsymbol{e}_r}{dt} = \frac{d\theta}{dt}\frac{d\boldsymbol{e}_r}{d\theta} = \frac{d\theta}{dt}\boldsymbol{e}_\theta \tag{3.23}$$

$$\frac{d\boldsymbol{e}_\theta}{dt} = \frac{d\theta}{dt}\frac{d\boldsymbol{e}_\theta}{d\theta} = -\frac{d\theta}{dt}\boldsymbol{e}_r \tag{3.24}$$

で与えられる．したがって，極座標での質点の速度 $\boldsymbol{v}$ は，(3.22)式を時間微分したものに(3.23)式を代入することで，

$$\boldsymbol{v} = \frac{d\boldsymbol{r}}{dt} = \frac{dr}{dt}\boldsymbol{e}_r + r\frac{d\boldsymbol{e}_r}{dt}$$

$$= \frac{dr}{dt}\boldsymbol{e}_r + r\frac{d\theta}{dt}\boldsymbol{e}_\theta \tag{3.25}$$

となる．よって，質点の速度の r 方向の成分 v_r と θ 方向の成分 v_θ はそれぞれ

$$\boxed{v_r = \frac{dr}{dt}, \qquad v_\theta = r\frac{d\theta}{dt}} \tag{3.26}$$

と表される．

また，極座標での質点の加速度 $\boldsymbol{a}$ は，(3.25)式を時間微分したものに(3.23)式と(3.24)式を代入することで，

$$\boldsymbol{a} = \frac{d\boldsymbol{v}}{dt} = \frac{d^2 r}{dt^2}\boldsymbol{e}_r + \frac{dr}{dt}\frac{d\boldsymbol{e}_r}{dt} + \frac{dr}{dt}\frac{d\theta}{dt}\boldsymbol{e}_\theta + r\frac{d^2\theta}{dt^2}\boldsymbol{e}_\theta + r\frac{d\theta}{dt}\frac{d\boldsymbol{e}_\theta}{dt}$$

$$= \left\{\frac{d^2 r}{dt^2} - r\left(\frac{d\theta}{dt}\right)^2\right\}\boldsymbol{e}_r + \left(r\frac{d^2\theta}{dt^2} + 2\frac{dr}{dt}\frac{d\theta}{dt}\right)\boldsymbol{e}_\theta \tag{3.27}$$

となる．したがって，質点の加速度の r 方向の成分 a_r と θ 方向の成分 a_θ はそれぞれ

$$a_r = \frac{d^2 r}{dt^2} - r\left(\frac{d\theta}{dt}\right)^2, \quad a_\theta = r\frac{d^2\theta}{dt^2} + 2\frac{dr}{dt}\frac{d\theta}{dt} \quad (3.28)$$

と表される．

3.4 運動学から力学へ

質点の位置ベクトルの関数形 $r(t)$ がわかれば，速度や加速度といった運動状態を表す物理量は，$r(t)$ を時間 t で繰り返し微分することで次々に得られる．いい換えると，運動状態を一義的に定めるとは，位置ベクトルの関数形 $r(t)$ を定めることである．

運動状態の確定：あらゆる時刻での位置ベクトル $r(t)$ を定めること

上述のように運動学では，有限の時間帯 $[0, \tau]$ において質点の位置を観測し，位置ベクトルの時系列データ（位置ベクトルの関数形 $r(t)$）を知りさえすれば，その時間帯の運動状態を確定できる．しかし，観測していない時間帯の運動については知ることができない．では，運動学以外の何らかの手法によって，観測していない時間帯の運動を予測することはできるだろうか．答えは Yes であり，その手法こそが「力学」である．

なお，運動学は物体の運動を数学的に記述するものの，運動を支配する原理や法則に立ち入ることはなかったが，次章で説明する「力学」は，運動を司る原理「ニュートンの運動の法則」を与える．

3.5 基本的な運動

この章の最後の節として，いくつかの基本的な運動について述べる．

3.5.1 等速運動

加速度がゼロ（$a = 0$）の場合[4]，質点の速度は(3.11)式より

$$v = 一定 \quad (3.29)$$

となり，速度が一定の運動のことを等速運動という．なお，静止（$v = 0$）は等速運動の特別な場合であり，力学において等速運動と静止は本質的に同じ状態である．

3.5.2 等加速度運動

加速度が一定の運動のことを等加速度運動という．いま，加速度の大

[4] 「0」は零ベクトルとよばれ，大きさが 0 で向きをもたないベクトルである．

きさが $|\boldsymbol{a}| = g (= 一定)$ で，z 方向に等加速度運動する場合を考える．すなわち，
$$\boldsymbol{a} = (0, 0, g) = g\boldsymbol{e}_z \tag{3.30}$$
で運動する質点の位置ベクトルと速度を求める．

(3.30)式を時間 t で積分すると
$$\boldsymbol{v} = \int_0^t \boldsymbol{a}\,dt + \boldsymbol{v}_0 = g\boldsymbol{e}_z \int_0^t dt + \boldsymbol{v}_0 = gt\boldsymbol{e}_z + \boldsymbol{v}_0 \tag{3.31}$$
$$\boldsymbol{r} = \int_0^t \boldsymbol{v}\,dt + \boldsymbol{r}_0 = g\boldsymbol{e}_z \int_0^t t\,dt + \boldsymbol{v}_0 \int_0^t dt + \boldsymbol{r}_0$$
$$= \frac{1}{2}gt^2\boldsymbol{e}_z + \boldsymbol{v}_0 t + \boldsymbol{r}_0 \tag{3.32}$$
となる．ここで，$\boldsymbol{v}_0$ と $\boldsymbol{r}_0$ は時刻 $t = 0$ での質点の速度（$\boldsymbol{v}(t=0) = \boldsymbol{v}_0$）と位置（$\boldsymbol{r}(t=0) = \boldsymbol{r}_0$）である．これらの値がわかっている場合には，質点の位置と速度が一義的に決定されることになる．

3.5.3 等速円運動

図 3.4(a)に示すように，半径 r の円周上を一定の速さ v で回る質点の運動を**等速円運動**という．

等速円運動を記述する際には，2 次元極座標を用いるのが便利である．2 次元極座標におけるこの質点の速度 $\boldsymbol{v} = (v_r, v_\theta)$ は，(3.26)式より
$$v_r = \frac{dr}{dt} = 0, \qquad v_\theta = r\frac{d\theta}{dt} \tag{3.33}$$
となる．したがって，等速円運動する質点の速さ $v = |\boldsymbol{v}| = \sqrt{v_r^2 + v_\theta^2}$ は
$$v = r\omega \tag{3.34}$$
と表される．ここで，
$$\omega = \frac{d\theta}{dt} \tag{3.35}$$
は，1 秒間当たりの物体の回転角を表し，**角速度**とよばれる．角速度 ω の単位は**ラジアン毎秒**（rad/s）である．

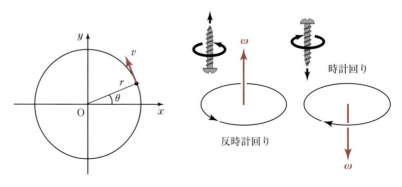

(a) 等速円運動する質点　　　　(b) 角速度ベクトル $\boldsymbol{\omega}$

図 3.4 xy 平面上を等速円運動する質点

なお，大きさが ω で，向きが回転に対して右ネジが進む方向（右ネジ方向）をもつベクトル $\boldsymbol{\omega}$ を**角速度ベクトル**という（図 3.4(b)）．すなわち，角速度ベクトルは物体（いまの場合は質点）の回転の勢いと回転方向を表す物理量である．

また，質点の速さ v が一定であるから，角速度 ω も時間によらず一定であり，回転角 θ と角速度 ω との関係は，

$$\theta = \omega t \tag{3.36}$$

と表される．ここで，$t=0$ での質点の位置ベクトルを $\theta = 0$ とした．

質点が円を 1 周するのに要する時間を**周期**という．半径 r の円を等速円運動する質点の周期 T は，円周 $2\pi r$ を速さ v で割ることで得られ，

$$T = \frac{2\pi r}{v} = \frac{2\pi}{\omega} \tag{3.37}$$

となる．また，周期 T の逆数

$$\nu = \frac{1}{T} = \frac{\omega}{2\pi} \tag{3.38}$$

は，単位時間当たりに質点が円を回転した回数を表すので，**回転数**とよばれる．

次に，等速円運動をしている質点の加速度について考える．極座標でのこの質点の加速度の r 成分と θ 成分は，(3.28) 式より

$$a_r = \underbrace{\frac{d^2r}{dt^2}}_{=0} - r\left(\frac{d\theta}{dt}\right)^2 = -r\omega^2 = -\frac{v^2}{r} \tag{3.39}$$

$$a_\theta = r\underbrace{\frac{d^2\theta}{dt^2}}_{=0} + 2\underbrace{\frac{dr}{dt}}_{=0}\frac{d\theta}{dt} = 0 \tag{3.40}$$

と表される．(3.39) 式の 2 番目の等号では (3.35) 式を用い，最後の等号では (3.34) 式を用いた．なお，(3.39) 式と (3.40) 式のいずれにおいても，半径 r と角速度 ω が一定であることを用いた．また，(3.39) 式のマイナス符号は，等速円運動の加速度は円の中心を向くことを示している．

したがって，加速度の大きさ $a = |\boldsymbol{a}| = \sqrt{a_r^2 + a_\theta^2}$ は

$$a = r\omega^2 = \frac{v^2}{r} \tag{3.41}$$

と表される．

---等速円運動の性質---

(1) 速さ v と角速度 ω が一定の円運動
(2) 速度は円の接線方向を向き，その大きさは $v = r\omega$
(3) 加速度は常に円の中心を向き，その大きさは $a = r\omega^2 = \dfrac{v^2}{r}$

Mechanics

第 4 章
質点の力学 〜ニュートンの運動の法則〜

ヨハネス・ケプラー
（ドイツ，1571 - 1630）

ティコ・ブラーエ
（デンマーク，1546 - 1601）

アイザック・ニュートン
（イギリス，1643 - 1727）

17世紀のはじめ，イタリアのガリレオは，物体の落下運動や振り子の周期運動など，地上での物体の運動に関する実験を行い，それまでの通説であったアリストテレスの運動論を覆す様々な法則を見出した．同じ時代，ヨハネス・ケプラーは惑星の運動に関する研究に没頭していた．ケプラーはティコ・ブラーエから受け継いだ膨大な天体観測データを数学的に精査し，惑星の運動法則をまとめた．

しかし彼らの時代には，地上での物体の運動にしろ天体の運動にしろ，それらの運動が生じる原因は不明であり，物体の運動を統一的に理解するまでに至らなかった．そもそもこの時代，天と地は異なる自然法則で成り立っていると考えられていた．地上の物体は落下するが，天体は地上に落下しないのだから，そのように考えたのは無理もないことである．

地上での物体の運動と天体の運動を統一的に説明する理論を提唱したのは，ガリレオが亡くなった翌年にこの世に生を受けたアイザック・ニュートンである．ニュートンは物体の運動の法則を，「プリンキピア（自然哲学の数学的諸原理）」（1687年）にまとめた．ニュートンの運動法則は次の3つの法則からなる．

ニュートンの運動の3法則

(1) **第1法則（慣性の法則）**

すべての物体は，力の作用を受けないとき，静止している物体は静止状態を続け，動いている物体は等速運動を続ける．

(2) **第2法則（運動の法則）**

物体の加速度 a は，その物体にはたらく力 F に比例し，物体の質量 m に反比例する．

(3) **第3法則（作用・反作用の法則）**

物体Aから物体Bに力（作用）をはたらかせると，物体Bから物体Aに同じ大きさで反対向きの力（反作用）がはたらく．

この章では，これら3法則について詳しく述べる．

キーワード：慣性の法則，運動方程式，作用・反作用の法則

必要な数学：微分・積分

4.1 運動の第 1 法則（慣性の法則）

ニュートンはプリンキピアの冒頭で，物体の運動を司る 3 つの法則（**運動の 3 法則**）を掲げている．運動の 3 法則の第 1 に掲げたものは，物体が運動する系に関する規定である．

> **運動の第 1 法則（慣性の法則）**
>
> すべての物体は力の作用を受けないとき，静止している物体は静止状態を続け，動いている物体は等速運動を続ける．

物体の運動のこの性質を**慣性**とよび，運動の第 1 法則を**慣性の法則**ともよぶ[5]．

慣性の法則は，日常の様々な場面で体験することができる．例えば，交通安全の標語として定番の「気をつけよう 車は急に 止まれない」は慣性の法則を五・七・五で見事に表現したものといえる．また，「ダルマ落とし」で叩かれなかった頭や胴体が元の位置に居続けようとするのも慣性の法則によるものである（図 4.1）．

慣性系と非慣性系

運動の第 1 法則が成り立つ系を**慣性系**といい，これが成り立たない系を**非慣性系**という．

非慣性系の例としては，急ブレーキをかけた電車の車内が身近な例であろう．走行中の電車が急ブレーキをかけたときに，車内の人の体が前のめりになったり，それまで静止していたものが突然動き出したりする．つまり，座標系自体が加速している場合には，その座標系では慣性の法則が成り立たない．

● 慣性系は存在するか？

地上での物体の運動を論じる際には，通常は地球上に固定された座標系を選ぶわけであるが，地球は自転しているし，太陽の周りを公転しているので，この座標系は慣性系ではない．それでは，太陽を原点とする座標系を設定した場合，それは慣性系であろうか．残念ながら，太陽も銀河の中で公転運動しているので，この座標系も慣性系ではない[6]．果たして，この宇宙のどこかに慣性系は存在するであろうか．

● 運動の第 1 法則の意味

運動の第 1 法則を原理として認めることは，この宇宙のどこかに少なくとも 1 つは慣性系が存在することを認めることを意味する．ひとたび 1 つの慣性系を設定すると，それに対して等速運動するすべての系もまた慣性系であることが証明できる（証明は 10.1.2 項で行う）．つまり，

---

5) 慣性の法則は，ニュートンのプリンキピアが出版される以前に，デカルトやガリレオらによって独立に発見されていた．

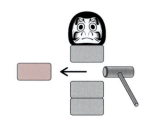

図 4.1 ダルマ落とし

6) 太陽は銀河系（直径約 8 万〜10 万光年）の中心から 2.6 万〜3.5 万光年の位置を約 217 km/s の速さで公転していると考えられている．

無限の個数の慣性系が存在するわけである.

慣性系の存在の仮定：運動の第 1 法則は慣性系の存在を仮定

上述のように，地上に固定された座標系は厳密にいうと慣性系ではない．しかし，物体の運動を考察している時間が 1 日よりも十分に短い場合には，地球上に固定された座標系を近似的に慣性系とみなしても差し支えないであろう．本書では，特に断りのない限り，地球上に固定された座標系を慣性系とみなす．地球の自転が問題になるような運動(例えば，台風に吸い込まれる風の流れ)については，10.2.2 項で述べる．

なお，非慣性系での物体の運動については第 10 章で述べることにして，しばらくは慣性系での物体の運動について述べることにする．

4.2　運動の第 2 法則(運動方程式)

4.2.1　ニュートンの運動方程式

運動の第 2 法則は，慣性系における物体の運動を記述する方程式を与えるものである．

運動の第 2 法則(運動方程式)

物体の加速度 $\boldsymbol{a}$ は，その物体にはたらく力 $\boldsymbol{F}$ に比例し，物体の質量 m に反比例する．

いま，質量 m の質点の位置ベクトルを $\boldsymbol{r}$ とすると運動の第 2 法則は

$$m\frac{d^2\boldsymbol{r}}{dt^2} = \boldsymbol{F} \tag{4.1}$$

と表される．この方程式は**ニュートンの運動方程式**あるいは略して**ニュートン方程式**とよばれ，力学の基本方程式である．

デカルト座標での(4.1)式の各成分(x, y, z 成分)は，次のように表される．

デカルト座標でのニュートンの運動方程式

$$x \text{ 成分：} \quad m\frac{d^2x}{dt^2} = F_x \tag{4.2}$$

$$y \text{ 成分：} \quad m\frac{d^2y}{dt^2} = F_y \tag{4.3}$$

$$z \text{ 成分：} \quad m\frac{d^2z}{dt^2} = F_z \tag{4.4}$$

ここで，F_x, F_y, F_z はそれぞれ，力 $\boldsymbol{F}$ の x, y, z 成分である．

また，今後もたびたび使用する表現として，2 次元極座標でのニュートンの運動方程式を示しておこう．2 次元極座標での質点の加速度は (3.28)式のように与えられるので，ニュートンの運動方程式は次のよう

> **2次元極座標でのニュートンの運動方程式**
>
> r 方向の成分： $\quad m\left\{\dfrac{d^2r}{dt^2} - r\left(\dfrac{d\theta}{dt}\right)^2\right\} = F_r \qquad (4.5)$
>
> θ 方向の成分： $\quad m\left(r\dfrac{d^2\theta}{dt^2} + 2\dfrac{dr}{dt}\dfrac{d\theta}{dt}\right) = F_\theta \qquad (4.6)$

ここで，F_r と F_θ はそれぞれ，力 $\boldsymbol{F}$ の動径方向（r方向）と円周方向（θ方向）の成分である．

力の単位は，ニュートンの名にちなんで，N（ニュートン）である．(4.1)式からわかるように，1N は，質量 $m = 1\,\mathrm{kg}$ の物体に大きさが $a = 1\,\mathrm{m/s^2}$ の加速度を生じさせる力に相当する．すなわち，

$$1\,\mathrm{N} = 1\,\mathrm{kg\,m/s^2} \qquad (4.7)$$

である．

4.2.2 質量と重さ

(4.1)式の運動の第2法則で質量が導入された．日常生活では，質量は重さと区別せずに使われることが多いが，物理学ではそれらは明確に区別される．質量と重さは単位の異なる物理量であり，質量の単位は kg であるのに対して，重さの単位は力と同じ N である．

重さとは，物体にはたらく重力の大きさである．したがって，同じ物体でも地球上と月の上ではその重さ（重力の大きさ）は異なる．一方，質量 m は地球上であっても月の上であっても同じ値であり，物体がもつ固有の物理量である．

物体の質量は(4.1)式によって定義される．(4.1)式の運動方程式からわかるように，同じ大きさの力 $\boldsymbol{F}$ がはたらいたとしても，質量 m が大きいほど加速度 $\boldsymbol{a}$ は小さい．すなわち，(4.1)式に現れる質量 m は，物体の慣性の大きさを表す量である．このことから，m は **慣性質量** ともよばれる．

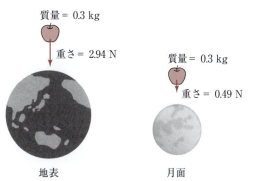

図4.2 地表と月面でのリンゴの重さの違い．月の重力は地球の1/6程度．

> **重さと質量の違い**
>
> 重さ（weight）：物体にはたらく重力の大きさ．
>
> 質量（mass）：物体の慣性の大きさで，慣性質量ともよばれる．

質量の単位

質量の単位である 1 kg はどのように決められているのであろうか．1 kg は 1889年以降，国際キログラム原器（直径と高さともに約 39 mm の円柱形の白金イリジウム合金）の質量として定められていた．この国際キログラム原器は，フランスのパリ郊外にあるセーブルの国際度量衡局で，気密性の高い容

器の中で厳重に保管されている．

気密容器の中に保管しているとはいえ，キログラム原器は人工物(白金イリジウム合金)であるので年月が経過すると質量が変化してしまう問題を抱えていた．

そのような理由から，2018年11月にパリ近郊で開かれた国際度量衡総会において，キログラム原器による定義を廃止し，2019年5月20日から新しい定義へ切り替えることが決議された．詳細は割愛するが，新しい定義では，量子力学を特徴づける基本定数であるプランク定数 h を $h = 6.62607015 \times 10^{-34}$ m^{2}kg/s として定めることによって設定される．プランク定数については，本書の23.4節で述べる．

4.2.3 運動状態の確定

3.4節で述べたように「物体の運動状態を確定する」とは，あらゆる時刻 t での位置ベクトル $\boldsymbol{r}(t)$ を定めることである．(4.1)式の運動方程式は，位置ベクトル $\boldsymbol{r}$ の時間 t に関する2階の微分方程式であるから，例えば，$x(t)$ ($\boldsymbol{r}$ の x 成分)を定めるためには，(4.2)式を時間 t で2度積分する必要がある．すなわち，$x(t)$ は積分定数を2つ含むので，力 F_x を与えるだけでは質点の位置は一義的に確定されず，運動状態は定まらない．この2つの積分定数を定めるためには，ある時刻 $t = t_0$ での質点の位置 x_0 と速度 v_0 を与えればよい．この位置 x_0 と速度 v_0 のことを**初期条件**という．

つまり初期条件さえ与えれば，ニュートンの運動方程式を解くことによって，未観測の時刻での物体の運動も確定できるわけである[7]．すなわち，力学は運動学とは異なり，予言力のある学問なのである．

また第2法則では，物体にはたらく力 $\boldsymbol{F}$ と加速度 $\boldsymbol{a}$ が結び付いているので，加速度の時間微分((3.17)式の**ジャーク**)やさらに高次の微分量に関する情報がなくても物体の運動を定めることができる．このように，ニュートンの運動方程式は「運動の概念」と「力の概念」を定量的に結び付ける深遠な物理法則である．

このことから，物体の運動を定めるという目的においては，ジャーク以上の高次の時間微分で与えられる運動学量は不要であり，そのため，それらの運動学量の説明を割愛する本が多い．

4.2.4 運動量

速度は，物体の運動状態を表す物理量の1つであるが，同じ速度で運動するピンポン球(質量 2.7 g)とゴルフボール(質量 46 g)では**"運動の勢い"**が異なることは，それらが壁に衝突したときの衝撃を想像すれば，容易に理解できるであろう．一方，同じ質量のゴルフボールでも，

[7] ニュートン力学では初期条件を定めることで，他の任意の時刻での質点の位置と速度を決定することができる．一般に，ある時刻での状態を与えると他の時刻での状態が定まることを**因果律**という．因果律は力学に限らず，電磁気学や相対性理論などでも成り立つ．因果律の成立する理論のことを**因果的決定論**とよぶ．

時速 10 km/h（秒速 2.8 m/s）と 100 km/h（秒速 28 m/s）で壁に衝突した場合には，その衝撃は異なる．つまり，"運動の勢い" とは，物体の質量と速度の両方が関連していることがわかる．

そこで，"運動の勢い" を定量的に表す量の 1 つとして，（質量）×（速度）というベクトル量として

$$\boxed{\boldsymbol{p} = m\boldsymbol{v}} \tag{4.8}$$

を導入し，これを**運動量**とよぶ．なお，運動量の単位は kg m/s である．

(4.8)式の運動量は，$\boldsymbol{v} = d\boldsymbol{r}/dt$ を用いて書き直すと $\boldsymbol{p} = m(d\boldsymbol{r}/dt)$ と書ける．これを(4.1)式に代入すると，ニュートンの運動方程式は

$$\boxed{\frac{d\boldsymbol{p}}{dt} = \boldsymbol{F}} \tag{4.9}$$

となる．この式は，物体の質量 m が時間に依存して変化するような場合でも成り立つことから，(4.1)式よりも一般的な式である．

運動の第 2 法則の一般的表現

物体の運動量 $\boldsymbol{p}$ の時間変化率は，その物体に作用する力 $\boldsymbol{F}$ に等しい．

4.2.5 力　積

(4.9)式の運動方程式の両辺を，時刻 t_1 から時刻 t_2 まで積分すると

$$\int_{t_1}^{t_2} \frac{d\boldsymbol{p}}{dt} dt = \int_{t_1}^{t_2} \boldsymbol{F} \, dt \tag{4.10}$$

となる．この式の右辺は力 $\boldsymbol{F}$ の時間積分とよばれ，これを**力積**という．力積の単位は N s である．また，この式の左辺は

$$\int_{t_1}^{t_2} \frac{d\boldsymbol{p}}{dt} dt = \int_{\boldsymbol{p}_1}^{\boldsymbol{p}_2} d\boldsymbol{p} = \boldsymbol{p}_2 - \boldsymbol{p}_1 \equiv \Delta\boldsymbol{p} \tag{4.11}$$

となる．ここで，$\boldsymbol{p}_i (i = 1, 2)$ は時刻 t_i での運動量であり，$\Delta\boldsymbol{p}$ は時刻 t_1 から t_2 の間の運動量の変化である．したがって，(4.10)式は $\Delta\boldsymbol{p}$ を用いて書くと

$$\Delta\boldsymbol{p} = \int_{t_1}^{t_2} \boldsymbol{F} \, dt \tag{4.12}$$

となる．

以上の結果をまとめると，次のことがいえる．

> ある時間内の運動量の変化 $\Delta\boldsymbol{p}$ は，その間に物体に作用した力が与えた力積に等しい．

これは，(4.9)式で与えられた**微分形式**のニュートンの運動方程式に対して，**積分形式**のニュートンの運動方程式とみなすことができる．

第 1 法則と第 2 法則の位置づけ

簡単のため，物体の質量が時間に依存せずに一定の場合を考えよう．この物体に力がはたらかないとき（$\boldsymbol{F} = \boldsymbol{0}$），ニュートンの運動方程式より，

$$\frac{d\bm{v}}{dt} = \bm{0} \quad \text{すなわち} \quad \bm{v} = \text{一定} \tag{4.13}$$

が得られるので，物体は等速直線運動をすることになる．これは，慣性の法則(第 1 法則)の内容と一致する．しかしこれは，第 1 法則が第 2 法則の特別な場合であることを意味しない．もしそうであれば，第 1 法則は第 2 法則に包含されていることになり，第 1 法則は不要になってしまう．

上述の結果の現代的な解釈は，次のとおりである．ニュートンの運動方程式(第 2 法則)は，慣性系において成り立つ運動法則であり，第 1 法則という土台の上に成り立つものである．したがって，第 2 法則は第 1 法則を満足するようにつくられていると考えるべきであり，(4.13)式の計算はその検算といえる．

また，物体の速さが光の速さ($c = 2.99 \times 10^8$ m/s)と同じくらい速くなると，物体の運動はニュートンの運動方程式(第 2 法則)には従わず，アインシュタインの相対性理論に従うようになるが，第 1 法則はアインシュタインの相対性理論でも修正されない．このことからも，第 1 法則と第 2 法則が本質的に違うことがわかる．

なお，アインシュタインの相対性理論では，物体の運動量 $\bm{p}$ は

$$\bm{p} = \frac{m\bm{v}}{\sqrt{1 - v^2/c^2}} \tag{4.14}$$

で与えられ，運動方程式は

$$\frac{d}{dt}\left\{\frac{m\bm{v}}{\sqrt{1 - v^2/c^2}}\right\} = \bm{F} \tag{4.15}$$

となる．物体の速さ v が光速度 c よりも十分に小さくなると($v \ll c$)，(4.14)式の運動量は(4.8)式の $\bm{p} = m\bm{v}$ になり，(4.15)式の運動方程式は(4.1)式のニュートンの運動方程式に帰着することがわかる．

アルベルト・アインシュタイン
（ドイツ，1879 - 1955）

4.3 運動の第 3 法則(作用・反作用の法則)

4.3.1 作用・反作用の法則

運動の第 3 法則は，2 つの物体の間にはたらく力についての要請である．

運動の第 3 法則(作用・反作用の法則)

物体 A から物体 B に力(作用)をはたらかせると，物体 B から物体 A に同じ大きさで反対向きの力(反作用)がはたらく．

これを数式を用いて表現しよう．物体 A から物体 B への力を $\bm{F}_{BA}$，物体 B から物体 A への力を $\bm{F}_{AB}$ とすると，運動の第 3 法則は

$$\bm{F}_{AB} = -\bm{F}_{BA} \tag{4.16}$$

と表せる．このとき，2 つの力($\bm{F}_{AB}$ と $\bm{F}_{BA}$)のうちの一方を**作用**とよび，他方を**反作用**とよぶ．また，(4.16)式を**作用・反作用の法則**という．

このように，2 つ以上の物体が互いに力を及ぼし合うことを**相互作用**という．

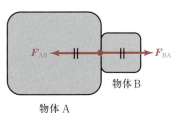

図 4.3 作用・反作用の法則

4.3.2 運動量保存の法則

ここでは，作用・反作用の法則から導かれる重要な法則である**運動量保存の法則**について述べる．

いま，質点 A と質点 B が互いに力を及ぼし合っている場合を考える．質点 A から質点 B への力を $\boldsymbol{F}_{BA}$，質点 B から質点 A への力を $\boldsymbol{F}_{AB}$ とすると，それぞれの質点に対するニュートンの運動方程式は

$$\frac{d\boldsymbol{p}_A}{dt} = \boldsymbol{F}_{AB} \tag{4.17}$$

$$\frac{d\boldsymbol{p}_B}{dt} = \boldsymbol{F}_{BA} \tag{4.18}$$

で与えられる．ここで，$\boldsymbol{p}_A$ と $\boldsymbol{p}_B$ はそれぞれ，質点 A と質点 B の運動量である．

(4.17)式と(4.18)式の和をとると

$$\begin{aligned}\frac{d}{dt}(\boldsymbol{p}_A + \boldsymbol{p}_B) &= \boldsymbol{F}_{AB} + \boldsymbol{F}_{BA} \\ &= (-\boldsymbol{F}_{BA}) + \boldsymbol{F}_{BA} = \boldsymbol{0}\end{aligned} \tag{4.19}$$

となる．なお，2番目の等号では，(4.16)式の作用・反作用の法則 ($\boldsymbol{F}_{AB} = -\boldsymbol{F}_{BA}$) を用いた．

結局，(4.19)式の両辺を t で積分すると，

$$\boldsymbol{p}_A + \boldsymbol{p}_B = \text{一定} \tag{4.20}$$

を得る．この式は「**質点 A と質点 B が互いに力を及ぼし合い，それ以外に何の力も受けていない場合には，質点 A と質点 B の運動量の和は運動の途中で変化しない**」ことを意味する．これを**運動量保存の法則**という．

また，質点 A と質点 B をまとめて1つの系と考えるとき，質点 A と質点 B が互いに及ぼし合う力を**内力**といい，A と B 以外からの力を**外力**という．

さて，$\boldsymbol{p}_A = m_A(d\boldsymbol{r}_A/dt)$ と $\boldsymbol{p}_B = m_B(d\boldsymbol{r}_B/dt)$，および，質点 A と質点 B の全質量 $M = m_A + m_B$ を用いて，(4.20)式を

$$\boldsymbol{P} \equiv M\frac{d\boldsymbol{r}_G}{dt} = \text{一定} \tag{4.21}$$

と書き直す．ここで，

$$\boldsymbol{r}_G = \frac{m_A\boldsymbol{r}_A + m_B\boldsymbol{r}_B}{m_A + m_B} = \frac{m_A\boldsymbol{r}_A + m_B\boldsymbol{r}_B}{M} \tag{4.22}$$

は，質点 A と質点 B から成る系の**重心**(正確には**質量中心**)の位置ベクトルである[8]．

(4.21)式より，運動量保存の法則は次のように表される．

[8] 質量中心と重心の違いについては，11.3.2項で詳しく述べる．

> **運動量保存の法則**
>
> 互いに内力を及ぼし合う 2 つの質点が，他から何の外力も受けないとき，2 つの質点の重心の運動量 $\boldsymbol{P} \equiv M(d\boldsymbol{r}_\text{G}/dt)$ は保存される．

運動量保存の法則は，2 つの質点に限った法則ではなく，多数の質点から成る質点系においても成り立つ（第 11 章を参照）．

4.3.3　2 つの質点の衝突

2 つの質点が一直線上で衝突する問題について考えよう．いま，図 4.4 のように，衝突前の質点 1 と質点 2 の速度がそれぞれ v_1 と v_2 であったとする．

図 4.4　一直線上での 2 つの質点の衝突（衝突前の様子）

2 つの質点は衝突の際に互いに力を及ぼし合い，衝突後にそれぞれの速度が v_1' と v_2' になったとする．また，質点 1 と質点 2 の質量はそれぞれ m_1 と m_2 であり，衝突によってそれぞれの質量は変化しないものとする．このとき，運動量保存則から

$$m_1 v_1 + m_2 v_2 = m_1 v_1' + m_2 v_2' \qquad (4.23)$$

が成り立つ．

衝突の問題では，衝突前の 2 つの質点の速度 v_1 と v_2 が与えられ，衝突後の質点の速度 v_1' と v_2' を求めることが多いが，v_1' と v_2' を決定するためには，(4.23) 式の他に，v_1' と v_2' に対する条件式がもう 1 つ必要である．その条件式は，2 つの質点の衝突前後での相対速度の変化の割合を表す

$$\frac{v_1' - v_2'}{v_1 - v_2} = -e \qquad (4.24)$$

という式によって与えられる．ここで，e は**反発係数**や**はね返り係数**とよばれ，通常は $0 \leq e \leq 1$ の範囲にある．

また，$e = 1$ の場合の衝突を**完全弾性衝突**あるいは単に**弾性衝突**，$0 \leq e < 1$ の場合を**非弾性衝突**，特に $e = 0$ の場合の衝突を**完全非弾性衝突**という．

(4.23) 式と (4.24) 式より，衝突後の速度 v_1' と v_2' はそれぞれ

$$v_1' = \frac{(m_1 - e m_2) v_1 + (1 + e) m_2 v_2}{m_1 + m_2} \qquad (4.25)$$

$$v_2' = \frac{(m_2 - e m_1) v_2 + (1 + e) m_1 v_1}{m_1 + m_2} \qquad (4.26)$$

となる．

Mechanics

第 5 章 自然界の様々な力

　ニュートンの運動の法則によると，物体の運動はその物体にはたらく力によって決まる．したがって，物体にどのような力がはたらいているかを知ることが，力学の重要な目的の1つである．この章では，自然界に存在する様々な力について述べる．

> キーワード：万有引力，電磁気力，強い力，弱い力

5.1 自然界の4つの基本的な力

　現在の自然界で生じるあらゆる力の根源は，万有引力(重力)，電磁気力，強い力，弱い力の4種類である．これらの力を自然界の**4つの基本的な力**という．

自然界の4つの基本的な力

(1) **万有引力**
　質量をもつ2つの物体間にはたらく力で，力の到達距離は無限大

(2) **電磁気力**
　電荷をもつ2つの物体間にはたらく力で，力の到達距離は無限大

(3) **強い力**
　例えば，核子(陽子と中性子)を結合させて原子核を構成する力で，力の到達距離は 10^{-15} m 程度(原子核の大きさ程度)

(4) **弱い力**
　例えば，原子核の β 崩壊(原子核内の中性子が電子と反電子ニュートリノを放出して陽子となる変化など)を引き起こす力で，力の到達距離は 10^{-15} m 程度(原子核の大きさ程度)

　以上の4つの力のうち，強い力と弱い力の2つは，力の到達距離が 10^{-15} m 程度(原子核の大きさ程度)であり，巨視的(マクロな)スケールでの物体の運動を考える際には，これらの力を直接考慮する必要はない．

そこで以下では，万有引力と電磁気力について述べることにする．

5.2 万有引力

5.2.1 ニュートンの万有引力の法則

万有引力は，質量をもつ2つの物体の間にはたらく引力であり，その存在はニュートンによって発見された．

> **万有引力の法則**
>
> 質量 m と質量 M をもつ2つの物体の間には，それらの質量の積 mM に比例し，その間の距離 r の2乗に反比例する引力 F がはたらく．

図 5.1 2つの物体の間にはたらく万有引力

この法則を数式を用いて表すと

$$F = -G\frac{mM}{r^2} \tag{5.1}$$

となる．ここで右辺の負符号は，この力が引力であることを表す．比例定数の G は**万有引力定数**とよばれ，その値は

$$G = 6.67384 \times 10^{-11} \, \mathrm{m^3/kg \, s^2} \tag{5.2}$$

である．

地上と天上の運動法則の統一

ニュートンによって万有引力が発見された17世紀頃，『力』は物体と物体が接触した際に生じるもの(**近接作用**)だと考えられており，接触していない物体の間に力がはたらくとする万有引力の考え(**遠隔作用**の考え)は，あまりに画期的なものであった．

遠隔作用としての万有引力の発想は，当時としてはにわかに信じがたい発想であったかもしれないが，この発想を一旦受け入れると，天上での惑星の運動(ケプラーの法則)や地上での物体の落下運動(ガリレイらの実験事実)などが，ニュートンの運動方程式からすべて理論的に導かれた．こうして，それまで別々の世界と考えられていた地上と天上の運動法則が，ニュートンの運動法則と万有引力の発見によって統一され，ニュートンの理論は万人に受け入れられるようになった．

5.2.2 重力

地上の物体が受ける重力は，地球からの万有引力と地球の自転による遠心力の和である(遠心力の詳しい説明は10.2節で行う)．遠心力は万有引力と比べてはるかに小さいので(赤道上でも万有引力の1/300程度(第I部末の演習問題2を参照))，遠心力の重力への寄与は無視できる．

いま，地球を半径 R の一様な球体とみなし，その質量を M とすると，地表から高さ h の位置にある質量 m の物体にはたらく重力の大きさは，(5.1)式より

$$F = G\frac{mM}{(R+h)^2} \approx G\frac{mM}{R^2} = m\frac{GM}{R^2} \equiv mg \tag{5.3}$$

となる．ここで，物体の位置は地表付近として，物体の高さ h は地球の半径 R より十分に小さい ($h \ll R$) とした．

なお，

$$g \equiv \frac{GM}{R^2}$$

$$= 9.80665 \text{ m/s}^2 \tag{5.4}$$

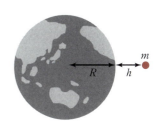

図 5.2 地表付近の物体

は**重力加速度**の大きさである．ただし，重力加速度の実際の値は，自転による遠心力の影響や地球が完全な球体でないなどの理由から，場所によって異なる．上記の値は，標準重力加速度である．

慣性質量と重力質量

(5.1)式の万有引力(や(5.3)式の重力)に含まれる m や M は**重力質量**(gravitational mass)とよばれ，(4.1)式の運動方程式で定義される**慣性質量**(inertial mass)とは概念的に異なる．**慣性質量**は「物体の慣性」を表す物理量であるのに対して，**重力質量**は「2つの物体の結合の強さ」を表す物理量である．

このように，慣性質量 m_I と重力質量 m_G はそれぞれ定義が異なるので，これらの2つの値が等しくなければならない理由はない．したがって，地表付近で重力 $m_\text{G} g$ に引っぱられて落下する物体の加速度 a は，ニュートンの運動方程式より

$$a = \frac{m_\text{G}}{m_\text{I}} g \tag{5.5}$$

となる．さらに，すべての物体に対して落下の加速度 a が等しいとするガリレオの論証を認めると，m_G/m_I は物体によらず一定である．したがって，$m_\text{G}/m_\text{I} = 1$ と選ぶことで $m_\text{I} = m_\text{G}$ となる．実際，近年の精密な測定でも，慣性質量と重力質量が同等であることは 10^{-12} の精度で確かめられている．

また，アインシュタインは慣性質量と重力質量の同等性を基礎として一般相対性理論を構築し，重力に関する深い考察を行った．

5.3 電磁気力

5.3.1 電荷と電気量

電磁気学の詳しい説明は第Ⅲ部で行うが，そこでは，まず**電荷**というものが導入される．**電荷とは，物体が帯びた電気のことである**．物体が帯びた電荷の量(**電気量**)の単位は C(クーロン)であり，次のように定義される．

電気量の単位(C：クーロン)

1 C(クーロン)は，1 A(アンペア)の電流が1秒間に運ぶ電気量であり，1 C = 1 A s である．

また，電荷には**正の電荷と負の電荷**の2種類が存在する．これは，**質量が必ず正であることとは決定的に異なる**．

なお，電荷を帯びた粒子のことを**荷電粒子**という．特に，荷電粒子の大きさが無視できて質点とみなせる場合には，その荷電粒子のことを**点電荷**とよぶ．

点電荷：電荷を帯びた質点

5.3.2 クーロンの法則とクーロン力

2つの点電荷の間にはたらく力は，フランスの物理学者のクーロンによって1785年に発見された．

シャルル・ド・クーロン
（フランス，1736 - 1806）

> **クーロンの法則**
>
> 2つの点電荷の間には，それぞれの電荷（q_1 と q_2）の積に比例し，その間の距離 r の2乗に反比例する力 F がはたらく．

この法則を数式を用いて表現すると

$$F = k_0 \frac{q_1 q_2}{r^2} \tag{5.6}$$

となる．ここで k_0 は比例定数で，真空中での値は

$$k_0 = 8.9876 \times 10^9 \, \mathrm{N\,m^2/C^2} \tag{5.7}$$

であり，(5.6)式の力を**クーロン力**とよぶ．

クーロン力は，(5.1)式の万有引力によく似ている．相違点は，質量 m と M は必ず正であるために，**万有引力には引力しか存在しない**のに対して，電荷 q_1 と q_2 は正負のいずれの値も取り得るので，**クーロン力には引力も斥力も存在する**点である．図5.3に示すように，q_1 と q_2 が同符号の場合は F は斥力（$F > 0$），q_1 と q_2 が異符号の場合は F は引力（$F < 0$）となる．

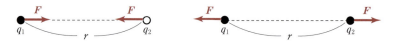

(a) 異符号の点電荷間にはたらく引力　　(b) 同符号の点電荷間にはたらく斥力

図 5.3　2つの点電荷の間にはたらくクーロン力

5.3.3 万有引力と電磁気力の大きさ

万有引力と電磁気力の大きさの違いを理解するために，まずは以下の例題に取り組んでみよう．

〈例題〉万有引力とクーロン力の大きさの比較

ボーアの水素原子模型では，基底状態(最安定な状態)にある水素原子は，陽子(質量 $M = 1.67 \times 10^{-27}$ kg，電荷 $e = -1.6 \times 10^{-19}$ C)を中心に半径 $a_B = 0.53 \times 10^{-10}$ m (ボーア半径)の位置を，1つの電子(質量 $m = 9.11 \times 10^{-31}$ kg，電荷 $e = -1.6 \times 10^{-19}$ C)が円運動している．水素原子の電子と陽子の間の万有引力 $F_{万有引力}$ とクーロン力 $F_{クーロン力}$ の大きさを比較せよ．

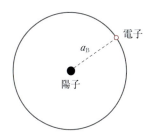

図 5.4 ボーアの水素原子模型

〈解〉 水素原子の中の電子と陽子の間の万有引力 $F_{万有引力}$ は，(5.1)式より

$$F_{万有引力} = -G\frac{mM}{a_B^2} \approx -3.6 \times 10^{-47} \text{ N} \tag{5.8}$$

と計算され，クーロン力 $F_{クーロン力}$ は，(5.6)式より，

$$F_{クーロン力} = -k_0 \frac{e^2}{a_B^2} \approx -9.2 \times 10^{-8} \text{ N} \tag{5.9}$$

と計算される．

したがって，万有引力とクーロン力の大きさの比は，

$$\left|\frac{F_{万有引力}}{F_{クーロン力}}\right| = \frac{GmM}{k_0 e^2} \approx 0.4 \times 10^{-39} \tag{5.10}$$

であり，万有引力はクーロン力よりも極めて小さく，水素原子の状態を議論する際には，電子と陽子の間の万有引力は無視しても構わないことがわかる．◆

ニールス・ボーア
(デンマーク，1885 - 1962)

電磁気力が万有引力よりもはるかに大きいことは，水素原子のような微視的(ミクロな)世界に限った話ではなく，私たちが日常的に目にする巨視的(マクロな)世界でも同様である．例えば，下敷きを擦って帯電させ，それを髪の毛に近づけると，髪の毛は重力(万有引力)に逆らって下敷きに引き寄せられる．これも電気力が万有引力よりもはるかに大きいために生じる現象の一例である．

なお，「強い力」という名前はクーロン力よりもさらに強い($\approx 10^2$ 倍強い)ことに由来し，「弱い力」はクーロン力よりも非常に弱い($\approx 10^{-3}$ 倍弱い)ことに由来する．

第 6 章
巨視的物体にはたらく力

Mechanics

壁を手で押す力，摩擦力や抗力，気体や液体の粘性，バネの復元力など，身の回りの巨視的物体には様々な力がはたらいているが，これらの力はすべて物体の構成要素(アボガドロ数程度の要素数)の間にはたらく基本的な力(大抵の場合，電磁気力)の合力である．しかし，この合力を求めることは無謀で，現実的ではない．巨視的物体の運動を知るという目的の上では，力のミクロな起源を追求せずに，巨視的物体にはたらく力を既知の量として受け入れ，その力のもとで物体の運動を現象論的に調べることが有効である．

キーワード：垂直抗力，張力，摩擦力，抵抗力，弾性力(復元力)

6.1 垂直抗力と張力

図 6.1 机面からの垂直抗力と糸の張力

地表付近の物体は，支えがなければ重力に引かれて落下するが，机の上に置いたり，天井から糸で吊るしたりすれば落下しない．図 6.1 のように，机の上に置かれた物体には鉛直下向きにはたらく重力の他に，これと大きさの等しい鉛直上向きの力 N が机から作用し，N と重力がつり合っているため，落下しない．この N のことを垂直抗力という．

一方，天井から糸で吊るした物体は，鉛直下向きにはたらく重力の他に，これと大きさの等しい鉛直上向きの力 T でひもから引かれ，T と重力がつり合っているため，落下しない．この T のことを糸の張力という．

固い机上面からの垂直抗力や伸びない糸の張力のように，物体の運動を制限する力を，一般に，束縛力という．

6.2 摩擦力

レオナルド・ダ・ヴィンチ
(イタリア，1452 - 1519)

摩擦の科学的研究は，ルネサンス期のイタリアの博学者レオナルド・ダ・ヴィンチによって始められ，その後，産業革命時に物理学者アモン

トン（フランス，1663 – 1705）や同じくフランスの物理学者クーロン（クーロンの法則のクーロン）によって発展させられた．以下の項（6.2.1 項と 6.2.2 項）では，**アモントン – クーロンの摩擦法則**とよばれる摩擦の経験則について述べる．

6.2.1 静止摩擦力

水平で粗い面の上に置かれた物体に，水平方向に力を加えたとする[9]．力が小さいうちは物体は動かない．これは，面と物体の間に**摩擦力**が生じ，加えた力と摩擦力がつり合っているためである．この，物体が静止しているときの摩擦力を**静止摩擦力**という．静止摩擦力は水平に加えた力と逆向きで同じ大きさをもつので，加える力を大きくすると静止摩擦力も大きくなる．

そして，加える力を徐々に強め，力の大きさがある程度以上になると，物体は面上を滑り始める．滑り始める直前の静止摩擦力を**最大摩擦力**といい，その大きさ $R_{\max}$ は

$$R_{\max} = \mu N \tag{6.1}$$

のように，**面からの垂直抗力の大きさ N に比例する**ことが実験的に知られている．ここで，比例係数 μ は**静止摩擦係数**とよばれる．また，**静止摩擦力は物体と面の見かけの接触面積に依存しない**ことが知られている．

[9] 摩擦がある面を「**粗い面**」，摩擦がない面を「**なめらかな面**」とよぶ．

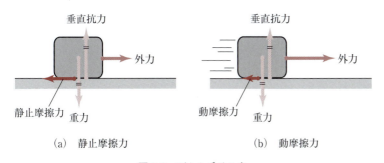

(a) 静止摩擦力　　(b) 動摩擦力

図 6.2 面から受ける力

6.2.2 動摩擦力

物体に加えられた外力が最大摩擦力 $R_{\max}$ より大きく，物体が面上を移動している最中も，物体は面から摩擦力を受ける．この，動いている物体にはたらく摩擦力を**動摩擦力**といい，動摩擦力の大きさ R' は

$$R' = \mu' N \tag{6.2}$$

のように，**面からの垂直抗力の大きさ N に比例し，外力の強さや物体が面上を滑る速度（滑り速度）に依存せず大体一定**であることが実験的に知られている（図 6.3）．ここで，比例係数 μ' は**動摩擦係数**とよばれる．

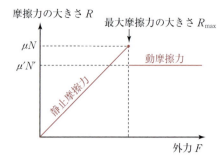

図 6.3 外力と摩擦力の関係

また静止摩擦力と同様，**動摩擦力も物体と面の見かけの接触面積に依存しないことが知られている**．

一般に，動摩擦力の大きさ R' は最大摩擦力の大きさ R_{max} よりも小さい．したがって，(6.1)式と(6.2)式より

$$\mu' < \mu \tag{6.3}$$

となり，動摩擦係数 μ' は静止摩擦係数 μ よりも小さいことがわかる(図6.3)．

以上の実験事実を総称して，**アモントン–クーロンの摩擦法則**とよぶ．以下に，アモントン–クーロンの摩擦法則をまとめる[10]．

10) 現在，アモントン–クーロンの摩擦法則が成り立つ微視的なメカニズムについては諸説あり，いまだ統一的理解に至っておらず，物理学の研究課題の1つである．

―― アモントン–クーロンの摩擦法則 ――
(1) 摩擦力は垂直抗力に比例する．
(2) 物体と面との間の摩擦力は，見かけの接触面積に依存しない．
(3) 動摩擦力は最大静止摩擦力よりも小さく，滑り速度に依存しない．

ただし，アモントン–クーロンの摩擦法則は広い範囲で成り立つ経験則であるが，常に成り立つわけではないことを注意しておく．

この項の用語を以下にまとめておく．

> 静止摩擦力：互いに静止している物体の接触している面と面の間にはたらく摩擦力
> 最大摩擦力：物体が動き出す直前の静止摩擦力
> 動摩擦力：動いている物体の接触している面と面の間にはたらく摩擦力．一般に，動摩擦力は最大摩擦力より小さい．

身の回りの摩擦とトライボロジー

字を書いたり，歩いたり，構造物を建てるなど，私たちは日常生活の様々な場面で摩擦の恩恵を受けている．その反面，物体と地面との間の摩擦は荷物を運搬する際の障害になるし，大陸プレート間の摩擦は巨大な地震を引き起こすなど，摩擦は私たちの生活へ障害や災害ももたらす．

また，自動車のエンジンの出力エネルギーの約30％が，タイヤと地面との摩擦やエンジン内のピストンとシリンダーとの摩擦によって無駄に消費される．自動車産業に限らず，摩擦の性質を正確に理解して制御することは，航空産業，宇宙産業，半導体産業など多岐にわたる工学分野の重要な課題である．さらに，摩擦が生じる微視的原因の解明や摩擦によって生じる新奇物理現象の探索は，現代物理学の課題の1つでもある．摩擦・摩耗・潤滑の科学と技術は，**トライボロジー**という学術・技術分野として活発に研究が進められている．

6.3 粘性抵抗と慣性抵抗

気体や液体などの流体の中を物体が運動するとき，物体は流体から抵抗力を受ける．これらの抵抗力の起源は<u>流体力学</u>で学ぶことになるが，本節では流体力学の詳細に立ち入ることなく，その結論を以下に簡潔に記す．

6.3.1 粘性抵抗

流体の中を運動する物体について考える．物体と流体の相対速度がある程度小さいとき，物体が流体から受ける抵抗力 F_V は物体の速さ v に比例することが知られている．この抵抗力は流体の粘性（粘りけ）に起因する抵抗力であることから，<u>粘性抵抗</u>とよばれる．

流体力学によると，半径 R の球体に対する粘性抵抗の大きさ F_V は，

$$F_V = 6\pi\eta R v \tag{6.4}$$

で与えられる．この式が成り立つことを，発見者の名にちなんで<u>ストークスの抵抗法則</u>とよぶ．$\eta\,[\mathrm{N\,s/m^2}]$ は気体や液体の種類によって決まる定数であり，<u>粘性係数</u>とよばれる．また参考のため，表 6.1 に摂氏 25 ℃ の空気と水の粘性係数 η を示す．

ジョージ・ガブリエル・ストークス
（アイルランド，1819 - 1903）

表 6.1 粘性係数

	$\eta\,[\mathrm{N\,s/m^2}]$
空気 (25 ℃)	1.8×10^{-5}
水　 (25 ℃)	8.9×10^{-4}

6.3.2 慣性抵抗

物体と流体の相対速度がある程度大きくなると，物体が流体から受ける抵抗力は速度に比例せず，速度の 2 乗 v^2 に比例するようになる．この抵抗力は<u>慣性抵抗</u>とよばれ，物体の前方と後方の圧力の差によって生じる（図 6.4）．

流体力学によると，半径 R の球体に対する慣性抵抗の大きさ F_I は，

$$F_I = \frac{1}{4}\pi\rho R^2 v^2 \tag{6.5}$$

で与えられる[11]．$\rho\,[\mathrm{kg/m^3}]$ は流体の密度である．(6.5)式が成り立つことを，発見者の名にちなんで<u>ニュートンの抵抗則</u>とよぶ．

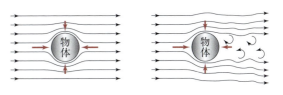

(a) 物体と流体の相対速度が小さい場合　　(b) 相対速度がある程度大きい場合

図 6.4 流体の流れの様子．赤茶色の矢印は物体に加わる圧力を表し，黒い矢印は流体の流れ（物体に対する相対的な流れ）を表す．

11) 速度がある程度以上に大きくなると，係数 1/4 は若干大きくなる．

6.4 弾性力（復元力）

形ある物体（主に固体）に外部から力を加えると変形するが，変形が小さいうちは，力を抜けば物体は元の形状に復元する（図 6.5）．

物体のこの性質を<u>弾性</u>といい，弾性をもつ物体のことを<u>弾性体</u>という．

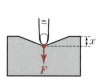

(a) 力を加える前　(b) 力を加える　(c) 力を抜く

図 6.5　弾性力

また，変形した物体が元の形状に復元しようとする力を**弾性力**という．

弾性力は，物体の変形の大きさ x が小さいときは x に比例し，

$$F = -kx \qquad (6.6)$$

の関係が成り立つことが知られている（**フックの法則**）．そして，この場合の弾性力を**フックの力**とよび，比例係数 k [N/m] を**弾性係数**または**弾性率**という．

レイノルズ数

物体が流体中を運動するとき，粘性抵抗 F_V と慣性抵抗 F_I のいずれが支配的であるかを表す量として，F_V と F_I の比

$$\frac{F_\mathrm{V}}{F_\mathrm{I}} = 24\frac{\eta}{\rho R v} \equiv \frac{24}{\mathrm{Re}} \qquad \left(\mathrm{Re} \equiv \frac{\rho R v}{\eta}\right) \qquad (6.7)$$

を導入する．Re は**レイノルズ数**とよばれ，流体の粘性を特徴づける無次元量である．

(6.7)式の Re の表式からわかるように，レイノルズ数は物体のサイズ（いまの場合は球体の半径 R）に依存する．流体力学によると，「大きさは異なるが幾何学的に相似な 2 つの物体が，それぞれ異なる流体中を運動しているとき，もしそれらのレイノルズ数が等しければ，それぞれの物体の周りの流体の様子は相等しい」こと（力学的相似則）が知られている．そのため，飛行機などの模型実験を行う際には，ミニチュアを用いる代わりに，レイノルズ数が実物の場合と同じになるように，流体の密度 ρ，物体の速さ v，粘性係数 η を調整する必要がある．

ロバート・フック
（イギリス，1635 - 1703）

オズボーン・レイノルズ
（アイルランド，1842 - 1912）

Mechanics

第 7 章
様々な力のもとでの質点の運動

　この章では，第6章で述べた摩擦力，粘性抵抗，弾性力のもとでの質点の運動について述べる．これらの運動はいずれも簡単な運動であるが，そこには力学の基本的な考え方や本質が多く含まれており，本章で習得する数学的手法や物理学的発想は，複雑な力学現象を理解・制御する上で大変役に立つ．

キーワード：粘性抵抗，弾性力，振り子，強制振動，うなり，共振
必要な数学：微分方程式，三角関数

7.1 粗い面を滑る質点の運動

　図7.1に示すように，摩擦のある水平な面(粗い水平面)の上を直線運動する質量 m の小さな物体(これ以降，質点とよぶ)について考える．なお，時刻 $t=0$ における質点の位置を $x(0)=0$ とし，質点の速さは $v(0)=v_0$ であったとする．

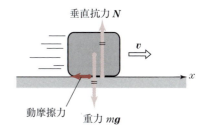

図7.1 粗い水平面上を滑る物体にはたらく力

　この質点にはたらく重力 mg と垂直抗力 N はつり合っているので $N=mg$ である．また，質点が面から受ける動摩擦力の大きさは，(6.2)式より，$R'=\mu'N=\mu'mg$ (μ' は動摩擦係数) である．したがって，$t\geq 0$ において，この質点に対するニュートンの運動方程式は

$$m\frac{d^2x}{dt^2}=-\mu'mg \tag{7.1}$$

となる．ここで，質点が進む方向を x 軸の正方向とした．

　(7.1)式より，質点の加速度 $a(t)$ は

$$a(t)\equiv\frac{d^2x}{dt^2}=-\mu'g \tag{7.2}$$

のように，時間に依存せずに一定であることがわかる．また，(7.2)式を時間 t で1回積分することで，質点の速度 $v(t)$ は

$$v(t)\equiv\frac{dx}{dt}=-\mu'gt+v_0 \tag{7.3}$$

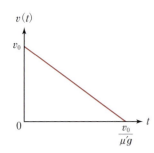

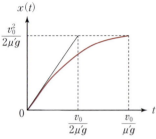

図7.2 粗い水平面を滑る質点の速度 $v(t)$ と位置 $x(t)$

と求まる．ここで，$v(0) = v_0$ を用いた．さらに，(7.3)式を積分することで，質点の位置 $x(t)$ は

$$x(t) = -\frac{1}{2}\mu' g t^2 + v_0 t \tag{7.4}$$

と求まる．ここで，$x(0) = 0$ を用いた．

図7.2に，(7.3)式の速度 $v(t)$ と(7.4)式の位置 $x(t)$ を示す．

─── 〈例題7.1〉粗い水平面上での質点の運動 ───

初速度 v_0 で発射された質点が，動摩擦係数 μ' の粗い水平面上を運動している．この質点が静止するまでに要した時間 T，および，その間に移動した距離 L を求めよ．

〈解〉 $t = T$ において $v(T) = 0$ であるから，(7.3)式より

$$T = \frac{v_0}{\mu' g} \tag{7.5}$$

となる．また，移動距離 L は，(7.4)式に(7.5)式を代入することで

$$L = x(T) = \frac{v_0^2}{2\mu' g} \tag{7.6}$$

となる． ◆

7.2 粘性抵抗を受けながら落下する質点

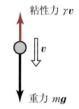

図7.3 粘性抵抗を受けながら落下する質点にはたらく力

速度 v に比例する粘性抵抗 ($F_v = -\gamma v$) を受けながら落下する質量 m の質点の運動について考える．この質点に対する運動方程式は

$$m\frac{dv}{dt} = mg - \gamma v \quad (\gamma > 0) \tag{7.7}$$

となる（ただし，鉛直下向きを座標軸の正の向きに選んだ）．

(7.7)式の両辺を質量 m で割ると

$$\frac{dv}{dt} = -\frac{\gamma}{m}\left(v - \frac{mg}{\gamma}\right) \tag{7.8}$$

となる．いま，$f(t) = -\gamma/m$，$g(v) = v - mg/\gamma$ とおくと，(7.8)式は

$$\frac{dv}{dt} = f(t)g(v) \tag{7.9}$$

となる．この式の右辺は，独立変数である**時間 t だけの関数** $f(t)$ (いまの場合，$f(t)$ は定数) と従属変数である**速度 v だけの関数** $g(v)$ に分離されている．(7.9)式のような形の微分方程式は**変数分離形**とよばれ，次のような手順 (**変数分離法**) で解析的に解くことができる．

まず，(7.9)式の左辺の微分 dv/dt を単純な割り算 $dv \div dt$ とみなし，(7.9)式の両辺に dt を掛けて

$$\frac{1}{g(v)}dv = f(t)dt \tag{7.10}$$

のように書き直す．次に，この式の両辺を

$$\int \frac{1}{g(v)} dv = \int f(t) dt \tag{7.11}$$

のように積分し，得られた結果を v について整理すれば，速度 v が求まることになる．いまの場合は，$f(t) = -\gamma/m$，$g(v) = v - mg/\gamma$ であるから，

$$\int \frac{1}{v - \dfrac{mg}{\gamma}} dv = -\frac{\gamma}{m} \int dt \tag{7.12}$$

となり，両辺の積分をそれぞれ実行すると

$$\ln\left|v - \frac{mg}{\gamma}\right| = -\frac{\gamma}{m} t + C \tag{7.13}$$

となる．ここで，左辺に現れる関数 $\ln x \equiv \log_e x$ は指数関数 e^x の逆関数を表す．また，(7.12)式の両辺をそれぞれ積分した際に現れる積分定数をまとめて C と書いた．

それでは，(7.13)式を整理して速度 v を求めよう．まず，(7.13)式の両辺の逆関数を求めると

$$\left|v - \frac{mg}{\gamma}\right| = B e^{-\frac{\gamma}{m} t} \quad (\text{ただし，} B \equiv e^C \text{ は正の定数}) \tag{7.14}$$

となる．ここで，$e^{X+Y} = e^X e^Y$ の関係式を用いた．次に，(7.14)式の絶対値をはずして，速度 v について整理すると

$$v(t) = \frac{mg}{\gamma} + A e^{-\frac{\gamma}{m} t} \quad (\text{ただし，} A \equiv \pm B \text{ は任意の実数}) \tag{7.15}$$

となる．こうして，(7.7)式の一般解が得られた．

● **与えられた初期条件のもとでの運動**

時刻 $t = 0$ において，質点を静かに ($v(0) = 0$ で) 落下させたときの速度 $v(t)$ を求める．この初期条件を(7.15)式に課すことにより，積分定数 A は

$$A = -\frac{mg}{\gamma} \tag{7.16}$$

と定まる．

したがって，この初期条件のもとでの質点の落下速度 $v(t)$ は，(7.16)式を(7.15)式に代入することで

$$v(t) = \frac{mg}{\gamma} \left(1 - e^{-\frac{\gamma}{m} t}\right) \tag{7.17}$$

となる．(7.17)式の速度 $v(t)$ を図7.4に示す．

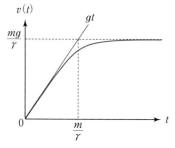

図7.4 粘性抵抗を受けながら落下する質点の速度の時間変化

● 結果の物理的考察

質点が静かに落下した直後 $(t \ll m/\gamma)$ と落下してから十分に時間が経過した後 $(t \gg m/\gamma)$ の，落下速度 $v(t)$ について考えよう．

落下直後 $(t \ll m/\gamma)$　　このとき，$e^{-\frac{\gamma}{m}t} \approx 1 - (\gamma/m)t$ のように近似できるので，質点の速度は(7.17)式より $v = -gt$ となる．これは重力 mg のもとで自由落下する質点の速度と同じである．落下直後に質点が自由落下する理由は，落下直後は質点の速さ v が非常に小さく，粘性抵抗 γv を無視できるためである．

> 落下直後 $\left(t \ll \dfrac{m}{\gamma}\right)$ の質点は，重力加速度の大きさ g で自由落下する．

十分に時間が経過した後 $(t \gg m/\gamma)$　　このとき，$e^{-\frac{\gamma}{m}t} \approx 0$ なので，質点の速度は(7.17)式より $v = mg/\gamma$ となり，質点は一定の速度(**終端速度**)で落下する．終端速度 $(= mg/\gamma)$ は質点にはたらく重力 mg が大きいほど大きく，粘性抵抗係数 γ が小さいほど大きい．

> $t \gg \dfrac{m}{\gamma}$ において，質点は一定の終端速度で等速落下する．

この振る舞いは次のように理解できる．落下する質点の速度 v は時間が経過するとともに大きくなり，その後，粘性抵抗 kv と重力 mg が等しくなる．このとき，質点には力がはたらいていない状態と同じなので，慣性の法則に従って質点は等速運動をする．

以上の考察からわかるように，粘性抵抗を受けながら落下する質点は，時間 $\tau = m/\gamma$ を目安に自由落下(加速度一定)から等速落下(速度一定)へと運動形態を切り替える．τ は運動量の変化が和らぐ時間であることから，**緩和時間**とよばれる[12]．

12) 緩和時間 $\tau = m/\gamma$ が重力加速度 g によらないということは，粘性抵抗を受けながら流体中を落下する質点の運動形態が切り替わるタイミングは，地球に限らず，他の惑星の上でも同じであることを意味する．

=== 〈例題 7.2〉雨滴の終端速度

半径 $R = 0.1$ mm の球状の雨滴が摂氏 25 ℃ の大気中を落下している．雨滴の密度が $\rho = 1.0$ g/cm³ であるとき，雨滴の終端速度を求めよ．

〈解〉　(6.4)式のストークスの抵抗法則より，半径 R の球体の粘性抵抗係数は

$$\gamma = 6\pi\eta R \tag{7.18}$$

で与えられる．また，表 6.1 に示したように，空気(摂氏 25 ℃)の粘性抵抗は $\eta = 1.8 \times 10^{-5}$ N s/m² であるから，半径 $R = 0.1$ mm の雨滴の粘性抵抗係数 γ は

$$\gamma \approx 3.4 \times 10^{-8} \text{ N s/m} \tag{7.19}$$

となる．また，この雨滴の質量は

$$m = \frac{4}{3}\pi R^3 \rho \approx 4.2 \times 10^{-6} \,\text{kg} = 4.2 \,\text{mg} \qquad (7.20)$$

となる．したがって，雨滴の終端速度を v_∞ とすると

$$v_\infty = \frac{mg}{\gamma} \approx 1.2 \,\text{m/s} \qquad (7.21)$$

となる． ◆

7.3 弾性力のもとでの質点の運動

バネ定数(弾性定数) k [N/m] のつる巻きバネに質量 m の質点を付けたものを**バネ振り子**という．

図7.5に示すように，なめらかな水平面上に置かれたバネ振り子の運動について考えよう．この質点にはたらく力は(6.6)式のフックの力であるから，この質点に対するニュートンの運動方程式は

$$m\frac{d^2 x}{dt^2} = -kx \qquad (7.22)$$

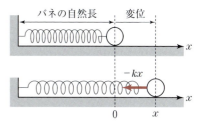

図7.5 フックの法則に従うバネの弾性力

で与えられる．ここで，x はバネの自然長[13]からの変位である．

これから，(7.22)式を解き，バネ振り子の運動を決定するわけであるが，式の煩雑さを避けるために，ここでは，(7.22)式の両辺を質量 m で割って，

$$\frac{d^2 x}{dt^2} = -\omega_0^2 x \qquad (7.23)$$

のように，(7.22)式を簡略化しておく．ここで，$\omega_0^2 = k/m \,(>0)$ とおいた．

[13] 力を加えられていないバネが静止しているときのバネの長さを**自然長**という．

7.3.1 一般解の天下り的な導出

ここでは，(7.23)式の解を天下り的に探すことにしよう．すぐにわかるように，(7.23)式の解 $x(t)$ は時間 t で2度微分すると元の関数形 $x(t)$ に戻り，符号を変えるようなものである．そのような関数としてすぐに思いつくのは，

$$\sin \omega_0 t \quad \text{や} \quad \cos \omega_0 t$$

であろう．実際，これらの関数を(7.23)式に代入すれば，それらが(7.23)式の解であることがわかる．

● 一般解と特解

(7.23)式は2階微分 $d^2 x/dt^2$ を含むので，一般にその解には2つの定数(積分定数)が含まれるはずである．そこで，そのような一般解として，$\sin \omega_0 t$ と $\cos \omega_0 t$ の和(線形結合)として

$$x(t) = c_1 \sin \omega_0 t + c_2 \cos \omega_0 t \qquad (7.24)$$

を導入する．ここで，c_1 と c_2 は任意の実数である．

(7.24)式が(7.23)式の一般解であることは，(7.24)式を(7.23)式に代入することで容易に確かめられる．そして，この一般解に含まれる任意定数 c_1 と c_2 に何らかの特別な値を与えて得られる解のことを**特殊解**または**特解**という．例えば，$c_1 = 1$, $c_2 = 0$ に選んだ場合の特解は $\sin \omega_0 t$ となり，$c_1 = 0$, $c_2 = 1$ に選んだ場合は $\cos \omega_0 t$ となる．

● **一般解の別表現**

任意の実数 c_1 と c_2 をそれぞれ $c_1 = A \cos \delta$ と $c_2 = A \sin \delta$ (A, δ はいずれも実数)に書き換えると，(7.24)式は三角関数の加法定理を用いて

$$x(t) = A \sin(\omega_0 t + \delta) \tag{7.25}$$

となり，$c_1 = -A \sin \delta$ と $c_2 = A \cos \delta$ のように選べば，

$$x(t) = A \cos(\omega_0 t + \delta) \tag{7.26}$$

となる．(7.25)式と(7.26)式はいずれも(7.23)式の一般解である．

(7.25)式と(7.26)式に現れる定数 A を**振幅**という．また，(7.25)式と(7.26)式の三角関数の引数 $\omega_0 t + \delta$ を**位相**とよび，δ を**初期位相**という(図 7.6 を参照)．位相や初期位相の単位は**ラジアン**(rad)である．

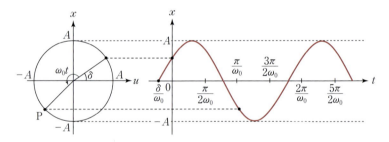

図 7.6 単振動 $x(t) = A \sin(\omega_0 t + \delta)$

7.3.2 解の物理的意味

(7.25)式は，図 7.6 において，半径 A の円の円周上を角速度 $\omega_0 = \sqrt{k/m}$ で等速円運動をしている点 P の x 座標の時間変化を表し，(7.26)式は u 座標の時間変化を表す．点 P の x 座標は，$x = 0$ を中心に $|x| \leq A$ の範囲を往復運動(振動)する．すなわち，バネにつながれた質点は，原点(バネの自然長の位置)$x = 0$ を中心に $|x| \leq A$ の範囲を往復運動する．この直線上の往復運動のことを**単振動**という．

この単振動において，1 往復に要する時間 T (**周期**)は，(3.37)式より

$$T = \frac{2\pi}{\omega_0} = 2\pi \sqrt{\frac{m}{k}} \tag{7.27}$$

と与えられる．単振動の特徴の 1 つは，(7.27)式からわかるように，**周期 T が振幅 A に依存しない**ことであり，この性質を**等時性**という．また，単振動する質点のことを**調和振動子**とよぶ．

さて，上の説明では，$\omega_0 = \sqrt{k/m}$ は仮想的な等速円運動の角速度として述べたが，実際の運動は直線上の単振動であるので，この場合の角速度 ω_0 は**角振動数**とよばれる．同様に，仮想的な等速円運動の回転数((3.38)式を参照)を表す

$$\nu = \frac{1}{T} = \frac{\omega_0}{2\pi} = \frac{1}{2\pi}\sqrt{\frac{k}{m}} \quad [\text{Hz}] \tag{7.28}$$

も，実際には，単位時間当たりに調和振動子が行った周期運動の回数であるので，**振動数**とよばれる．

─〈例題 7.3〉**バネ振り子時計**─

バネ定数が $k = 20\,\text{N/m}$ のバネを用いて，周期が1秒のバネ振り子をつくるためには，バネの先端に何gの物体を付ければよいか．

〈解〉 (7.28)式より

$$m = \frac{kT^2}{(2\pi)^2} = \frac{20 \times 1^2}{(2 \times 3.14)^2} \approx 0.5\,\text{kg} = 500\,\text{g} \tag{7.29}$$

の物体を付ければよいことがわかる． ◆

7.3.3 一般解の形式的な導出

ここまでは，調和振動子に対する運動方程式(7.23)式の一般解［(7.24)式〜(7.26)式］を天下り的に示したが，ここでは形式的かつ汎用性のある導出方法を述べる．

まず，(7.23)式の特解として，

$$x(t) = e^{\lambda t} \tag{7.30}$$

を仮定しよう．ここで λ は，(7.30)式が(7.23)式を満足するように決定されるパラメータである．実際，(7.30)式を(7.23)式に代入すると，

$$(\lambda^2 + \omega_0^2)e^{\lambda t} = 0 \tag{7.31}$$

となり，この式が任意の時刻 t において成り立つためには，$e^{\lambda t} > 0$ であるから，λ が

$$\lambda^2 + \omega_0^2 = 0 \tag{7.32}$$

を満たせばよいことになる．

この方程式は λ を決定するための方程式であり，**特性方程式**とよばれる．この特性方程式は容易に解くことができて，

$$\lambda_\pm = \pm i\omega_0 \tag{7.33}$$

となる．ここで，2つの解を区別するために λ の添字に $\pm$ を付けた．

以上から，運動方程式(7.23)式の2つの独立な特解は $e^{\pm i\omega_0 t}$ であり，(7.23)式の一般解は，これら2つの特解の線形結合として

$$x(t) = ae^{i\omega_0 t} + be^{-i\omega_0 t} \tag{7.34}$$

のように与えられる．ここで，振動子の変位 $x(t)$ は実数であるので，

右辺が実数になるためには係数 a, b が $a^* = b$ を満足する複素数であればよい（a^* は a の複素共役[14]）．$a^* = b$ を満たすようなものとして，実数 c_1 と c_2 を用いて，$a = (c_2 - ic_1)/2$，$b = (c_2 + ic_1)/2$ を導入すると

$$x(t) = c_1 \sin \omega_0 t + c_2 \cos \omega_0 t \tag{7.35}$$

となり，天下り的に導入した(7.24)式が導かれる．なお，(7.35)式を導く際に，オイラーの公式

$$e^{\pm i\omega_0 t} = \cos \omega_0 t \pm i \sin \omega_0 t \tag{7.36}$$

を用いた．

[14) 複素数 a を $a = x + iy$（x, y は実数）と書くとき，$a^* = x - iy$ を a の **複素共役** という．]

7.4 振り子の微小振動

図 7.7 に示すように，質量が無視できる糸に取り付けられた質量 m の質点の微小振動について考える．

この質点の運動方程式を(4.5)式と(4.6)式を用いて極座標で書くと，

r 方向の運動方程式： $-ml\left(\dfrac{d\theta}{dt}\right)^2 = mg \cos\theta - R \tag{7.37}$

θ 方向の運動方程式： $ml\dfrac{d^2\theta}{dt^2} = -mg \sin\theta \tag{7.38}$

となる．ここで，l は糸の長さ，R は糸の張力の大きさである．また，糸の長さが一定（$r = l =$ 一定）であるので，$dr/dt = 0$ を用いた．

(7.38)式の θ 方向の運動方程式は，$|\theta|$ が非常に小さい（$|\theta| \ll 1$）とき $\sin\theta \approx \theta$ であるから

$$\frac{d^2\theta}{dt^2} = -\frac{g}{l} \sin\theta \approx -\frac{g}{l}\theta \tag{7.39}$$

のように近似できる．いま，$\omega_0 = \sqrt{g/l}$ とおくと，この方程式は

$$\frac{d^2\theta}{dt^2} = -\omega_0^2 \theta \tag{7.40}$$

となる．(7.40)式は，前節で述べたバネ振り子に対する運動方程式[(7.23)式]と全く同じ形をしていることから，前節と同様の手続きを踏むことで解くことができる．したがって，(7.40)式の一般解 $\theta(t)$ は，(7.25)式の $x(t)$ を $\theta(t)$ に置き換えて，

$$\theta(t) = A \sin(\omega_0 t + \delta) \tag{7.41}$$

となる．

微小振動する振り子の周期 T は，(7.27)式に $\omega_0 = \sqrt{g/l}$ を代入することで，

$$T = \frac{2\pi}{\omega_0} = 2\pi\sqrt{\frac{l}{g}} \tag{7.42}$$

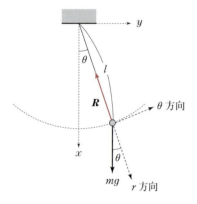

図 7.7 振り子の微小振動

となり，ひもの長さが同じなら，周期 T は振り子の振幅に依存しないことがわかる（**等時性**）[15]．

■ 〈例題 7.4〉 **振り子の糸の張力**

質量を無視できる長さ l の糸に取り付けられた質量 m の質点から成る振り子が微小振動をしているとき，この振り子の糸の張力 R を求めよ．

〈解〉 糸の張力 R は (7.41) 式を (7.37) 式に代入することで，
$$R = mg\{1 + A^2\cos^2(\omega_0 t + \delta)\} \tag{7.43}$$
のように表される．ここで，$\cos\theta \approx 1 (|\theta| \ll 1)$ を用いた．◆

[15] 振り子の等時性は，ガリレオが弱冠19歳のとき，ピサの大聖堂の天井に吊るされたシャンデリアの揺れ（一説にはランプの揺れ）を見てひらめいたといわれている．

7.5 粘性抵抗を受けて運動する振動子

図 7.8 に示すように，なめらかな水平面上に置かれた振動子（質量 m，バネ定数 k）が，速度 v に比例する粘性抵抗を受けながら運動しているとき，この振動子の運動方程式は

$$m\frac{d^2x}{dt^2} = -kx - \gamma\frac{dx}{dt} \tag{7.44}$$

で与えられる．ここで，x はバネの自然長の位置からの質点の変位である．また，(7.44) 式の右辺第1項はバネの弾性力（フックの力）であり，第2項は速度 $v = dx/dt$ に比例する粘性抵抗（ただし，$\gamma > 0$）である．

(7.44) 式は，その両辺を質量 m で割って整理すると

$$\frac{d^2x}{dt^2} + 2\kappa\frac{dx}{dt} + \omega_0^2 x = 0 \tag{7.45}$$

となる．ここで，$\omega_0 = \sqrt{k/m}(>0)$ および $2\kappa = \gamma/m(>0)$ とおいた[16]．また，ω_0 はフックの力（バネの弾性力）の強さを表すパラメータであり，κ は粘性力の大きさを表すパラメータである．この2つのパラメータの大小関係（2つの異なる力の競合）によって，この振動子が異なった運動形態を示すことを以下で述べる．

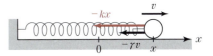

図 7.8 粘性抵抗を受ける振動子にはたらく力（x 軸に対して正の方向に速度をもつ場合）

[16] 係数の "2" は，後の計算式が煩雑にならないための便宜である．

運動方程式の一般解

ここでは，(7.45) 式の一般解を求めるために，7.3 節で行った一般解の形式的な導出方法を用いる．そこでまず，$x(t) = e^{\lambda t}$ とおいて (7.45) 式に代入すると，λ に対する特性方程式として

$$\lambda^2 + 2\kappa\lambda + \omega_0^2 = 0 \tag{7.46}$$

が得られる．この方程式の解は，2次方程式の解の公式より

$$\lambda = -\kappa \pm \sqrt{\kappa^2 - \omega_0^2} \tag{7.47}$$

となる[17]．

[17] 16) で述べた係数 "2" は，(7.47) 式の2次方程式の解を簡潔に表すためである．

(7.47)式は，κ と ω_0 の大小関係により，以下のケースに場合分けされる．

(ⅰ) $\kappa < \omega_0$ の場合，異なる2つの複素数の解をもつ．
(ⅱ) $\kappa > \omega_0$ の場合，異なる2つの実数解をもつ．
(ⅲ) $\kappa = \omega_0$ の場合，1つの実数解（重解）をもつ．

以下では，これら3つのケースについて順次述べる．なお，これら3つのケースは，その運動形態の特徴からそれぞれ，

減衰振動（$\kappa < \omega_0$），　　過減衰（$\kappa > \omega_0$），　　臨界減衰（$\kappa = \omega_0$）

とよばれる．

(ⅰ) 減衰振動（$\kappa < \omega_0$）

$\kappa < \omega_0$ の場合，λ は(7.47)式より

$$\lambda = -\kappa \pm i\omega_1 \quad (\text{ただし，} \omega_1 \equiv \sqrt{\omega_0^2 - \kappa^2} > 0) \tag{7.48}$$

となる．したがって，(7.45)式の2つの独立な解は，

$$e^{-\kappa t}e^{i\omega_1 t}, \quad e^{-\kappa t}e^{-i\omega_1 t} \tag{7.49}$$

であり，一般解は，これら2つの特解の線形結合として

$$x(t) = e^{-\kappa t}(c_1 e^{i\omega_1 t} + c_2 e^{-i\omega_1 t})$$
$$= A e^{-\kappa t} \cos(\omega_1 t + \delta) \tag{7.50}$$

となる．ここで，c_1 と c_2 は任意の複素定数であり，A と δ は任意の実数である．また，2番目の等号に移る際に，$c_1 = (A/2)e^{i\delta}$ と $c_2 = (A/2)e^{-i\delta}$ とおき，余弦関数（$\cos x$）と指数関数（$e^{\pm ix}$）との関係式 $\cos x = (e^{ix} + e^{-ix})/2$ を用いた．

〈例題 7.5〉減衰振動

$\kappa < \omega_0$ の場合の振動子について考える．時刻 $t = 0$ において，振動子の変位と速度がそれぞれ $x(0) = X_0$，$v(0) = V_0$ であったとする．このとき，任意の時刻 t における振動子の変位 $x(t)$ を求めよ．

〈解〉 初期条件 $x(0) = X_0$ を(7.50)式に代入すると，

$$\cos \delta = \frac{X_0}{A} \tag{7.51}$$

を得る．一方，振動子の速度 $v(t)$ は，(7.50)式を時間 t で微分すると，

$$v(t) = -A e^{-\kappa t}\{\kappa \cos(\omega_1 t + \delta) + \omega_1 \sin(\omega_1 t + \delta)\} \tag{7.52}$$

となり，(7.51)式と初期条件 $v(0) = V_0$ を(7.52)式に代入すると，

$$\sin \delta = -\frac{V_0 + \kappa X_0}{A \omega_1} \tag{7.53}$$

を得る．

したがって，(7.51)式と(7.53)式を(7.50)式に代入することで，この初期条件のもとでの振動子の変位 $x(t)$ は

$$x(t) = e^{-\kappa t}\left(X_0 \cos \omega_1 t + \frac{V_0 + \kappa X_0}{\omega_1} \sin \omega_1 t\right) \tag{7.54}$$

と表される．なお，(7.50)式の振幅 A は，(7.51)式と(7.53)式より

$$A = \sqrt{X_0^2 + \left(\frac{V_0 + \kappa X_0}{\omega_1}\right)^2} \qquad (7.55)$$

となる. ◆

図7.9に, (7.54)式において $X_0 = 0$ の場合の変位 $x(t)$ を示す. (7.54)式からわかるように, この振動子の振幅は $(V_0/\omega_1)e^{-\kappa t}$ のように, 指数関数的に減衰する.

また, 変位 $x(t)$ の極大値が一定の間隔 ($= 2\pi/\omega_1$) で現れることがわかる. この一定の間隔をあえて"周期"とよぶことにすると, 周期 T は

$$T = \frac{2\pi}{\omega_1} = \frac{2\pi}{\sqrt{\omega_0^2 - \kappa^2}} \qquad (7.56)$$

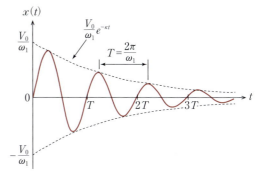

図7.9 減衰振動する振動子の変位. ただし, 初期条件として $t = 0$ で $x = 0$, $v = V_0$ とした.

で与えられる[18]. (7.56)式と(7.27)式を比べるとわかるように, $\omega_1 < \omega_0$ であるから, 減衰振動する振動子の周期 T は, 摩擦のない場合と比べて長いことがわかる. また, 単振動のときと同様, 周期 T は振幅に依存しない. すなわち, 減衰振動する振動子の場合にも**等時性**が成り立っている.

[18] 減衰振動は周期運動ではないので, (7.56)式は正確には周期ではない.

(ii) 過減衰 ($\kappa > \omega_0$)

$\kappa > \omega_0$ の場合, λ は(7.47)式より

$$\lambda = -\kappa \pm \sqrt{\kappa^2 - \omega_0^2} \qquad (7.57)$$

となる. したがって, (7.45)式の2つの独立な解は

$$e^{-\kappa t}e^{\sqrt{\kappa^2 - \omega_0^2}\,t}, \quad e^{-\kappa t}e^{-\sqrt{\kappa^2 - \omega_0^2}\,t} \qquad (7.58)$$

であり, 一般解は

$$x(t) = e^{-\kappa t}(c_1 e^{\sqrt{\kappa^2 - \omega_0^2}\,t} + c_2 e^{-\sqrt{\kappa^2 - \omega_0^2}\,t})$$
$$= A e^{-\kappa t} \cosh(\sqrt{\kappa^2 - \omega_0^2}\,t + \delta) \qquad (7.59)$$

となる. ここで, c_1, c_2, A, δ はいずれも任意の実数である. また, 2番目の等号に移る際に, $c_1 = (A/2)e^\delta$ と $c_2 = (A/2)e^{-\delta}$ とおき, 双曲線余弦関数 ($\cosh x$) と指数関数 ($e^{\pm x}$) との関係式 $\cosh x = (e^x + e^{-x})/2$ を用いた.

図7.10に, 過減衰 ($\kappa = 1.5\omega_0$) の場合の振幅 $x(t)$ を赤茶色の線で示す. この図からわかるように, 過減衰の場合には振動子は振動せず, 単調に減衰する. そして, 時間が十分に経過した後 ($t \gg 1/\sqrt{\kappa^2 - \omega_0^2}$) には, 振動子の振幅は, (7.59)式より

$$x(t) \to c_1 e^{-(\kappa - \sqrt{\kappa^2 - \omega_0^2})t} \qquad (7.60)$$

のように減衰する.

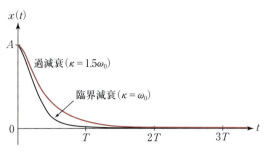

図 7.10 過減衰 ($\kappa = 1.5\omega_0$) と臨界減衰 ($\kappa = \omega_0$) の様子 (ただし, (7.59)式の初期位相を $\delta = 0$ とした.)

(iii) 臨界減衰 ($\kappa = \omega_0$)

$\kappa = \omega_0$ の場合は, (7.47)式の解は重解となり

$$\lambda = -\kappa = -\omega_0 \quad (\text{重解}) \tag{7.61}$$

の1つだけである. したがって, この方法によって得られる(7.45)式の解も

$$x(t) = Ae^{-\omega_0 t} \tag{7.62}$$

の1つだけである. (7.62)式は定数を1つ ($= A$) しか含まないことからわかるように, (7.45)式の特解である.

そこで(7.45)式の一般解を探すために, (7.62)式の中の定数 A を時間 t の関数 $A(t)$ に拡張し,

$$x(t) = A(t)e^{-\omega_0 t} \tag{7.63}$$

とする. このように, 定数を変数に置き換えて解を探す方法を**定数変化法**といい, (7.63)式を(7.45)式に代入すると,

$$\frac{d^2 A(t)}{dt^2} = 0 \tag{7.64}$$

のように, $A(t)$ が満足する方程式が得られる.

(7.64)式は容易に解け,

$$A(t) = at + b \quad (a, b \text{は任意の実数}) \tag{7.65}$$

となるので, (7.65)式を(7.63)式に代入することで

$$x(t) = (at + b)e^{-\omega_0 t} \tag{7.66}$$

が得られる. この式は, 2つの定数 (a と b) を含むことからわかるように, (7.45)式の一般解である.

図 7.10 に, 臨界減衰 ($\kappa = \omega_0$) の場合の振幅 $x(t)$ を黒線で示す. 図に示したように, 臨界減衰 ($\kappa = \omega_0$) の場合も過減衰 ($\kappa > \omega_0$) の場合と同様, 振動子の変位 $x(t)$ は振動せず, 単調に減衰する. また, 臨界減衰の変位 $x(t)$ が過減衰の場合よりも素早く $x = 0$ に収束していることがわかる (第Ⅰ部末の演習問題7を参照).

臨界減衰の身近な応用

アナログの体重計やキッチンスケールで物体の質量を測ったとき, 針は減衰振動しながら適切な目盛を指す (図 7.11(a)). 粗末な体重計やキッチンスケールを使うと, 針の振動がなかなか止まずヤキモキするが, 高級な体重計やキッチンスケールは針が素早く適切な値を指す. これは, 臨界減衰 ($\kappa = \omega_0$) を実現することで, 針が適切な値に素早く収束するように設計されているためである.

他の臨界減衰の応用例として, 図 7.11(b) のドアクローザーがある. ドアクローザーが設置されているドアは, 音を立てずに素早く閉まる. 一方, ドアクローザーが設置されていなかったり調整されていなかったりすると, ドアは大きな音を立てて閉まり, 不快な思いをすることもあろう.

いま，ドアの開き具合をxとし，ドアが閉まっている状態を$x=0$とする．ドアクローザーの調整に不備があり，減衰振動（$\kappa<\omega_0$）の状態にあったとすると，ドアは大きな音を立てて閉まる．逆に，過減衰（$\kappa>\omega_0$）にあったとすると，今度は大きな音は立てないものの，ドアが閉まるのに時間がかかりすぎてしまう．大きな音を立てないように素早くドアを閉める（$x=0$にする）ためには，臨界減衰（$\kappa=\omega_0$）となるようにドアクローザーを調整すればよいのである．

(a) アナログのキッチンスケール　　(b) ドアクローザー

図 7.11

7.6　周期的な外力のもとでの振動子の運動

7.5 節で述べたように，粘性抵抗を受けながら運動する振動子はいずれ静止するので，それを振動し続けさせるためには，外部から周期的に力を加え続ける必要がある．このように周期的な外力によって物体が振動する現象を**強制振動**という．

7.6.1　身の回りの強制振動

強制振動の詳しい説明を行う前に，身近な強制振動の例をいくつか紹介しよう．

● ブランコの揺れ

強制振動の最初の例は，公園のブランコである（図 7.12）．揺れるブランコをそのまま放っておくといずれ静止するが，周期的に背中を押してやるとブランコは揺れ続ける．さほど大きな力を加えなくても，タイミングさえ合わせればブランコの振幅はどんどん大きくなる．

この例からわかるように，タイミングがピタリと合った周期的な外力は，物体に大きな振動を生じさせる．大きな振動を生じさせるような振動数は物体によって異なり，この振動数のことを**固有振動数**という．そして，外力の振動数が物体のもつ固有振動数にピタリと合った際に，物体に大きな振動が生じる現象を**共振**という．

図 7.12

● 地震によるビルの揺れ

地震による建造物の倒壊も共振と関係する．地震の揺れの振動数が建造物のもつ固有の振動数とピタリと一致すると，共振を起こした建造物は強く揺れて倒壊する恐れがある．最近の高層ビルには，ビルの固有振動数を短く（固有周期を長周期化）して共振を防ぐ免震装置が設置されており，地震からビルを守っている（図 7.13）．

● 通信機器での信号受信

私たちの生活の中には，共振現象を応用した電子機器がたくさんある．例えば，テレビ，ラジオ，携帯電話などの無線通信には，コイルと

図 7.13

携帯電話

図 7.14

コンデンサーから成る同調回路というものが組み込まれており，コイルやコンデンサーの値を調節することで特定の周波数に同調させて，目的の信号(情報)のみを受信する仕組みになっている(図7.14)．

7.6.2 周期的な外力のもとでの振動子の運動

強制振動を理解して制御することは，工学的応用において非常に重要である．この項では，強制振動の本質を理解するための簡単なモデルとして，周期的な外力のもとでの振動子の運動について述べる．

周期的な外力($= F_0 \cos \Omega t$)のもとでの振動子の運動方程式は

$$m\frac{d^2 x}{dt^2} = -kx + F_0 \cos \Omega t \tag{7.67}$$

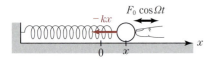

図 7.15 周期的な外力を受けて運動する振動子の様子

で与えられる．ここで，xはバネの自然長の位置からの質点の変位である．また，(7.67)式の右辺第1項はバネの弾性力(フックの力)であり，第2項は振幅F_0，角振動数Ωで時間変動する周期的な外力である．

(7.67)式の両辺を質量mで割り，式を整理することで

$$\frac{d^2 x}{dt^2} + \omega_0^2 x = f_0 \cos \Omega t \tag{7.68}$$

となる．ここで，$\omega_0^2 = k/m$, $f_0 = F_0/m$である．(7.68)式の微分方程式の右辺には，独立変数tの関数($F(t) = f_0 \cos \Omega t$)がある．右辺の$F(t)$がゼロでない微分方程式を**非同次方程式**という．

微分方程式の解法で知られているように，非同次方程式の一般解$x(t)$は，右辺がゼロの場合(**同次方程式**)の一般解$x_c(t)$に非同次方程式の特殊解$x_p(t)$を付加した

$$x(t) = x_c(t) + x_p(t) \tag{7.69}$$

で与えられる(巻末の付録：「物理学を学ぶための数学ミニマム」のA.2を参照)．

(7.45)式に対する同次方程式は

$$\frac{d^2 x}{dt^2} + \omega_0^2 x = 0 \tag{7.70}$$

であり，これは(7.23)式と一致する．したがって，(7.70)式の一般解$x_c(t)$は，(7.26)式より次のようになる．

$$x_c(t) = A \cos(\omega_0 t + \delta) \tag{7.71}$$

次に，(7.68)式の特殊解$x_p(t)$を探す．いま，特殊解$x_p(t)$を，外力と同じ振動数Ωで振動する関数として

$$x_p(t) = X \cos \Omega t \tag{7.72}$$

と仮定してみよう．(7.72)式を(7.68)式に代入すると，振幅Xは

$$X = \frac{f_0}{\omega_0^2 - \Omega^2} \qquad (7.73)$$

となるので，これを(7.72)式に代入することで，特殊解 $x_\mathrm{p}(t)$ は

$$x_\mathrm{p}(t) = \frac{f_0}{\omega_0^2 - \Omega^2} \cos \Omega t \qquad (7.74)$$

となる．

したがって，(7.68)式の一般解は，(7.71)式と(7.74)式を(7.69)式に代入して次のようになる．

$$x(t) = A \cos(\omega_0 t + \delta) + \frac{f_0}{\omega_0^2 - \Omega^2} \cos \Omega t \qquad (7.75)$$

(7.75)式からわかるように，外力の角振動数 Ω が振動子の振動数 ω_0 に等しいとき ($\Omega = \omega_0$)，(7.75)式の第2項が発散する．この発散は物理的には，振動子の変位が極めて大きくなること，すなわち，振動子が共振を起こすことを意味する．仮に外力の大きさ $f_0 (= F_0/m)$ が小さくても，$\Omega = \omega_0$ で振動子は共振を起こすことになる．

7.6.3 うなりと共振

(7.75)式に対する典型的な初期条件として，時刻 $t = 0$ において振動子の変位 $x(t)$ と速度 $v(t)$ がそれぞれ $x(0) = v(0) = 0$ の場合を考えよう．このとき，任意の時刻 t での変位 $x(t)$ は，(7.75)式より

$$\begin{aligned}
x(t) &= \frac{f_0}{\omega_0^2 - \Omega^2} (\cos \Omega t - \cos \omega_0 t) \\
&= \frac{2f_0}{\Omega^2 - \omega_0^2} \sin \frac{(\Omega - \omega_0)t}{2} \sin \frac{(\Omega + \omega_0)t}{2} \qquad (7.76)
\end{aligned}$$

となる．ここで2番目の等号に移る際に，三角関数の公式の

$$\cos \theta - \cos \phi = -2 \sin\left(\frac{\theta - \phi}{2}\right) \sin\left(\frac{\theta + \phi}{2}\right) \qquad (7.77)$$

を用いた．なお，この公式は三角関数の加法定理の

$$\cos(\alpha + \beta) = \cos \alpha \cos \beta - \sin \beta \sin \alpha \qquad (7.78)$$
$$\cos(\alpha - \beta) = \cos \alpha \cos \beta + \sin \beta \sin \alpha \qquad (7.79)$$

の2式を辺々引き算し，$\alpha = (\theta + \phi)/2$，$\beta = (\theta - \phi)/2$ とおくことで得られる．

● うなり

外力の角振動数 Ω が調和振動子の振動数 ω_0 に近い $\Omega \approx \omega_0$ のとき，(7.76)式は

$$x(t) \approx \frac{f_0 \sin \varepsilon t}{2 \varepsilon \omega_0} \sin \omega_0 t \qquad (7.80)$$

と表される．ここで，$\varepsilon \equiv (\Omega - \omega_0)/2$ は微小量である．(7.80)式の $\sin \omega_0 t$ は周期 $2\pi/\omega_0$ で振動する波であるのに対して，係数の $\sin \varepsilon t$ の

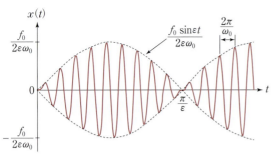

図 7.16 うなり

周期 $2\pi/\varepsilon$ は $2\pi/\omega_0$ よりずっと長い.

(7.80)式を図 7.16 に示す. この図のように, 角振動数がわずかに異なる 2 つの振動が重ね合わさり, 振動の振幅がゆっくりと周期的に変化する現象のことを**うなり**という. 音叉を用いてのギターやバイオリンの調弦は, うなりの周期を聞いて調整する.

● 共　振

ここでは, Ω が ω_0 と一致する極限 $\varepsilon = (\Omega - \omega_0)/2 \to 0$ を考えると, この極限において(7.80)式は次のようになる.

$$x(t) \to \frac{f_0 t}{2\omega_0} \sin \omega_0 t \qquad (7.81)$$

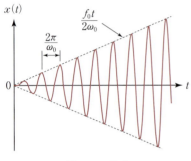

図 7.17 共鳴

19) 空気などの振動が共振すると大きな音が鳴り響くので, 音の共振のことを**共鳴**とよぶことがある.

図 7.17 に(7.81)式を示す. この図からもわかるように, このとき振動子は周期 $2\pi/\omega_0$ で振動しながら, 振幅が時間 t に比例して発散する. 長周期地震が発生したとき, 震源から遠く離れた場所でもビルが強く揺れることがあるのは, このためである.

以上のように, ある振動系に特定の振動数の外力を加えた際に, その系の振動の振幅が急激に増大する現象を**共振**という[19]. 共振が起こる特定の振動数は**固有振動数**とか**共振振動数**とよばれる.

現実の振動子には摩擦がはたらくため, 振動子の振幅が発散することはないが, Ω が ω_0 付近で振幅は非常に大きくなる(第Ⅰ部末の演習問題 8 を参照).

史上最悪の橋梁事故

形ある物体は固有振動数をもつ. 物体の固有振動数と等しい振動数の外力を物体に加えると, 物体は外力と共振して壊れることもある. 共振による物体の破壊といえば, 声を発するだけでワイングラスを割ってみせる人をテレビで見たので, 著者も挑戦してみようと思ったが, 万が一うまく行ったときには危険なので止めておいた.

共振現象が原因とされる過去の大惨事を紹介しよう. 1850 年 4 月 16 日, 史上最悪の橋梁事故がフランスのアンジェ川に架かるバス・シェーヌ橋で起こった. この吊橋を 500 人の歩兵隊が足並みをそろえて行進したために橋が激しく振動し, 478 人の歩兵隊員が吊橋とともに川に投げ出され, 226 人の隊員が犠牲となった(図 7.18). 事故の原因は, 歩兵隊のリズムの良い足踏みが橋の固有振動数と共振したことで橋に激しい揺れを引き起こし, 腐食を起こしていたケーブルワイヤが切れたためとされている.

図 7.18 バス・シェーヌ橋の崩落事故
(Wikipedia による)

Mechanics

第 8 章 力学的エネルギーとその保存則

エネルギー資源の枯渇，クリーンエネルギー，再生可能エネルギーなど，エネルギーに関連した話題が新聞やテレビなどのマスメディアで頻繁に取り上げられている．エネルギーは最も身近な物理量の1つであり，サステナブル社会（持続可能な社会）の実現に向けて重要なキーワードでもある．この章では，力学におけるエネルギー（力学的エネルギー）の定義を行い，その概念と意義について述べる．

キーワード：仕事，位置エネルギー，運動エネルギー，
力学的エネルギー保存の法則

必要な数学：スカラー積（ベクトルの内積），ベクトルの線積分

8.1 仕事

仕事という言葉は「労働」や「職業」という意味で日常的に使われることが多いが，物理学における仕事は，これとは異なる．この節では，物理学における仕事の定義を行うことから始めよう．

8.1.1 一定の力がする仕事

図 8.1 に示すように，物体が（他の物体から）一定の力 $\bm{F}$ を受けながら $\bm{s}$ だけ移動したとき，力 $\bm{F}$ が物体にした仕事 W は

$$W = \bm{F} \cdot \bm{s} = Fs\cos\theta \tag{8.1}$$

のように，力 $\bm{F}$ と変位ベクトル $\bm{s}$ のスカラー積（内積ともいう）によって定義される（巻末の付録を参照）．ここで，$F = |\bm{F}|$ は力の大きさ，$s = |\bm{s}|$ は移動距離であり，θ は力と移動方向のなす角である．

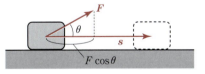

図 8.1 仕事 $W = \bm{F} \cdot \bm{s} = Fs\cos\theta$

(8.1) 式からわかるように，θ が鋭角（$-\pi/2 < \theta < \pi/2$）のときは $\cos\theta > 0$ であるから，仕事は正の値（$W > 0$）となり，特に，力 $\bm{F}$ の向きと移動方向が等しいとき（$\theta = 0$），仕事 W は最大となる．

一方，θ が鈍角（$\pi/2 < \theta < 3\pi/2$）のときは $\cos\theta < 0$ であるから，

仕事は負の値($W < 0$)となる．力の方向と移動方向が垂直な場合($\theta = \pi/2$)には$\cos\theta = 0$となり，この力は仕事をしない($W = 0$).

(8.1)式からわかるように，仕事の単位は，力の単位($\mathrm{N} = \mathrm{kg\,m/s^2}$)と距離の単位(m)の積($\mathrm{N\,m} = \mathrm{kg\,m^2/s^2}$)で与えられるが，これを**ジュール**(記号 J)と定義し，

$$1\,\mathrm{J} = 1\,\mathrm{N\,m} = 1\,\mathrm{kg\,m^2/s^2} \tag{8.2}$$

である．

〈例題 8.1〉重力に対して外力がする仕事

以下の2つの方法で，質量 $m = 5\,\mathrm{kg}$ の物体を高さ $h = 1\,\mathrm{m}$ の位置までゆっくりと移動させる．その際に，この物体を移動させた人が物体にした仕事を求めよ．

(1) 床の上に置かれた物体に垂直方向に力を加え，高さ h までゆっくりとまっすぐに持ち上げた(図 8.2(a))．

(2) 角度 ϕ の斜面に沿って物体に力を加え，高さ h まで物体をゆっくりとまっすぐに移動させた(図 8.2(b))．

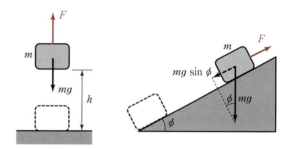

(a) 鉛直方向への物体の移動　　(b) 斜面上での物体の移動

図 8.2 重力のもとでの仕事

〈解〉(1) ゆっくりと持ち上げているので，人が物体を持ち上げる力の大きさ F は重力の大きさ mg よりわずかに大きいが，この差は小さいので無視することにする．すなわち，$F = mg$ とする．また，力の方向と移動方向は同じであるから，(8.1)式のなす角 θ はゼロ($\theta = 0°$)である．こうして，人が物体にする仕事 W は(8.1)式より

$$W = mgh = 49\,\mathrm{J} \tag{8.3}$$

となる．

(2) 物体をゆっくりと移動させているので，斜面に沿ってはたらく力の大きさ F_s は重力の斜面方向の成分($= mg\sin\phi$)よりわずかに大きいが，この差は小さいので無視することにする．すなわち，$F_\mathrm{s} = mg\sin\phi$ とする．また，斜面上の移動距離 s は $s = h/\sin\phi$ であり，力の方向と移動方向は同じ($\theta = 0°$)であるから，人が物体にする仕事 W は

$$W = F_\mathrm{s} s = mg\sin\phi\,\frac{h}{\sin\phi} = mgh = 49\,\mathrm{J} \tag{8.4}$$

となり，(1)と同じ値になることがわかる．　◆

8.1.2 仕事の一般式

ここまでは，一定の力がする仕事について述べた．しかし，調和振動子のように，質点の変位に応じて力の強さや向きが変わるような場合には，(8.1)式を用いて仕事を計算することはできない．ここでは，質点の位置 r に依存する力 $\boldsymbol{F}(\boldsymbol{r})$ がする仕事について述べる．

点 A にあった質点が，図 8.3(a) に示すような経路を経て点 B まで移動する場合を考える．質点は移動の最中に，その位置 r に依存する力 $\boldsymbol{F}(\boldsymbol{r})$ を受けるものとする．また，点 A から点 B までの経路を N 個の微小区間に分割し，この微小区間を**線素**とよび，k 番目の線素を指定する位置ベクトルを $\boldsymbol{r}_k$，線素の長さを Δs_k とする．なお，1つの線素上では力は一定とみなせるものとする．

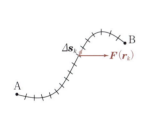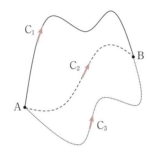

(a) 経路の分割と線素 $\Delta s_k (k = 1, 2, \cdots, N)$

(b) 始点と終点が同じ様々な経路（C_1, C_2, C_3）

図 8.3

いま，位置 $\boldsymbol{r}_k$ にある質点が，一定の力 $\boldsymbol{F}(\boldsymbol{r}_k)$ を受けながら，位置 $\boldsymbol{r}_{k+1} = \boldsymbol{r}_k + \Delta \boldsymbol{s}_k$ まで線素1つ分だけ移動したとする．このとき，力 $\boldsymbol{F}(\boldsymbol{r}_k)$ がした仕事は (8.1) 式より

$$\Delta W_k = \boldsymbol{F}(\boldsymbol{r}_k) \cdot \Delta \boldsymbol{s}_k \tag{8.5}$$

で与えられる．ここで，$\Delta \boldsymbol{s}_k$ は図 8.3(a) に示すような経路上の微小変位ベクトルであり，その大きさは線素の長さ Δs_k に等しく（$|\Delta \boldsymbol{s}_k| = \Delta s_k$），軌道の接線方向を向いている．

さて，点 A から点 B まで移動した際に，力がする全仕事 W_{AB} は，(8.5) 式の ΔW_k をすべての線素について加え合わせればよいから，

$$W_{\mathrm{AB}} = \sum_{k=1}^{N} \Delta W_k = \sum_{k=1}^{N} \boldsymbol{F}(\boldsymbol{r}_k) \cdot \Delta \boldsymbol{s}_k \tag{8.6}$$

となる．さらに，線素の長さを無限小（$\Delta s_k \to 0$）にとり，分割数 N を無限大（$N \to \infty$）にすると，(8.6) 式の和は積分で表現することができて，

$$W_{\mathrm{AB}} = \lim_{N \to \infty} \sum_{k=1}^{N} \boldsymbol{F}(\boldsymbol{r}_k) \cdot \Delta \boldsymbol{s}_k = \int_{\boldsymbol{r}_{\mathrm{A}}}^{\boldsymbol{r}_{\mathrm{B}}} \boldsymbol{F}(\boldsymbol{r}) \cdot d\boldsymbol{s} \tag{8.7}$$

と書き直される．ここで，$\boldsymbol{r}_1 \equiv \boldsymbol{r}_{\mathrm{A}}$ は点 A の位置ベクトル，$\boldsymbol{r}_N \equiv \boldsymbol{r}_{\mathrm{B}}$ は点 B の位置ベクトルである．

(8.7)式を用いて仕事を計算するためには，始点 A と終点 B を指定するだけでなく，AB 間の道筋（経路）を指定する必要がある（図 8.3(b)）. そこで，どの経路を辿ったときの仕事であるかを明確にするために，(8.7)式に経路を指定する記号 C を付けて

$$W_{\mathrm{AB}}^{(\mathrm{C})} = \int_{(\mathrm{C})\, r_{\mathrm{A}}}^{r_{\mathrm{B}}} \boldsymbol{F}(\boldsymbol{r}) \cdot d\boldsymbol{s} \tag{8.8}$$

と書くことにする．

=== 〈例題 8.2〉 摩擦力のする仕事

図 8.4 に示すような粗い水平面上の 2 つの経路 C_1 と C_2 を辿って，質量 m の質点を点 A から点 B まで移動させる．経路 C_1 と C_2 について摩擦力がする仕事 $W_{\mathrm{AB}}^{(C_1)}$ と $W_{\mathrm{AB}}^{(C_2)}$ を求めよ．ただし，この質点と水平面の間の動摩擦係数を μ' とする．

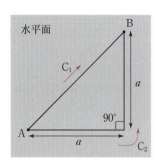

図 8.4 粗い水平面上の 2 つの経路 C_1 と C_2

〈解〉 この質点にはたらく重力 mg と垂直抗力 N はつり合っているので，$N = mg$ である．したがって，質点と水平面の間の摩擦力の大きさは $R' = \mu'N = \mu'mg$ であり，その方向は常に移動方向と逆向きである．よって，質点が経路 C_1 を辿って点 A から点 B の間の距離 $\sqrt{2}a$ の区間を移動する際に，摩擦力がする仕事 $W_{\mathrm{AB}}^{(C_1)}$ は

$$W_{\mathrm{AB}}^{(C_1)} = -R' \cdot \sqrt{2}a = -\sqrt{2}\mu'mga \tag{8.9}$$

となる．ここで右辺の負符号は，摩擦力の向きと移動方向が逆向きであることを表す．

同様に，質点が経路 C_2 を辿って AB 間の距離 $2a$ を移動する際に，摩擦力がする仕事 $W_{\mathrm{AB}}^{(C_2)}$ は

$$W_{\mathrm{AB}}^{(C_2)} = -R' \cdot 2a = -2\mu'mga \tag{8.10}$$

となる． ◆

8.2　保存力と位置エネルギー

8.2.1　保存力と非保存力

8.1 節で述べたように，仕事は一般に始点と終点だけで決まらず，途中の経路に依存する．このことは，8.1 節の例題 8.2 からも理解できるであろう．

一方，8.1 節の例題 8.1 では，物体を鉛直方向に高さ h までゆっくり持ち上げようが，斜面に沿って高さ h までゆっくり持ち上げようが，人が重力に逆らってした仕事（$= mgh$）は同じである．いい換えると，重力がする仕事（$= -mgh$）は経路に依存せず，始点と終点の高低差だけで決まることになる．

上述の重力の例からわかるように，力の中には，途中の経路に依存せず，始点と終点のみで仕事が決まるものがある．このような力を **保存力** といい，仕事が経路に依存する力を **非保存力** という．すなわち，仕事と

いう観点で力を分類すると，

保存力：仕事が経路に依存せず，始点と終点だけで決まる力
非保存力：仕事が始点と終点だけでなく，その間の経路にも依存する力

の2種類に分類される．それぞれの力が「保存力」と「非保存力」とよばれる理由については，8.3節で述べる．

8.2.2 位置エネルギー（ポテンシャルエネルギー）

力 $\boldsymbol{F}$ が保存力の場合には，$\boldsymbol{F}$ がする仕事は始点 A と終点 B だけで決まり，経路に依存しない．したがって，この場合の仕事は(8.8)式から経路 C の指定を外し，

$$W_{\mathrm{AB}} = \int_{r_{\mathrm{A}}}^{r_{\mathrm{B}}} \boldsymbol{F} \cdot d\boldsymbol{s} \tag{8.11}$$

と書くことができる．

いま，仕事を測る基準の位置として点 P を選び，図 8.5 のように点 A から点 P を経由して点 B に向かう経路を考えると，この経路に対する仕事 W_{AB} は

$$W_{\mathrm{AB}} = \int_{r_{\mathrm{A}}}^{r_{\mathrm{P}}} \boldsymbol{F} \cdot d\boldsymbol{s} + \int_{r_{\mathrm{P}}}^{r_{\mathrm{B}}} \boldsymbol{F} \cdot d\boldsymbol{s}$$
$$= -\int_{r_{\mathrm{P}}}^{r_{\mathrm{A}}} \boldsymbol{F} \cdot d\boldsymbol{s} + \int_{r_{\mathrm{P}}}^{r_{\mathrm{B}}} \boldsymbol{F} \cdot d\boldsymbol{s} \tag{8.12}$$

と書くことができる．ここで，保存力がする仕事が経路に依存せず，始点(点 A)と終点(点 B)の位置のみで決まる事実を用いた．また，2番目の等号に移る際に，後の便宜のため，右辺第1項と第2項のいずれも基準点(点 P)を積分の下限にしておいた．

(8.12)式の右辺に現れる量の

$$\boxed{V(\boldsymbol{r}) \equiv -\int_{r_{\mathrm{P}}}^{r} \boldsymbol{F} \cdot d\boldsymbol{s}} \tag{8.13}$$

は，位置 $\boldsymbol{r}$ のみで定まるエネルギー量であることから，**位置エネルギー**とよばれる．また，位置エネルギーは**ポテンシャルエネルギー**あるいは単に**ポテンシャル**ともよばれる．位置エネルギーのことをポテンシャルエネルギーとよぶ理由については，後で述べることにする．なお，基準点(点 P)は都合よく選べば良く，慣例としては，物体に力がはたらかない位置を基準点(点 P)に選ぶことが多い．

以上をまとめると，保存力 $\boldsymbol{F}$ がする仕事 W_{AB} は

$$W_{\mathrm{AB}} = \int_{r_{\mathrm{A}}}^{r_{\mathrm{B}}} \boldsymbol{F} \cdot d\boldsymbol{s} = V(\boldsymbol{r}_{\mathrm{A}}) - V(\boldsymbol{r}_{\mathrm{B}}) \tag{8.14}$$

のように，点 A と点 B でのポテンシャルエネルギーの差として与えられる．

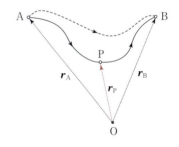

図 8.5 点 A から基準点 P を経由して点 B に向かう経路．点線で描かれた矢印は，それぞれの点の位置ベクトルを表す．

═ 〈例題 8.3〉 万有引力のポテンシャルエネルギー ═

原点 O に固定された質量 M の質点から r だけ離れた位置に質量 m の質点があるとき，この質点には

$$\bm{F} = -G\frac{mM}{r^2}\bm{e}_r \tag{8.15}$$

の万有引力がはたらく．ここで，$\bm{e}_r$ は r 方向の単位ベクトルである．以下の問いに答えよ．

(1) 万有引力が保存力であることを示せ．

(2) 無限遠方 ($r \to \infty$) を基準点に選んだとき，万有引力のポテンシャルエネルギーを求めよ．

〈解〉 (1) 図 8.6 に示すように，質点が万有引力の作用を受けながら点 A (= 原点 O から位置ベクトル $\bm{r}_A$ の位置) から点 B (= 原点 O から $\bm{r}_B$ の位置) まで移動したとする．位置ベクトル $\bm{r}$ にある質点が $d\bm{s}$ だけ移動したとき，万有引力 $\bm{F}(r)$ がする仕事 $dW = \bm{F}(r) \cdot d\bm{s}$ は

$$dW = \bm{F}(r) \cdot d\bm{s} = -G\frac{mM}{r^2}\bm{e}_r \cdot d\bm{s} = -G\frac{mM}{r^2}dr \tag{8.16}$$

と表される．ここで，$dr = \bm{e}_r \cdot d\bm{s}$ は r 方向の微小変化を表す．したがって，点 A から点 B まで質点を移動させた際に，万有引力がする微小な仕事 W_{AB} は

$$W_{AB} = \int_{r_A}^{r_B} G\frac{mM}{r^2}dr = G\frac{mM}{r_A} - G\frac{mM}{r_B} \tag{8.17}$$

のように，点 A (始点) と点 B (終点) の原点からの距離 (r_A と r_B) のみで決まり，途中の経路に依存しない．したがって，万有引力は保存力である．

(2) (8.17) 式において，$r_A = r$, $r_B \to \infty$ に選ぶことで，

$$V \equiv -W_{AB} = -G\frac{mM}{r} \tag{8.18}$$

が得られる． ◆

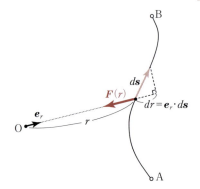

図 8.6 万有引力のもとでの質点の微小変位

8.2.3 ポテンシャルエネルギーと保存力の関係

質点にはたらく保存力 $\bm{F}$ がわかっているときには，(8.13) 式の

$$V(\bm{r}) \equiv -\int_{\bm{r}_P}^{\bm{r}} \bm{F} \cdot d\bm{s} \tag{8.19}$$

を用いて，質点のポテンシャルエネルギーを求めることができる．それでは逆に，ポテンシャルエネルギー $V(\bm{r})$ がわかっているときに，$V(\bm{r})$ から保存力 $\bm{F}$ はどのように求められるであろうか．以下では，$V(\bm{r})$ から $\bm{F}$ を求める表式を導出する．

保存力の作用を受けながら質点が点 A から点 B まで移動するとき，保存力 $\bm{F}$ がする仕事 W_{AB} は，(8.14) 式で示したように，

$$W_{AB} = \int_{\bm{r}_A}^{\bm{r}_B} \bm{F} \cdot d\bm{s} = V(\bm{r}_A) - V(\bm{r}_B) \tag{8.20}$$

と，点 A と点 B のポテンシャルエネルギーの差 ($= V(\bm{r}_A) - V(\bm{r}_B)$) で与えられる．

いま，$\boldsymbol{r}_A$ と $\boldsymbol{r}_B$ が接近していて，$\boldsymbol{r}_A = \boldsymbol{r}$ および $\boldsymbol{r}_B = \boldsymbol{r} + \varDelta\boldsymbol{r}$ と書くと，$\varDelta\boldsymbol{r}$ が微小量であるから(8.20)式の積分において力 $\boldsymbol{F}$ は定数とみなすことができるので，

$$\int_{r}^{r+\varDelta r} \boldsymbol{F} \cdot d\boldsymbol{s} \approx \boldsymbol{F} \cdot \varDelta\boldsymbol{r} \tag{8.21}$$

となる．こうして(8.20)式は

$$\boldsymbol{F} \cdot \varDelta\boldsymbol{r} = -\{V(\boldsymbol{r} + \varDelta\boldsymbol{r}) - V(\boldsymbol{r})\} \tag{8.22}$$

と書くことができる．ここで，$\boldsymbol{F} = (F_x, F_y, F_z)$，$\varDelta\boldsymbol{r} = (\varDelta x, \varDelta y, \varDelta z)$ のように直交座標の成分を用いて(8.22)式を書き換えると

$$F_x \varDelta x + F_y \varDelta y + F_z \varDelta z = -\{V(x+\varDelta x, y+\varDelta y, z+\varDelta z) - V(x,y,z)\} \tag{8.23}$$

となる．

こうして，位置ベクトル $\boldsymbol{r} = (x,y,z)$ での $F_x(\boldsymbol{r})$（保存力 $\boldsymbol{F}$ の x 成分）は，(8.23)式において $\varDelta y = \varDelta z = 0$ として，その両辺を $\varDelta x$ で割り，$\varDelta x \to 0$ の極限をとることで

$$F_x = -\lim_{\varDelta x \to 0} \frac{V(x+\varDelta x, y, z) - V(x,y,z)}{\varDelta x} \equiv -\frac{\partial V}{\partial x} \tag{8.24}$$

のように得られる．ここで，x, y, z の3つの変数から成る多変数関数 $V(x,y,z)$ の x 方向の微係数 $\partial V / \partial x$ を，V の x についての**偏微分**という[20]．

y 成分と z 成分についても同様の手続きを行うことで，

$$\boxed{F_x = -\frac{\partial V}{\partial x}, \quad F_y = -\frac{\partial V}{\partial y}, \quad F_z = -\frac{\partial V}{\partial z}} \tag{8.25}$$

が得られる．(8.25)式は，ポテンシャルエネルギー $V(\boldsymbol{r})$ が先にわかっているときに，物体にはたらく力(保存力)$\boldsymbol{F}$ を求めるのに用いられる．

ここで，(8.25)式を簡潔に表現するために，**ナブラ**とよばれる便利な演算子を導入しよう[21]．ナブラ(記号 ∇)は

$$\boxed{\nabla \equiv \left(\frac{\partial}{\partial x}, \frac{\partial}{\partial y}, \frac{\partial}{\partial z}\right)} \tag{8.26}$$

のように，x, y, z 成分がそれぞれ $\partial/\partial x$，$\partial/\partial y$，$\partial/\partial z$ の偏微分演算子で与えられるベクトル演算子として定義される．

∇ を関数 $V(x,y,z)$ に演算すると

$$\nabla V(x,y,z) = \left(\frac{\partial V}{\partial x}, \frac{\partial V}{\partial y}, \frac{\partial V}{\partial z}\right) \tag{8.27}$$

となる．ここで，∇V の x, y, z 成分は，関数 $V(x,y,z)$ の x, y, z 方向の勾配(gradient)であることから，∇V を grad V と書き，**グラディエント・ブイ**と読むこともある．

[20] 偏微分記号 ∂ は「ラウンドディー」とか，単に「ラウンド」とか「ルンド」と読む．なお，$V(x,y,z)$ の x についての偏微分 $\partial V/\partial x$ は，y と z（x 以外の変数）を定数とみなして V を x で微分することを表す．

[21] 演算子とは，各種の演算(四則演算や微分積分など)を表す記号 $\left(+, -, \times, \div \text{や} \dfrac{d}{dx}, \int dx \right.$ など$\left.\right)$ のことである．

こうして，保存力 F は

$$F = -\nabla V(r) = -\text{grad}\, V(r) \tag{8.28}$$

のように簡潔に表され，(8.28)式は，ポテンシャルエネルギーの高い方から低い方に向かって力が作用することを意味する．

8.2.4 等ポテンシャル面

保存力がはたらく空間(**保存力場**という)では，空間の各点においてポテンシャルエネルギー $V(r)$ を定義することができるが，

$$V(r) = \text{一定} \tag{8.29}$$

を満足するような面を**等ポテンシャル面**という．すなわち，等ポテンシャル面上で質点を位置 r から $r + \Delta r$ まで微小変位させても，ポテンシャルエネルギーは変化しない($V(r+dr) - V(r) = 0$)ので，(8.22)式より

$$F \cdot \Delta r = 0 \tag{8.30}$$

であることがわかる．この式は，**等ポテンシャル面に対して垂直にポテンシャルエネルギーが減少する向きに保存力がはたらく**ことを意味する(図8.7)．

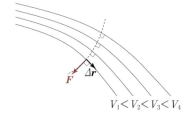

図 8.7 保存力と等ポテンシャル面の関係

8.2.5 平 衡 点

保存力が $F = 0$ となるつり合いの点では，(8.25)式より

$$\frac{\partial V}{\partial x} = 0, \quad \frac{\partial V}{\partial y} = 0, \quad \frac{\partial V}{\partial z} = 0 \tag{8.31}$$

となる．これは，ポテンシャルエネルギーが極値(最大か最小)あるいは停留点をとる条件式である．なお，ポテンシャルエネルギーが極小になる点を**安定な平衡点**といい，極大になる点を**不安定な平衡点**という．

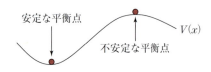

図 8.8 安定な平衡点と不安定な平衡点

=====〈例題 8.4〉**ポテンシャルエネルギーと保存力**=====

以下に与えられるポテンシャルエネルギーから生じる力の x, y, z 成分を求めよ．なお，$r = \sqrt{x^2 + y^2 + z^2}$ である．

(1) 調和振動子ポテンシャル

$$V = \frac{1}{2}(k_x x^2 + k_y y^2 + k_z z^2) \quad (k_x, k_y, k_z \text{ は定数})$$

(2) 万有引力ポテンシャル

$$V = -G\frac{mM}{r} \quad (G, m, M \text{ は定数})$$

(3) モースポテンシャル[22]

$$V = D(1 - e^{-ar}) \quad (D, a \text{ は定数})$$

---

22) 2個の原子から成る分子(二原子分子)のポテンシャルエネルギーを，原子間の距離 r の関数として近似的に表したもの．

〈解〉 (1) (8.25)式に調和振動子ポテンシャルを代入することで
$$F_x = -k_x x, \quad F_y = -k_y y, \quad F_z = -k_z z$$
を得る．

(2) (8.25)式に万有引力ポテンシャルを代入することで
$$F_x = -G\frac{mM}{r^3}x, \quad F_y = -G\frac{mM}{r^3}y, \quad F_z = -G\frac{mM}{r^3}z$$
を得る．

(3) (8.25)式にモースポテンシャルを代入することで
$$F_x = aD\frac{x}{r}e^{-ar}, \quad F_y = aD\frac{y}{r}e^{-ar}, \quad F_z = aD\frac{z}{r}e^{-ar}$$
を得る． ◆

8.3 力学的エネルギー保存の法則

8.3.1 運動エネルギーと仕事の関係

力 $\boldsymbol{F}$ の作用を受けて運動する質量 m の物体に対するニュートンの運動方程式は

$$m\frac{d\boldsymbol{v}}{dt} = \boldsymbol{F} \tag{8.32}$$

によって与えられる．この式の両辺と速度 $\boldsymbol{v}$ の内積（スカラー積）をつくると，

$$m\frac{d\boldsymbol{v}}{dt}\cdot\boldsymbol{v} = \boldsymbol{F}\cdot\frac{d\boldsymbol{r}}{dt} \tag{8.33}$$

となる．ここで，右辺では $\boldsymbol{v} = d\boldsymbol{r}/dt$ を用いた．また，(8.33)式の左辺は

$$m\frac{d\boldsymbol{v}}{dt}\cdot\boldsymbol{v} = m\left(\frac{dv_x}{dt}v_x + \frac{dv_y}{dt}v_y + \frac{dv_z}{dt}v_z\right)$$
$$= \frac{m}{2}\frac{d}{dt}(v_x^2 + v_y^2 + v_z^2) = \frac{d}{dt}\left(\frac{1}{2}mv^2\right) \tag{8.34}$$

と変形できるので，(8.33)式は

$$\frac{d}{dt}\left(\frac{1}{2}mv^2\right) = \boldsymbol{F}\cdot\frac{d\boldsymbol{r}}{dt} \tag{8.35}$$

となる．

この式を時間 t に関して時刻 t_A から t_B まで積分すると

$$\int_{t_A}^{t_B}\frac{d}{dt}\left(\frac{1}{2}mv^2\right)dt = \int_{t_A}^{t_B}\boldsymbol{F}\cdot\frac{d\boldsymbol{r}}{dt}dt \tag{8.36}$$

となる．ここで，

$$(8.36)式の左辺 = \int_{t_A}^{t_B}\frac{d}{dt}\left(\frac{1}{2}mv^2\right)dt = \frac{1}{2}mv_B^2 - \frac{1}{2}mv_A^2$$

$$(8.36)式の右辺 = \int_{t_A}^{t_B}\boldsymbol{F}\cdot\frac{d\boldsymbol{r}}{dt}dt = \int_{r_A}^{r_B}\boldsymbol{F}\cdot d\boldsymbol{r} = W_{AB}$$

であるから，(8.36)式は

$$\boxed{\frac{1}{2}mv_B^2 - \frac{1}{2}mv_A^2 = W_{AB}} \tag{8.37}$$

となる．ここで，右辺の W_{AB} は力 $\boldsymbol{F}$ が経路 AB で物体にする仕事である．また，左辺に現れる $\boldsymbol{v}_A$ と $\boldsymbol{v}_B$ は位置 A と位置 B での質点の速度であり，

$$\boxed{K \equiv \frac{1}{2}mv^2} \tag{8.38}$$

を運動エネルギー (kinetic energy) とよぶ．

以上，(8.37) 式から，運動エネルギーと仕事の間には次のような関係があることがわかる．

---運動エネルギーと仕事の関係---

ある時間内での物体の運動エネルギーの増加は，その間に力が物体にした仕事に等しい．

8.3.2 力学的エネルギー保存の法則

力 $\boldsymbol{F}$ が保存力の場合，(8.14) 式のように，仕事 W_{AB} は点 A と点 B での位置エネルギーの差として

$$W_{AB} = V(\boldsymbol{r}_A) - V(\boldsymbol{r}_B) \tag{8.39}$$

で与えられるから，これを (8.37) 式に代入することで

$$\frac{1}{2}mv_A^2 + V(\boldsymbol{r}_A) = \frac{1}{2}mv_B^2 + V(\boldsymbol{r}_B) \tag{8.40}$$

が得られる．ここで，時刻 $t = t_A$ と $t = t_B$ は任意に選ぶことができるので，(8.40) 式は

$$\boxed{\frac{1}{2}mv^2 + V(\boldsymbol{r}) = 一定} \tag{8.41}$$

と表される．

運動エネルギーとポテンシャルエネルギーの和は力学的エネルギーとよばれる．そして，(8.41) 式のように，保存力のもとで運動する物体の運動エネルギーとポテンシャルエネルギーの和が常に一定であることを，力学的エネルギー保存の法則という．

---力学的エネルギー保存の法則---

保存力のもとで運動する物体の運動エネルギーとポテンシャルエネルギーの和は常に一定である．

なお，保存力という名前は，「その力のもとで運動する物体は力学的エネルギーが保存する」ことに由来する．

〈例題 8.5〉1次元調和振動子の力学的エネルギー

7.3節で述べたように，質量 m の1次元調和振動子の変位 $x(t)$ は
$$x(t) = A\sin(\omega_0 t + \delta) \tag{8.42}$$
と与えられる((7.25)式を参照)．ここで，A は振幅，$\omega_0 = \sqrt{k/m}$ は角振動数，δ は初期位相である．以下の小問に答えよ．

(1) この振動子のポテンシャルエネルギー V を求めよ．

(2) この振動子の運動エネルギー K を求めよ．

(3) (1)と(2)の結果を用いて，この振動子の力学的エネルギーが保存することを示せ．

〈解〉 (1) この振動子にはフックの力 $F(x) = -kx$ が作用しているので，この振動子のポテンシャルエネルギー V は
$$V = -\int_0^x F(x')dx' = k\int_0^x x'^2 dx' = \frac{1}{2}kx^2 \tag{8.43}$$
のように，振動子の変位 x を用いて書くことができる．ここで，ポテンシャルエネルギーの基準点を，バネの自然長の位置 ($x=0$) とした．(8.43)式に(8.42)式を代入することで，V は
$$V = \frac{1}{2}kx^2 = \frac{1}{2}m\omega_0^2 A^2 \sin^2(\omega_0 t + \delta) \tag{8.44}$$
となる．

(2) この振動子の速度 $v(t)$ は(8.42)式を時間 t で微分することで，$v(t) = -A\omega_0 \cos(\omega_0 t + \delta)$ となる．したがって，この振動子の運動エネルギーは
$$K = \frac{1}{2}mv^2 = \frac{1}{2}m\omega_0^2 A^2 \cos^2(\omega_0 t + \delta) \tag{8.45}$$
となる．

(3) この振動子の力学的エネルギーは，(1)と(2)の結果を用いて
$$E = K + V = \frac{1}{2}m\omega_0^2 A^2 \tag{8.46}$$
となり，時間に依存せず一定である．すなわち，この振動子の力学的エネルギーは保存する． ◆

〈例題 8.6〉減衰振動する質点の力学的エネルギー

7.5節で述べたように，減衰振動する振動子の変位 $x(t)$ は
$$x(t) = Ae^{-\kappa t}\cos(\omega_1 t + \delta) \tag{8.47}$$
で与えられる((7.50)式を参照)．ここで，A は振幅，κ は粘性係数，δ は初期位相，ω_1 は角振動数であり，いずれも実数の定数である．この振動子の力学的エネルギー $E(t)$ が，一定の時間 $T = 2\pi/\omega_1$ に減少する割合であるエネルギー減衰率
$$\Delta \equiv \frac{E(t) - E(t+T)}{E(t)}$$
を求めよ．

⟨解⟩ この質点の位置エネルギー $U(t)$ は

$$U(t) = \frac{1}{2}kx^2 = \frac{A^2}{2}ke^{-2\kappa t}\cos^2(\omega_1 t + \delta) \quad (8.48)$$

となる．一方，この質点の速度 $v = dx/dt$ は(8.47)式より

$$v(t) = -Ae^{-\kappa t}\{\kappa\cos(\omega_1 t + \delta) + \omega_1\sin(\omega_1 t + \delta)\} \quad (8.49)$$

となるから，この質点の運動エネルギー $K(t)$ は

$$K(t) = \frac{1}{2}mv^2(t)$$
$$= \frac{A^2}{2}me^{-2\kappa t}\{\kappa\cos(\omega_1 t + \delta) + \omega_1\sin(\omega_1 t + \delta)\}^2 \quad (8.50)$$

となる．

したがって，時刻 t におけるこの質点の力学的エネルギー $E(t)$ は

$$E(t) = K(t) + U(t) = \frac{A^2}{2}e^{-2\kappa t}F(t) \quad (8.51)$$

となる．ここで，時間 t の関数 $F(t)$ は

$$F(t) \equiv k\cos^2(\omega_1 t + \delta) - m\{\kappa\cos(\omega_1 t + \delta) + \omega_1\sin(\omega_1 t + \delta)\}^2 \quad (8.52)$$

である．

関数 $F(t)$ が $F(t+T) = F(t)$ を満たすことから，力学的エネルギー $E(t)$ は，(8.51)式より

$$E(t+T) = e^{-2\kappa T}E(t) \quad (8.53)$$

を満たすことがわかる．したがって，時間 T 経過したときのエネルギー減衰率 Δ は

$$\Delta \equiv \frac{E(t) - E(t+T)}{E(t)} = 1 - e^{-2\kappa T} \quad (8.54)$$

となる．粘性抵抗が小さく $\kappa \ll T$ を満たす場合には，$e^{-2\kappa T} \approx 1 - 2\kappa T$ のように近似できるので，エネルギー減衰率 Δ は(8.54)式より $\Delta \approx 2\kappa T$ と表される． ◆

8.3.3 位置エネルギーをポテンシャルエネルギーとよぶ理由

この章の最後に，位置エネルギーのことをポテンシャルエネルギーとよぶ理由について述べる．(8.41)式の力学的エネルギー保存の法則によると，物体の位置エネルギーと運動エネルギーの総和(力学的エネルギー)を一定に保ちさえすればよく，位置エネルギーを運動エネルギーに変換することに制限はない．物体の位置エネルギーを運動エネルギーに変換し，それを生活に役立てている典型的な例が水力発電である．水力発電では，高い位置にある水を落下させ，その位置エネルギーを水車を回す運動エネルギーに変換し，水車の回転を発電機に伝えている．

水力発電の例からもわかるように，**位置エネルギーは物体に運動(水力発電の例では，水車の回転)を引き起こす潜在能力(ポテンシャル)** といえる．これが位置エネルギーのことをポテンシャルエネルギーとよぶ理由である．

Mechanics

第 9 章
角運動量とその保存則

物体(これ以降，質点とよぶ)の運動は，直線運動と回転運動の組み合わせによって表される．そして，質点が直線運動するとき，その運動の勢いは運動量 $p = mv$ によって与えられる．この章では，回転運動の勢いは**角運動量**とよばれる物理量によって定量的に与えられること，さらに，万有引力やクーロン力など中心力のもとでの物体の運動では，力学的エネルギーの他に角運動量が保存されることを述べる．

> キーワード：角運動量，力のモーメント，角運動量保存の法則
> 必要な数学：ベクトル積(ベクトルの外積)，ベクトルの線積分

9.1 角運動量

質点の運動は，直線運動と回転運動の組み合わせによって表され，直線運動する質点の勢いは，4.2.4 項の (4.8) 式で述べたように，運動量 $p = mv$ によって定量的に与えられる．また，質点の運動量の変化 dp/dt は，ニュートンの運動方程式

$$\frac{d\bm{p}}{dt} = \bm{F} \qquad (9.1)$$

によって与えられる．すなわち，質点に力 $\bm{F}$ が作用すると，質点の運動量が変化する．

一方，図 9.1(a) に示すように，質点が原点 O の周りを回転する勢いは，質点の位置ベクトル $\bm{r}$ と運動量 $\bm{p}$ のベクトル積

$$\boxed{\bm{L} = \bm{r} \times \bm{p}} \qquad (9.2)$$

によって定義される角運動量によって定量的に与えられる．また角運動量 $\bm{L}$ は，図 9.1(b) に示されるように，$\bm{r}$ と $\bm{p}$ を含む面に垂直で，$\bm{r}$ の向きから $\bm{p}$ の向きに ($\bm{r}$ と $\bm{p}$ のなす角が小さい向きに) 右ネジを回したときにネジが進む方向を向いたベクトルである(ベクトル積に関しては付録 A.4 を参照)．

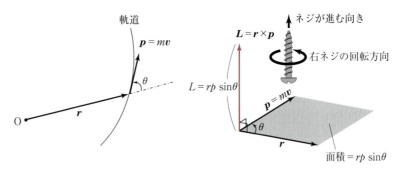

(a) 質点の位置ベクトル r と運動量 p とそれらのなす角 θ

(b) 角運動量の向きと大きさ

図 9.1 　角運動量

また，角運動量の大きさ $L = |\boldsymbol{L}|$ は
$$L = |\boldsymbol{r}||\boldsymbol{p}|\sin\theta = rp\sin\theta \tag{9.3}$$
で与えられる．ここで，θ は $\boldsymbol{r}$ と $\boldsymbol{p}$ のなす角 $(0 \geq \theta \geq \pi)$ である．(9.3)式からわかるように，質点の運動量 $\boldsymbol{p}$ が動径方向（r 方向）を向いている場合（$\theta = 0$ の場合）には，角運動量はゼロとなる．

⟨例題 9.1⟩ **角運動量**

原点 O の周りの角運動量 $\boldsymbol{L} = \boldsymbol{r} \times \boldsymbol{p}$ を直交座標（デカルト座標）の x, y, z 成分 (L_x, L_y, L_z) で表せ．

⟨解⟩ 　$\boldsymbol{r} = x\boldsymbol{e}_x + y\boldsymbol{e}_y + z\boldsymbol{e}_z$, $\boldsymbol{p} = p_x\boldsymbol{e}_x + p_y\boldsymbol{e}_y + p_z\boldsymbol{e}_z$ として，付録 A.4 の (33)式〜(35)式を用いると，角運動量 $\boldsymbol{L} = \boldsymbol{r} \times \boldsymbol{p}$ は，
$$\boldsymbol{L} = \boldsymbol{r} \times \boldsymbol{p} = (yp_z - zp_y)\boldsymbol{e}_x + (zp_x - xp_z)\boldsymbol{e}_y + (xp_y - yp_x)\boldsymbol{e}_z \tag{9.4}$$
と表されるので，x, y, z 成分は次のとおりである．
$$L_x = yp_z - zp_y, \quad L_y = zp_x - xp_z, \quad L_z = xp_y - yp_x \tag{9.5}$$
◆

⟨例題 9.2⟩ **等速円運動する質点の角運動量**

半径 r の円周上を速さ $v = r\omega$（ω は角速度）で等速円運動する質点の角運動量の大きさを求めよ．

⟨解⟩ 　等速円運動する質点の場合には，円の中心からの位置ベクトル $\boldsymbol{r}$ と質点の速度 $\boldsymbol{v}$ は常に直交しているので（$\theta = 0$），角運動量の大きさ L は，(9.3)式より
$$L = mrv = mr^2\omega \tag{9.6}$$
となる．
◆

9.2 　角運動量と力のモーメント

9.2.1 　角運動量の時間変化

力 $\boldsymbol{F}$ の作用を受けて運動する質点のニュートンの運動方程式は

$$\frac{d\boldsymbol{p}}{dt} = \boldsymbol{F} \tag{9.7}$$

によって与えられる．ここで，$\boldsymbol{p} = m\boldsymbol{v}$ は質量 m の質点の運動量である．この運動方程式と位置ベクトル $\boldsymbol{r}$ のベクトル積をつくると，

$$\boldsymbol{r} \times \frac{d\boldsymbol{p}}{dt} = \boldsymbol{r} \times \boldsymbol{F} \tag{9.8}$$

となるが，この式の右辺に現れる量の

$$\boxed{\boldsymbol{N} = \boldsymbol{r} \times \boldsymbol{F}} \tag{9.9}$$

は，原点の周りの**力のモーメント**または**トルク**とよばれる[23]．

一方，(9.8)式の左辺は

$$\boldsymbol{r} \times \frac{d\boldsymbol{p}}{dt} = \frac{d}{dt}(\boldsymbol{r} \times \boldsymbol{p}) - \frac{d\boldsymbol{r}}{dt} \times \boldsymbol{p} = \frac{d}{dt}(\boldsymbol{r} \times \boldsymbol{p}) - \boldsymbol{v} \times m\boldsymbol{v}$$

$$= \frac{d}{dt}(\boldsymbol{r} \times \boldsymbol{p}) = \frac{d\boldsymbol{L}}{dt} \tag{9.10}$$

と変形できる．なお，3番目の等号に移る際に，$\boldsymbol{v} \times \boldsymbol{v} = \boldsymbol{0}$ を用いた．

(9.9)式と(9.10)式を(9.8)式に代入することで，

$$\boxed{\frac{d\boldsymbol{L}}{dt} = \boldsymbol{N}} \tag{9.11}$$

を得る．すなわち，物体の角運動量 $\boldsymbol{L}$ の時間変化は，物体にはたらく力のモーメント $\boldsymbol{N}$ に等しい．いい換えると，**物体に力のモーメントが作用すると，物体の角運動量(= 回転運動の勢い)が変化する**．

[23] 一般に力学において，位置ベクトル $\boldsymbol{r}$ と $\boldsymbol{r}$ におけるベクトル量 $\boldsymbol{A}$ のベクトル積 $\boldsymbol{r} \times \boldsymbol{A}$ を，原点の周りの **$\boldsymbol{A}$ のモーメント**とよぶ．例えば，角運動量は**運動量のモーメント**である．

9.2.2 中心力と角運動量の保存則

図9.2のように，物体にはたらく力 $\boldsymbol{F}(\boldsymbol{r})$ が常に1つの点Oの方向を向き，この力の大きさが点Oからの距離 $|\boldsymbol{r}| = r$ のみの関数 $F(r)$ であるとき，このような力を**中心力**とよび，点Oを**力の中心**とよぶ．

一般に中心力は，

$$\boxed{\boldsymbol{F}(\boldsymbol{r}) = F(r)\frac{\boldsymbol{r}}{r}} \tag{9.12}$$

のように表され，具体的な例としては，万有引力 $F(r) = -Gm_1m_2/r^2$ やクーロン力 $F(r) = q_1q_2/4\pi\varepsilon_0 r^2$ がある．中心力の作用を受けて運動する質点の，原点に関する力のモーメント $\boldsymbol{N}$ は，

$$\boldsymbol{N} = \boldsymbol{r} \times \boldsymbol{F}(\boldsymbol{r}) = \boldsymbol{r} \times F(r)\frac{\boldsymbol{r}}{r} = \boldsymbol{0} \tag{9.13}$$

となる．ここで，ベクトル積の性質 $\boldsymbol{r} \times \boldsymbol{r} = \boldsymbol{0}$ を用いた．このとき，力の中心に関する質点の角運動量 $\boldsymbol{L}$ は，(9.11)式より

$$\boxed{\frac{d\boldsymbol{L}}{dt} = \boldsymbol{0}, \quad \therefore \quad \boldsymbol{L} = \text{一定}} \tag{9.14}$$

となる．これを**角運動量の保存則**とよぶ．

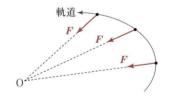

図9.2 中心力

Mechanics

第 10 章 非慣性系での物体の運動

4.2.1項で述べたように，慣性系での物体の運動はニュートンの運動方程式に従う．それでは，非慣性系での物体はどのような運動法則に従うのであろうか．この章では，非慣性系の典型的な例として，ある慣性系に対して加速しながら並進運動する系(10.1節)と，一定の角速度で回転する系(10.2節)での物体の運動について述べる．

> キーワード：非慣性系，慣性力，ガリレイ変換，ガリレイの相対性原理，コリオリの力

10.1 並進運動座標系

10.1.1 並進運動座標系での物体の運動

原点を O，座標軸を x, y, z とする慣性系を K 系とする．K 系に対して平行移動する座標系(K′系)を考え，K′系の原点を O′，座標軸を x', y', z' とすると，図 10.1 に示すように，K 系で観測した質点の位置ベクトル $\bm{r} = (x, y, z)$ と K′系で観測した質点の位置ベクトル $\bm{r}' = (x', y', z')$ の間には

$$\bm{r} = \bm{r}' + \bm{r}_0 \tag{10.1}$$

の関係がある．ここで，$\bm{r}_0$ は K 系における K′系の原点 O′ の位置ベクトルである．なお，2つの座標系での時間 t と t' は同一であると考え，$t' = t$ とする(絶対時間の仮定[24])．

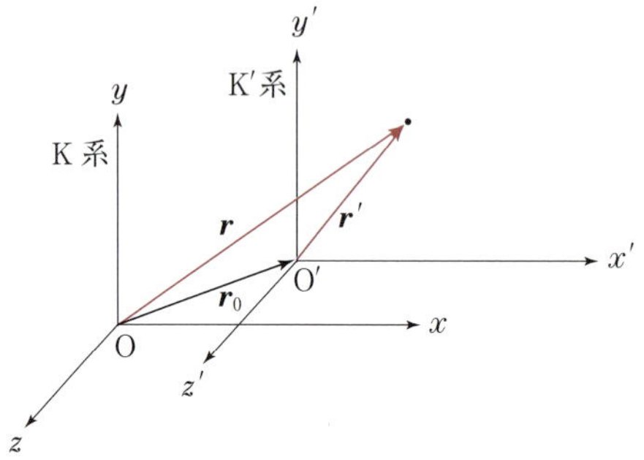

図 10.1 慣性系 K に対して並進運動する座標系 K′

K 系と K′系で観測した質点の速度 $\bm{v}$ と $\bm{v}'$ は，(10.1)式より

$$\bm{v}' \equiv \frac{d\bm{r}'}{dt'} = \frac{d\bm{r}}{dt} - \frac{d\bm{r}_0}{dt} = \bm{v} - \bm{v}_0 \tag{10.2}$$

を満たす．また，K 系と K′系で観測した質点の加速度 $\bm{a}$ と $\bm{a}'$ は，(10.2)式を時間 t で微分して，

$$\bm{a}' \equiv \frac{d\bm{v}}{dt} - \frac{d\bm{v}_0}{dt'} = \bm{a} - \bm{a}_0 \tag{10.3}$$

を満たす．

---

[24] アインシュタインの相対性理論では，互いに相対運動する慣性系での時間 t は同一ではなく，光の速さ c が慣性系によらず一定と仮定する(光速度不変の原理)．

力 $\boldsymbol{F}$ の作用を受けて運動する質量 m の物体の運動方程式は，K 系では
$$m\boldsymbol{a} = \boldsymbol{F} \tag{10.4}$$
と書けるが，ここでは，K′ 系での運動方程式を求めてみよう．

質量 m と力 $\boldsymbol{F}$ は K′ 系でも同じなので，(10.4) 式に (10.3) 式を代入することで
$$\boxed{m\boldsymbol{a}' = \boldsymbol{F} - m\boldsymbol{a}_0} \tag{10.5}$$
となり，K′ 系では，(10.4) 式の K 系に対する運動方程式に余分な項 $-m\boldsymbol{a}_0$ が付加されることがわかる．すなわち，慣性系 (K 系) に対して加速度運動する系 (K′ 系) では，加速度と逆向きの力 ($-m\boldsymbol{a}_0$) がはたらいているようにみえる．慣性系では現れず，非慣性系でのみ現れるこの力のことを**慣性力**とよぶ．

> **慣性力**：物体の運動を慣性系で観測した際にははたらいておらず，同じ物体を非慣性系で観測した際には現れる見かけ上の力

電車が発車あるいは停車するときに，車内の乗客は加速度方向と逆向きの力を感じるが，これは慣性力のためである[25]．

慣性系 K に対して加速度 $\boldsymbol{a}_0$ で並進運動する座標系 K′ は慣性系ではない (非慣性系である) ため，ニュートンの運動の第 2 法則は成り立たない．しかし，(10.5) 式のように慣性力 ($-m\boldsymbol{a}_0$) を導入することで，非慣性系 K′ においてもニュートンの運動の第 2 法則を成り立たせることができる．

〈例題〉等加速度系での単振り子の運動

一定の加速度 a_0 で上昇するエレベータの中に，長さ l の糸の先端に質量 m のおもりが取り付けられた単振り子を設置した．この単振り子が微小振動しているとき，振り子の周期 T を求めよ．

〈解〉 エレベータの中に設置した座標系では，おもりにはたらく力は糸の張力の他に，重力 mg と慣性力 ma_0 がある．すなわち，地上での重力加速度の大きさ g が，エレベータの中では $g + a_0$ に増加したとみなすことができる．このとき振り子の周期 T は，(7.42) 式の g を $g + a_0$ に置き換えた
$$T = 2\pi \sqrt{\frac{l}{g + a_0}} \tag{10.6}$$
となる． ◆

[25] ニュートン力学では，慣性力は非慣性系でのみ現れる力であり "現実の力" と考えない．一方，アインシュタインは，慣性力は "現実の力" と区別せず，運動の加速度と重力加速度は本質的に区別できないことを原理 (**等価原理**) とし，一般相対性理論を構築した．

10.1.2 ガリレイの相対性原理

並進運動の特別な場合として，K 系に対して一定の速度 $\boldsymbol{v}_0$ で等速並進運動する K′ 系を考えよう．このとき K 系から K′ 系への座標変換は，(10.1) 式において $\boldsymbol{r}_0 = \boldsymbol{v}_0 t$ として
$$\boldsymbol{r} = \boldsymbol{r}' + \boldsymbol{v}_0 t \tag{10.7}$$
となり，この座標変換を**ガリレイ変換**とよぶ．

速度 v_0 が一定のときを考えているので，ガリレイ変換に対して $\boldsymbol{a}_0 = \boldsymbol{0}$ であるから，K′系での運動方程式は，(10.5)式より

$$m\boldsymbol{a}' = \boldsymbol{F} \tag{10.8}$$

のように，K系での運動方程式と同じになる．これを**ガリレイの相対性原理**という．

ガリレイの相対性原理

1つの慣性系に対して等速直線運動をするすべての座標系は慣性系であり，それらすべての慣性系でニュートンの第2法則が成り立つ．

いい換えると，ニュートンの運動方程式はガリレイ変換に対して不変である．

10.2 回転座標系

10.2.1 2次元の回転座標系

慣性系 $K = (x, y, z)$ に対して，z 軸を中心に一定の角速度 ω で回転運動している座標系 $K' = (x', y', z')$ を考えよう．このとき，K系とK′系の原点は一致しており，K系の z 軸とK′系の z' 軸も一致している $(z = z')$．

慣性系KとK′回転座標系K′の間に成り立つ力学的関係を調べるには，デカルト座標よりも2次元極座標を用いるのが便利である．そこで，慣性系Kからみた質点の位置を $\boldsymbol{r} = (r, \theta)$，回転座標系K′からみた質点の位置を $\boldsymbol{r}' = (r', \theta')$ と表す（図10.2）．

K系の z 軸とK′系の z' 軸は一致しているので，原点から質点までの距離は

$$r = r' \tag{10.9}$$

を満たす．また，θ と θ' の間には

$$\theta = \theta' + \omega t \tag{10.10}$$

の関係がある．ここで，時刻 $t = 0$ では，K系の x 軸とK′系の x' 軸は重なっており，$\theta = \theta'$ であったとした．また，ここでも絶対時間の仮定に基づき，K系とK′系での時間 t と t' は同一 $(t' = t)$ とする．

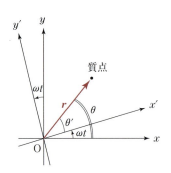

図 10.2 慣性系 $K = (x, y, z)$ の z 軸を中心に角速度 ω で回転運動している座標系 $K' = (x', y', z')$．

10.2.2 回転座標系での運動方程式

慣性系Kでの運動方程式は，2次元極座標で表すと(4.5)式と(4.6)式より

$$m\left\{\frac{d^2r}{dt^2} - r\left(\frac{d\theta}{dt}\right)^2\right\} = F_r \tag{10.11}$$

$$m\left(r\frac{d^2\theta}{dt^2} + 2\frac{dr}{dt}\frac{d\theta}{dt}\right) = F_\theta \quad (10.12)$$

と書ける．この式に，(10.9)式と(10.10)式を代入することで，回転座標系 K′ での運動方程式が得られる．

回転座標系 K′ での運動方程式（極座標表示）

$$m\left\{\frac{d^2r'}{dt^2} - r'\left(\frac{d\theta'}{dt}\right)^2\right\} = F_r + 2mv'_\theta\omega + mr'\omega^2 \quad (10.13)$$

$$m\left(r'\frac{d^2\theta'}{dt^2} + 2\frac{dr'}{dt}\frac{d\theta'}{dt}\right) = F_\theta - 2mv'_r\omega \quad (10.14)$$

ここで，$v'_r = dr'/dt$，$v'_\theta = r'd\theta'/dt$ は回転座標系 K′ での質点の速度 $\boldsymbol{v}$ の r' 成分と θ' 成分である．

(10.13)式と(10.14)式の右辺には，慣性座標系 K と共通の力 $\boldsymbol{F} = (F_r, F_\theta)$ の他に，

$$\boldsymbol{F}_{遠心力} = (mr'\omega^2, 0) = mr'\omega \quad (10.15)$$

$$\boldsymbol{F}_{コリオリ力} = (2mv'_\theta\omega, -2mv'_r\omega) = 2m\boldsymbol{v}' \times \boldsymbol{\omega} \quad (10.16)$$

という2つの力が現れている．この $\boldsymbol{F}_{遠心力}$ を **遠心力**，$\boldsymbol{F}_{コリオリ力}$ を **コリオリ力** といい，いずれも慣性力の一種である．ここで，$\boldsymbol{\omega}$ は K′ 系の角速度ベクトルであり，z' 方向（紙面に対して垂直上向き）のベクトルである．

ガスパール=ギュスターヴ・コリオリ
（フランス，1792 - 1843）

$\boldsymbol{F}_{遠心力}$ は，K′ 系が K 系に対して反時計回りに回転（$\omega > 0$）していようが，時計回りに回転（$\omega < 0$）していようが，動径方向の正の向き（中心から外向き）の向心力である．一方，$\boldsymbol{F}_{コリオリ力}$ は，K′ 系の回転方向（すなわち，角速度 ω の符号）や質点の速度の θ' 成分（v'_θ の符号）に依存して，力の大きさだけでなく向きも変わる．回転座標系 K′ での質点の運動とコリオリ力の関係を図 10.3 に示す．

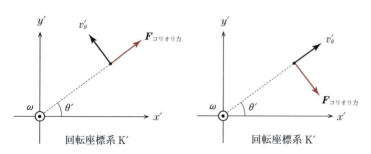

図 10.3 回転座標系での運動とコリオリ力．図中の記号 ⊙ は紙面に対して垂直に紙面手前側へ向かうベクトルを表す．

図 10.4 に，北半球での高気圧から吹き出す風の様子と低気圧に吹き込まれる風の様子を示す．高気圧の場合も低気圧の場合も，風が等圧線に垂直ではない．これは，地球の自転によるコリオリ力が原因である．北半球と南半球で台風の渦巻きが反対であるのも，コリオリ力が原因である．

図 10.4 北半球での高気圧

第 11 章 質点系の力学

この章では，互いに力を及ぼし合う複数の質点から成る系（**質点系**）の力学について述べる．そこでは，第 1 章で述べた 1 つの質点の運動法則を，質点系を構成する各質点に適用することで，質点系全体の運動を特徴づける物理量として，質点系の全運動量や全角運動量に着目し，それらが従う運動法則を導く．

> キーワード：質点系，内力と外力，質量中心，重心

11.1 質点系にはたらく力 〜 内力と外力 〜

図 11.1 に示すような，n 個の質点から成る系（**質点系**）について考えよう．いま，n 個の質点に 1 〜 n までの番号をそれぞれ割り当て，i 番目の質点から j 番目の質点にはたらく力を $\boldsymbol{F}_{ji}$，逆に，j 番目の質点から i 番目の質点にはたらく力（$\boldsymbol{F}_{ji}$ の反作用）を $\boldsymbol{F}_{ij}$ とする．このとき，$\boldsymbol{F}_{ji}$ や $\boldsymbol{F}_{ij}$ のように，質点系を構成する質点間の相互作用のことを**内力**という．また，質点系の外部から i 番目の質点に及ぼす力を**外力**といい，$\boldsymbol{F}_i^{(e)}$ と書くことにする．

したがって，i 番目の質点にはたらく合力 $\boldsymbol{F}_i$ は，内力と外力の総和として

$$\boldsymbol{F}_i = \sum_{k \neq i}^{n} \boldsymbol{F}_{ik} + \boldsymbol{F}_i^{(e)} \qquad (i = 1, 2, \cdots, n) \qquad (11.1)$$

で与えられる．したがって，i 番目の質点に対するニュートンの運動方程式は，$d\boldsymbol{p}_i/dt = \boldsymbol{F}_i$ に (11.1) 式を代入することで，

$$\frac{d\boldsymbol{p}_i}{dt} = \sum_{k \neq i}^{n} \boldsymbol{F}_{ik} + \boldsymbol{F}_i^{(e)} \qquad (i = 1, 2, \cdots, n) \qquad (11.2)$$

となる．ここで，$\boldsymbol{p}_i$ は i 番目の質点の運動量である．

なお，(11.1) 式と (11.2) 式の右辺第 1 項の $\sum_{k \neq i}^{n} (\equiv \sum_{k=1}^{i-1} + \sum_{k=i+1}^{n})$ は「$k = i$ を除いて $k = 1$ から n まで和をとる」ことを表す記号である．

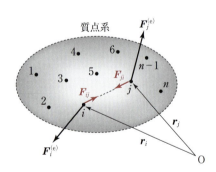

図 11.1 質点系を構成する質点間の内力 $\boldsymbol{F}_{ij}$ と外力 $\boldsymbol{F}_i^{(e)} (i, j = 1, 2, \cdots, n)$

11.2 質点系の運動量

　質点系を構成する各々の質点の力学的状態を決定するためには，(11.2)式で与えられる $3n$ 元の連立微分方程式を解く必要がある[26]．しかしながら，$n \geq 3$ の質点系に対して(2.2)式を解析的に解く(手計算で式を解く)ことは，特別な場合を除いて不可能である[27]．

　そこで，質点系を構成する個々の質点の運動に着目するのではなく，質点系全体としての運動に着目することにし，(11.2)式の運動方程式をすべての質点 $(i = 1, 2, \cdots, n)$ について和をとった

$$\frac{d\boldsymbol{P}}{dt} = \sum_{i=1}^{n} \sum_{k \neq i}^{n} \boldsymbol{F}_{ik} + \sum_{i=1}^{n} \boldsymbol{F}_{i}^{(e)} \tag{11.3}$$

について考えることにしよう．なお，(11.3)式の左辺の

$$\boldsymbol{P} = \sum_{i=1}^{n} \boldsymbol{p}_i \tag{11.4}$$

は，質点系の全運動量である．

　まず，(11.3)式の右辺第1項は，質点系を構成するすべての質点間の内力を足し合わせたものであり，

$$\begin{aligned}
\text{右辺第1項} &= \sum_{i=1}^{n} \sum_{k \neq i}^{n} \boldsymbol{F}_{ik} \\
&= \boldsymbol{0} + \boldsymbol{F}_{12} + \boldsymbol{F}_{13} + \cdots + \boldsymbol{F}_{1n} \\
&+ \boldsymbol{F}_{21} + \boldsymbol{0} + \boldsymbol{F}_{23} + \cdots + \boldsymbol{F}_{2n} \\
&+ \boldsymbol{F}_{31} + \boldsymbol{F}_{32} + \boldsymbol{0} + \cdots + \boldsymbol{F}_{3n} \\
&+ \cdots \\
&+ \boldsymbol{F}_{n1} + \boldsymbol{F}_{n2} + \boldsymbol{F}_{n3} + \cdots + \boldsymbol{0} \\
&= \sum_{i=1}^{n} \sum_{j>i}^{n} (\boldsymbol{F}_{ij} + \boldsymbol{F}_{ji}) = \boldsymbol{0}
\end{aligned} \tag{11.5}$$

となる．最後の等号では，作用・反作用の法則 $(\boldsymbol{F}_{ij} = -\boldsymbol{F}_{ji})$ を用いた．(11.5)式は，**作用・反作用の法則によって，質点系を構成する質点間にはたらく内力はすべて打ち消し合い，その総和はゼロ**であることを意味する．

　また，(11.3)式の右辺第2項は，質点系に及ぼす外力の合力であるから

$$\text{右辺第2項} = \sum_{i=1}^{n} \boldsymbol{F}_{i}^{(e)} \equiv \boldsymbol{F}^{(e)} \tag{11.6}$$

と書くことにすると，(11.3)式は結局，

$$\boxed{\frac{d\boldsymbol{P}}{dt} = \boldsymbol{F}^{(e)}} \tag{11.7}$$

となる．

　以上をまとめると，次のようになる．

---

26) (11.2)式の運動方程式はベクトルで表記されているので，1つの i に対して3成分(デカルト座標では x, y, z 成分)に対する方程式を含む．したがって，n 個の質点の場合には $3n$ 元の連立微分方程式となる．

27) 3つ以上の質点系の運動方程式を解くことは，求積法(有限回の不定積分を用いて微分方程式を解く方法)では不可能であることがポアンカレによって証明されている．最近では，コンピュータを用いて膨大な数の質点を含む質点系の運動を数値的に求めることが可能になったものの，アボガドロ数 ($= 6.02 \times 10^{23}$ 個)程度の質点の運動を計算することは現実的ではない．

アンリ・ポアンカレ
(フランス，1854-1912)

> **質量系の全運動量**
>
> 質点系の全運動量 $\bm{P}$ の時間変化率は，それぞれの質点にはたらく外力の合力 $\bm{F}^{(e)}$ に等しい．

また，質点系に作用する外力の合力がゼロ（$\bm{F}^{(e)} = \bm{0}$）の場合，(11.7)式より $d\bm{P}/dt = \bm{0}$ となるから，質点系の全運動量は保存する（$\bm{P} =$ 一定）こともわかる．

運動量保存の法則：質点系にはたらく外力の和がゼロのとき，質点系の全運動量は保存する．

11.3 質量中心（重心）の運動

11.3.1 質量中心とその運動方程式

質点系を構成する質点の質量 m_i ($i = 1, 2, \cdots, n$) が**時間に依存せず一定の場合**を考えよう．このとき，全運動量 $\bm{P}$ の時間変化率は

$$\frac{d\bm{P}}{dt} = \frac{d}{dt}\left(\sum_{i=1}^{n} m_i \bm{v}_i\right) = \sum_{i=1}^{n} m_i \frac{d\bm{v}_i}{dt} = \sum_{i=1}^{n} m_i \frac{d^2 \bm{r}_i}{dt^2} \quad (11.8)$$

であるから，(11.7)式の運動方程式は

$$\sum_{i=1}^{n} m_i \frac{d^2 \bm{r}_i}{dt^2} = \bm{F}^{(e)} \quad (11.9)$$

となる．ここで，$\bm{r}_i$ は i 番目の質点の位置ベクトルである．

(11.9)式の左辺を，質点系の全質量 $M = \sum_{i=1}^{n} m_i$ を用いて，意図的に

$$(11.9)\text{式の左辺} = M \frac{d^2}{dt^2}\left(\frac{1}{M} \sum_{i=1}^{n} m_i \bm{r}_i\right) \quad (11.10)$$

と書き直す．このとき，(11.10)式の右辺の括弧の中に現れる

$$\boxed{\bm{R} \equiv \frac{1}{M} \sum_{i=1}^{n} m_i \bm{r}_i = \frac{m_1 \bm{r}_1 + m_2 \bm{r}_2 + \cdots + m_n \bm{r}_n}{m_1 + m_2 + \cdots + m_n}} \quad (11.11)$$

は**質量中心**とよばれ，質点系の質量分布の平均的位置を表す．この質量中心 $\bm{R}$ を用いて(11.10)式を書き直すと

$$(11.9)\text{式の左辺} = M \frac{d^2 \bm{R}}{dt^2} \quad (11.12)$$

となる．こうして，(11.12)式を(11.9)式に代入することで，**質量中心に対する運動方程式**

$$\boxed{M \frac{d^2 \bm{R}}{dt^2} = \bm{F}^{(e)}} \quad (11.13)$$

を得る．

(11.13)式は，位置 $\bm{R}$ にある質量 M の1つの質点に外力 $\bm{F}^{(e)}$ がはたらく場合のニュートンの運動方程式と同じ形をしている．したがって，

質点系の質量中心の運動を考察する際には，**全質量があたかも質量中心の1点に集中し，そこにすべての外力が加わったと考えても差し支えない**．また(11.5)式で確認したように，**内力はその和がゼロとなることから，質量中心の運動に一切影響しない**．

11.3.2 質量中心と重心

質量中心は質点系の力学を記述する上で重要かつ特別な位置であるが，もう1つの重要かつ特別な位置として**重心**がある．重心は，**質点系にはたらく重力による力のモーメントがつり合う位置**として定義される．

> 質量中心：質点系の質量分布の平均的位置
> 重　心：重力による力のモーメントがつり合う位置

重心の位置を指定するベクトルを**重心ベクトル**といい，r_G と書くことにする（r_G を単に**重心**とよぶこともある）．上述の定義からわかるように，質量中心 R と重心 r_G は異なる概念であるが，**両者は一様な重力のもとでは一致**する（以下の例題を参照）．

──〈例題 11.1〉一様な重力のもとでの質点系の質量中心と重心──

重力加速度 g の一様な重力場のもとで，質量 m_1 と m_2 の2つの質点がそれぞれ位置ベクトル r_1 と r_2 にある．この質点系の重心 r_G を求め，それが質量中心 R と一致することを確かめよ．

〈解〉　この系の重心の周りでの重力のモーメントのつり合い条件は，
$$(r_1 - r_G) \times m_1 g + (r_2 - r_G) \times m_2 g = 0 \tag{11.14}$$
である．(11.14)式を変形すると
$$\{m_1 r_1 + m_2 r_2 - (m_1 + m_2) r_G\} \times g = 0 \tag{11.15}$$
となるから，この系の重心 r_G は
$$r_G = \frac{m_1 r_1 + m_2 r_2}{M} \tag{11.16}$$
であることがわかる（図11.2）．ここで，$M = m_1 + m_2$ である．
また，この系の質量中心 R は(11.11)式より
$$R = \frac{m_1 r_1 + m_2 r_2}{M} \tag{11.17}$$
である．したがって，(11.16)式と(11.17)式が等しいことからわかるように，一様な重力のもとでは重心 r_G と質量中心 R は等しい．　◆

地表付近での質点系の運動を考察する際には，大抵の場合，重力は一様（大きさが場所によらず一定）と近似して差し支えない．そこで，**本書ではこれ以後，一様な重力の場合を想定し，質量中心と重心を区別せず，重心 r_G を用いる**ことにする．したがって，(11.13)式の R を r_G に置き換えることで，質点系の**重心の運動方程式**は

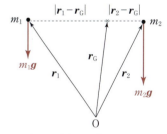

$|r_1 - r_G| : |r_2 - r_G| = m_2 : m_1$

図 11.2　一様な重力のもとでの2つの質点の重心ベクトル r_G．
(11.16)式を
$m_1(r_1 - r_G) = -m_2(r_2 - r_G)$
と書き換え，両辺とも絶対値をとると，
$m_1|r_1 - r_G| = m_2|r_2 - r_G|$
が得られる．したがって，つり合いの条件は
$|r_1 - r_G| : |r_2 - r_G| = m_2 : m_1$
と書くこともできる．

$$\boxed{M\frac{d^2\boldsymbol{r}_\mathrm{G}}{dt^2} = \boldsymbol{F}^{(\mathrm{e})}} \tag{11.18}$$

と表される.

11.4 質点系の角運動量

n 個の質点から成る質点系の角運動量について考える. i 番目の質点の質量を m_i, 位置ベクトルを $\boldsymbol{r}_i$ とすると, この質点の原点 O の周りの角運動量 $\boldsymbol{l}_i$ は

$$\boldsymbol{l}_i = \boldsymbol{r}_i \times \boldsymbol{p}_i = \boldsymbol{r}_i \times m_i \boldsymbol{v}_i \tag{11.19}$$

と与えられる. また, 質点系の全角運動量 $\boldsymbol{L}$ は, n 個の質点の角運動量の総和であるから

$$\boldsymbol{L} \equiv \sum_{i=1}^{n} \boldsymbol{l}_i = \sum_{i=1}^{n} (\boldsymbol{r}_i \times m_i \boldsymbol{v}_i) \tag{11.20}$$

と与えられる.

いま, 全角運動量 $\boldsymbol{L}$ の時間変化率を調べるために, (11.20)式を時間 t で微分すると

$$\begin{aligned}
\frac{d\boldsymbol{L}}{dt} &= \sum_{i=1}^{n} \left\{ \left(\underbrace{\frac{d\boldsymbol{r}_i}{dt}}_{=\boldsymbol{v}_i} \times m_i \boldsymbol{v}_i \right) + \left(\boldsymbol{r}_i \times \underbrace{\frac{d}{dt}(m_i \boldsymbol{v}_i)}_{=\boldsymbol{F}_i} \right) \right\} \\
&= \sum_{i=1}^{n} \underbrace{(\boldsymbol{v}_i \times m_i \boldsymbol{v}_i)}_{=0} + \sum_{i=1}^{n} (\boldsymbol{r}_i \times \boldsymbol{F}_i) \\
&= \sum_{i=1}^{n} (\boldsymbol{r}_i \times \boldsymbol{F}_i)
\end{aligned} \tag{11.21}$$

となる. ここで, (11.21)式の右辺に現れる力のモーメントの総和を

$$\boldsymbol{N} \equiv \sum_{i=1}^{n} (\boldsymbol{r}_i \times \boldsymbol{F}_i) \tag{11.22}$$

と書くと, 全角運動量 $\boldsymbol{L}$ の時間変化率は

$$\frac{d\boldsymbol{L}}{dt} = \boldsymbol{N} \tag{11.23}$$

と表される.

一方, (11.1)式で示したように, i 番目の質点にはたらく力 $\boldsymbol{F}_i$ は内力と外力の和として

$$\boldsymbol{F}_i = \sum_{\substack{k=1 \\ k \neq i}}^{n} \boldsymbol{F}_{ik} + \boldsymbol{F}_i^{(\mathrm{e})} \tag{11.24}$$

と与えられるので, (11.22)式の力のモーメント $\boldsymbol{N}$ は

$$\begin{aligned}
\boldsymbol{N} &= \sum_{i=1}^{n} \Big\{ \boldsymbol{r}_i \times \Big(\sum_{\substack{k=1 \\ k \neq i}}^{n} \boldsymbol{F}_{ik} + \boldsymbol{F}_i^{(\mathrm{e})} \Big) \Big\} \\
&= \sum_{i=1}^{n} \Big(\boldsymbol{r}_i \times \sum_{\substack{k=1 \\ k \neq i}}^{n} \boldsymbol{F}_{ik} \Big) + \sum_{i=1}^{n} (\boldsymbol{r}_i \times \boldsymbol{F}_i^{(\mathrm{e})})
\end{aligned}$$

$$= \sum_{i=1}^{n}\sum_{k\neq i}^{n}(\boldsymbol{r}_i \times \boldsymbol{F}_{ik}) + \sum_{i=1}^{n}(\boldsymbol{r}_i \times \boldsymbol{F}_i^{(e)}) \tag{11.25}$$

となる．ここで，(11.25)式の右辺第 1 項は，

$$\begin{aligned}
\text{右辺第 1 項} &= \sum_{i=1}^{n}\sum_{k\neq i}^{n}(\boldsymbol{r}_i \times \boldsymbol{F}_{ik}) \\
&= \boldsymbol{0} + (\boldsymbol{r}_1 \times \boldsymbol{F}_{12}) + (\boldsymbol{r}_1 \times \boldsymbol{F}_{13}) + \cdots + (\boldsymbol{r}_1 \times \boldsymbol{F}_{1n}) \\
&\quad + (\boldsymbol{r}_2 \times \boldsymbol{F}_{21}) + \boldsymbol{0} + (\boldsymbol{r}_2 \times \boldsymbol{F}_{23}) + \cdots + (\boldsymbol{r}_2 \times \boldsymbol{F}_{2n}) \\
&\quad + (\boldsymbol{r}_3 \times \boldsymbol{F}_{31}) + \boldsymbol{r}_3 \times \boldsymbol{F}_{32} + \boldsymbol{0} + \cdots + (\boldsymbol{r}_3 \times \boldsymbol{F}_{3n}) \\
&\quad + \cdots \\
&\quad + (\boldsymbol{r}_n \times \boldsymbol{F}_{n1}) + (\boldsymbol{r}_n \times \boldsymbol{F}_{n2}) + (\boldsymbol{r}_n \times \boldsymbol{F}_{n3}) + \cdots + \boldsymbol{0} \\
&= \sum_{i=1}^{n}\sum_{j>i}^{n}(\boldsymbol{r}_i - \boldsymbol{r}_j) \times \boldsymbol{F}_{ij} \tag{11.26}
\end{aligned}$$

と式変形できる．最後の等号では，作用・反作用の法則 ($\boldsymbol{F}_{ij} = -\boldsymbol{F}_{ji}$) を用いた．

図 11.3 からわかるように，$\boldsymbol{r}_i - \boldsymbol{r}_j$ と $\boldsymbol{F}_{ij}$ は互いに平行なベクトルであるから $(\boldsymbol{r}_i - \boldsymbol{r}_j) \times \boldsymbol{F}_{ij} = \boldsymbol{0}$ であり，結局，(11.26)式は

$$\sum_{i=1}^{n} = \sum_{j>i}^{n}(\boldsymbol{r}_i - \boldsymbol{r}_j) \times \boldsymbol{F}_{ij} = \boldsymbol{0} \tag{11.27}$$

となる．こうして，(11.22)式の力のモーメント $\boldsymbol{N}$ は

$$\boldsymbol{N} = \sum_{i=1}^{n}(\boldsymbol{r}_i \times \boldsymbol{F}_i^{(e)}) \equiv \boldsymbol{N}^{(e)} \tag{11.28}$$

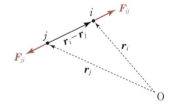

図 11.3 i 番目と j 番目の質点の位置ベクトルとそれらの間にはたらく内力の幾何学的関係

のように，外力 $\boldsymbol{F}_i^{(e)}$ による力のモーメントだけが残る．したがって，(11.23)式は

$$\boxed{\frac{d\boldsymbol{L}}{dt} = \boldsymbol{N}^{(e)}} \tag{11.29}$$

となり，この方程式は，質点系の**全角運動量の運動方程式**とよばれる．

以上をまとめると，次のようになる．

― 全角運動量の運動方程式 ―
質点系の全角運動量 $\boldsymbol{L}$ の時間変化率は，質点系にはたらく外力による力のモーメント $\boldsymbol{N}^{(e)}$ に等しい．

また，外力 $\boldsymbol{F}^{(e)}$ による力のモーメントがゼロ ($\boldsymbol{N}^{(e)} = \boldsymbol{0}$) の場合には，(11.29)式より

$$\boxed{\frac{d\boldsymbol{L}}{dt} = \boldsymbol{0} \iff \boldsymbol{L} = \text{一定}} \tag{11.30}$$

であるから，質点系の全角運動量は保存する．

― 全角運動量の保存 ―
質点系にはたらく外力による力のモーメントがゼロ ($\boldsymbol{N}^{(e)} = \boldsymbol{0}$) のとき，系の全角運動量 $\boldsymbol{L}$ は保存する．

11.5 重心座標系での質点系の運動

11.5.1 重心座標系

図 11.4 に示すように，原点を O とし，座標軸を x, y, z とする慣性系を K 系とする．K 系からみた質点系の i 番目の質点の位置ベクトルを $\boldsymbol{r}_i$ とし，質点系の重心 G の位置ベクトルを $\boldsymbol{r}_\mathrm{G}$ とする．一方，重心 G を原点とし，座標軸を x', y', z' とする慣性系を K′ 系とするとき[28]，K′ 系のことを**重心座標系**ともよぶ[29]．

重心座標系 (K′ 系) からみた質点系の i 番目の質点の位置ベクトルを $\boldsymbol{r}_i'$ とするとき，$\boldsymbol{r}_i'$ と $\boldsymbol{r}_i$ の間には

$$\boldsymbol{r}_i' = \boldsymbol{r}_i - \boldsymbol{r}_\mathrm{G} \tag{11.31}$$

の関係がある (図 11.4)．(11.31) 式の両辺に m_i (i 番目の質点の質量) を掛けて，すべての質点 ($i = 1, 2, \cdots, n$) について加え合わせると

$$\begin{aligned}\sum_{i=1}^n m_i \boldsymbol{r}_i' &= \sum_{i=1}^n m_i(\boldsymbol{r}_i - \boldsymbol{r}_\mathrm{G}) \\ &= M\left(\sum_{i=1}^n \frac{1}{M} m_i \boldsymbol{r}_i\right) - \left(\sum_{i=1}^n m_i\right)\boldsymbol{r}_\mathrm{G} \\ &= M\boldsymbol{r}_\mathrm{G} - M\boldsymbol{r}_\mathrm{G} = \boldsymbol{0}\end{aligned} \tag{11.32}$$

となる．3 番目の等号に移る際に，質点系の全質量 M と重心 $\boldsymbol{r}_\mathrm{G}$ の定義を用いた．結局，(11.32) 式をもう一度書くと

$$\boxed{\sum_{i=1}^n m_i \boldsymbol{r}_i' = \boldsymbol{0}} \tag{11.33}$$

である．なお，(11.33) 式の両辺を全質量 M で割ると，

$$\sum_{i=1}^n \frac{m_i \boldsymbol{r}_i'}{M} = \boldsymbol{0} \iff \boldsymbol{r}_\mathrm{G}' = \boldsymbol{0} \tag{11.34}$$

となるが，$\boldsymbol{r}_\mathrm{G}'$ は重心座標系からみた重心の位置であるので，(11.34) 式すなわち (11.33) 式は当然の結果である．

次に，(11.31) 式の両辺を時間 t で微分すると，質点系の重心に相対的な i 番目の質点の速度 $\boldsymbol{v}_i' = d\boldsymbol{r}_i'/dt$ が

$$\boldsymbol{v}_i' = \boldsymbol{v}_i - \boldsymbol{v}_\mathrm{G} \tag{11.35}$$

の関係を満たすことがわかる．ここで，$\boldsymbol{v}_i = d\boldsymbol{r}/dt$ は i 番目の質点の速度，$\boldsymbol{v}_\mathrm{G} = d\boldsymbol{r}_\mathrm{G}/dt$ は重心の速度である．

また，(11.35) 式の両辺に質量 m_i を掛けてすべての質点について和をとると，

$$\boxed{\sum_{i=1}^n m_i \boldsymbol{v}_i' = \boldsymbol{0}} \tag{11.36}$$

が得られ，**重心から測った質点系の全運動量は常にゼロであることがわ**

---

[28] 絶対時間の仮定 (10.1.1 項を参照) をおき，K 系と K′ 系での時間 t と t' は同一であると考え，$t' = t$ とする．

[29] 一般に，重心座標系は慣性系とは限らない．

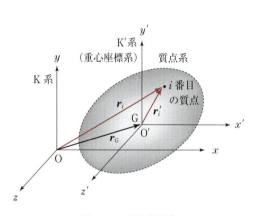

図 11.4　重心座標系

かる．(11.36)式は，これ以降の議論でもたびたび用いることになる．

> **重心座標系から測った全運動量**
> 質点系の重心から測った系の全運動量は常にゼロである．

11.5.2　質点系の運動エネルギー

n 個の質点から成る質点系の全運動エネルギー K は，

$$K = \sum_{i=1}^{n} \frac{1}{2} m_i v_i^2 = \sum_{i=1}^{n} \frac{1}{2} m_i (\boldsymbol{v}_G + \boldsymbol{v}_i')^2$$

$$= \sum_{i=1}^{n} \left(\frac{1}{2} m_i v_G^2 + m_i \boldsymbol{v}_G \cdot \boldsymbol{v}_i' + \frac{1}{2} m_i v_i'^2 \right) \tag{11.37}$$

となる．上の式変形では，2番目の等号で(11.35)式を用いた．$\boldsymbol{v}_G$ が i に依存しないことに注意して(11.37)式を式変形すると，次のようになる．

$$K = \frac{1}{2} M v_G^2 + \boldsymbol{v}_G \cdot \underbrace{\sum_{i=1}^{n} m_i \boldsymbol{v}_i'}_{= \boldsymbol{0}\,((11.36)\text{式より})} + \sum_{i=1}^{n} \frac{1}{2} m_i v_i'^2$$

$$= \frac{1}{2} M v_G^2 + \sum_{i=1}^{n} \frac{1}{2} m_i v_i'^2 \tag{11.38}$$

ここで，(11.38)式の右辺第1項は**重心の運動エネルギー**

$$K_G \equiv \frac{1}{2} M v_G^2 \tag{11.39}$$

であり，第2項は重心座標系を基準に測った質点系の運動エネルギー，すなわち，質点系の**内部運動の運動エネルギー**

$$K' \equiv \sum_{i=1}^{n} \frac{1}{2} m_i v_i'^2 \tag{11.40}$$

であるから，質点系の全運動エネルギー K は

$$\boxed{K = K_G + K'} \tag{11.41}$$

となり，以上をまとめると，次のようになる．

> **質点系の全運動エネルギー**
> 質点系の全運動エネルギー K は，重心の全運動エネルギー K_G と重心座標系での質点の全運動エネルギー K' に分離される．

11.5.3　重心の角運動量と内部角運動量

次に，(11.20)式に(11.31)式と(11.35)式を代入すると，原点Oの周りの角運動量 $\boldsymbol{L}$ は

$$\boldsymbol{L} = \sum_{i=1}^{n} (\boldsymbol{r}_i \times m_i \boldsymbol{v}_i) = \sum_{i=1}^{n} \{(\boldsymbol{r}_G + \boldsymbol{r}_i') \times m_i (\boldsymbol{v}_G + \boldsymbol{v}_i')\}$$

$$= \sum_{i=1}^{n} \{(\boldsymbol{r}_G \times m_i \boldsymbol{v}_G) + (\boldsymbol{r}_i' \times m_i \boldsymbol{v}_G) + (\boldsymbol{r}_G \times m_i \boldsymbol{v}_i') + (\boldsymbol{r}_i' \times m_i \boldsymbol{v}_i')\}$$

$$= \{ \boldsymbol{r}_G \times (\underbrace{\sum_{i=1}^{n} m_i}_{= M}) \boldsymbol{v}_G \} + (\underbrace{\sum_{i=1}^{n} m_i \boldsymbol{r}'_i}_{= \boldsymbol{0} \,((11.33)式より)} \times \boldsymbol{v}_G)$$

$$+ (\boldsymbol{r}_G \times \underbrace{\sum_{i=1}^{n} m_i \boldsymbol{v}'_i}_{= \boldsymbol{0} \,((11.36)式より)}) + \sum_{i=1}^{n} (\boldsymbol{r}'_i \times m_i \boldsymbol{v}'_i)$$

$$= (\boldsymbol{r}_G \times M\boldsymbol{v}_G) + \sum_{i=1}^{n} (\boldsymbol{r}'_i \times m_i \boldsymbol{v}'_i) \tag{11.42}$$

となる．ここで，(11.42)式の第 1 項は**原点 O の周りの重心の角運動量**

$$\boldsymbol{L}_G \equiv (\boldsymbol{r}_G \times M\boldsymbol{v}_G) \tag{11.43}$$

であり，第 2 項は質点系の**重心の周りの全角運動量**

$$\boldsymbol{L}' \equiv \sum_{i=1}^{n} (\boldsymbol{r}'_i \times m_i \boldsymbol{v}'_i) \tag{11.44}$$

であり，**内部角運動量**ともよばれる．

こうして，質点系の全角運動量 $\boldsymbol{L}$ は次のようになる．

$$\boxed{\boldsymbol{L} = \boldsymbol{L}_G + \boldsymbol{L}'} \tag{11.45}$$

―― **質点系の全角運動量** ――

　質点系の全角運動量 $\boldsymbol{L}$ は，原点 O の周りの重心の角運動量 $\boldsymbol{L}_G$ と重心座標系の原点（質量中心）の周りの角運動量（内部角運動量）$\boldsymbol{L}'$ に分けることができる．

　質点系の重心が静止している場合には $\boldsymbol{L}_G = \boldsymbol{0}$ となり，質点系の全角運動量 $\boldsymbol{L}$ は内部角運動量 $\boldsymbol{L}'$ と一致する（すなわち，$\boldsymbol{L} = \boldsymbol{L}'$）．

=== 〈例題 11.2〉2 重惑星の角運動量 ===

　図に示すように，距離 $2a$ だけ離れた質量 m の 2 つの惑星が，それらの中点（= 質量中心 G）を中心に xy 平面上の半径 a の円周上を角速度 ω で反時計回りに円運動している．また，質量中心 G は原点 O を中心に，xy 平面上の半径 r_G の円周上を角速度 Ω で反時計回りに円運動している．この 2 重惑星に関する以下の小問に答えよ[30]．

(1) 原点 O の周りの質量中心 G の角運動量 $\boldsymbol{L}_G$ を求めよ．

(2) 重心の周りの 2 つの惑星の全角運動量 $\boldsymbol{L}$ を求めよ．

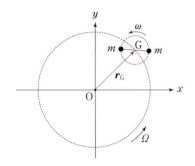

30) 大きさと質量の似通った 2 つの惑星がそれらの質量中心の周りを公転しているとき，そのような系を 2 重惑星とよぶ．火星と木星の間にある小惑星アンティオペは，ほとんど同じ質量の 2 つの天体が 2 重小惑星を実現している．

〈解〉(1) この系の重心の角運動量 $\boldsymbol{L}_G$ を計算する際には，2 つの惑星の全質量 $M = 2m$ をもつ質点が，原点 O を中心に半径 r_G の円周上を速度 $v_G = r_G \Omega$ で反時計回りに円運動していると考えればよい．したがって，角運動量は $\boldsymbol{L}_G = (0, 0, 2mr_G^2 \Omega)$ である．

(2) 1 つの惑星（惑星 1 とよぶ）の重心 G の周りの角運動量は $\boldsymbol{l}'_1 = (0, 0, ma^2\omega)$ である．もう 1 つの惑星（惑星 2 とよぶ）の角運動量も同様に $\boldsymbol{l}'_2 = (0, 0, ma^2\omega)$ であるから，重心 G の周りの 2 つの惑星の全角運動量は $\boldsymbol{L}' = \boldsymbol{l}'_1 + \boldsymbol{l}'_2 = (0, 0, 2ma^2\omega)$ である．したがって，原点 O の周りの 2 つの惑星の全角運動量は，$\boldsymbol{L} = \boldsymbol{L}_G + \boldsymbol{L}' = (0, 0, 2m(r_G^2\Omega + a^2\omega))$ である．◆

11.5.4 全角運動量の運動方程式の分離

n 個の質点から成る質点系の角運動量について考える．この項では，この系の原点 O の周りの重心の角運動量 $\boldsymbol{L}_\mathrm{G}$ と内部角運動量 $\boldsymbol{L}'$ の時間変化率が，それぞれ独立な微分方程式

$$\frac{d\boldsymbol{L}_\mathrm{G}}{dt} = \boldsymbol{N}_\mathrm{G}^{(\mathrm{e})} \tag{11.46}$$

$$\frac{d\boldsymbol{L}'}{dt} = \boldsymbol{N}'^{(\mathrm{e})} \tag{11.47}$$

によって与えられることを示そう．なお，

$$\boldsymbol{N}_\mathrm{G}^{(\mathrm{e})} = \boldsymbol{r}_\mathrm{G} \times \boldsymbol{F}^{(\mathrm{e})} = \boldsymbol{r}_\mathrm{G} \times \sum_{i=1}^{n} \boldsymbol{F}_i^{(\mathrm{e})} \tag{11.48}$$

は，原点 O の周りの外力の合力のモーメントであり，

$$\boldsymbol{N}'^{(\mathrm{e})} = \sum_{i=1}^{n} (\boldsymbol{r}_i' \times \boldsymbol{F}_i^{(\mathrm{e})}) \tag{11.49}$$

は，重心 G の周りの外力の合力のモーメントである．

まず，(11.46)式を導出しよう．重心の角運動量 $\boldsymbol{L}_\mathrm{G}$ の定義である(11.43)式の両辺を時間 t で微分すると

$$\begin{aligned}\frac{d\boldsymbol{L}_\mathrm{G}}{dt} &= \frac{d}{dt}(\boldsymbol{r}_\mathrm{G} \times M\boldsymbol{v}_\mathrm{G}) \\ &= \Bigl(\underbrace{\frac{d\boldsymbol{r}_\mathrm{G}}{dt}}_{=\boldsymbol{v}_\mathrm{G}} \times M\boldsymbol{v}_\mathrm{G}\Bigr) + \Bigl(\boldsymbol{r}_\mathrm{G} \times \underbrace{M\frac{d\boldsymbol{v}_\mathrm{G}}{dt}}_{=\boldsymbol{F}^{(\mathrm{e})}((11.18)\text{式より})}\Bigr) \\ &= M(\underbrace{\boldsymbol{v}_\mathrm{G} \times \boldsymbol{v}_\mathrm{G}}_{=\boldsymbol{0}}) + (\boldsymbol{r}_\mathrm{G} \times \boldsymbol{F}^{(\mathrm{e})}) = \boldsymbol{N}_\mathrm{G}^{(\mathrm{e})} \end{aligned} \tag{11.50}$$

のように，(11.46)式が導かれる．なお，最後の等号で(11.48)式を用いた．

次に，(11.47)式を導出しよう．(11.46)式の導出と同様に，内部角運動量 $\boldsymbol{L}'$ の定義である(11.44)式を時間 t で微分しても導くことができるが，ここでは別の導出方法を示す．

(11.45)式の $\boldsymbol{L} = \boldsymbol{L}_\mathrm{G} + \boldsymbol{L}'$ の両辺を時間 t で微分すると，

$$\frac{d\boldsymbol{L}'}{dt} = \frac{d\boldsymbol{L}}{dt} - \frac{d\boldsymbol{L}_\mathrm{G}}{dt} \tag{11.51}$$

を得る．この式の右辺第1項に(11.29)式を用い，右辺第2項に(11.46)式を用いて式変形すると，

$$\begin{aligned}\frac{d\boldsymbol{L}'}{dt} &= \boldsymbol{N}^{(\mathrm{e})} - \boldsymbol{N}_\mathrm{G}^{(\mathrm{e})} \\ &= \sum_{i=1}^{n} (\boldsymbol{r}_i \times \boldsymbol{F}_i^{(\mathrm{e})}) - \Bigl(\boldsymbol{r}_\mathrm{G} \times \sum_{i=1}^{n} \boldsymbol{F}_i^{(\mathrm{e})}\Bigr) \\ &= \sum_{i=1}^{n} (\boldsymbol{r}_i' \times \boldsymbol{F}_i^{(\mathrm{e})}) = \boldsymbol{N}'^{(\mathrm{e})}\end{aligned} \tag{11.52}$$

のように，(11.47)式が導かれる．この式変形において，2番目の等号で(11.48)式と(11.49)式を用い，3番目の等号で(11.31)式を用いた．

第 12 章
剛体の力学

すべての質点間の距離が変わらない質点系（変形しない物体）を**剛体**という．この章では最初に，剛体の力学の一般論について述べ，その後に，剛体運動の具体的な例として，**固定軸の周りの回転運動**と**剛体の平面運動**について述べる．

> キーワード：**自由度**，**剛体**，**慣性モーメント**
> 必要な数学：**面積分**，**体積分**

12.1 剛体とは

質点系の中でも，すべての質点間の距離が変わらない特殊な質点系（変形しない物体）のことを**剛体**という．

物体に外部から力を加えると，多かれ少なかれ物体は変形するので，自然界には厳密な意味での剛体は存在しない．しかし，多くの固体は外力が小さいときには変形を無視できるので，剛体とみなすことができる．剛体の運動を扱う力学は**剛体の力学**とよばれ，機械，土木，建築など，様々な科学技術の分野の基礎を成す実用的な物理学の一分野である．

剛体：すべての質点間の距離が変わらない質点系（変形しない物体）

12.2 剛体の自由度と運動方程式

12.2.1 自由度と拘束条件

系を構成するすべての質点の位置を定めるのに必要な独立変数（座標）の数を**自由度**という．3次元空間にある1つの質点の**自由度は3**であるから[31]，n 個の質点から成る質点系の**自由度は $3n$** である．したがって，自由度 $3n$ の質点系の運動を決定するためには，$3n$ 個のニュートンの運動方程式を解く必要がある．

---

[31] 例えば，デカルト座標では (x, y, z)，極座標では (r, θ, ϕ) の自由度3である．

> **自由度**：系を構成するすべての質点の位置を定めるのに必要な独立変数の数

例えば「質点間の距離が一定」というような，質点の座標に関する何らかの条件を**拘束条件**という．質点系に拘束条件が課されると，質点系の自由度は $3n$ よりも少なくなる．3 次元運動する質点系において，独立な拘束条件の数を h 個とすると，その系の自由度 f は

> **質点系の自由度 (3 次元運動の場合)**：
> 自由度 $f = 3n - h$ (n：質点の数，h：拘束条件の数)

のように与えられる．

それでは，剛体の自由度はいくつであろうか．以下では，剛体の自由度について順を追って述べることにする．

12.2.2 剛体の自由度

ここでは剛体の自由度について，剛体を構成する質点の数が 2 つの場合，3 つの場合，4 つの場合と増やしながら，順を追って調べ，最終的に，任意の質点数 n の場合の自由度について述べる．

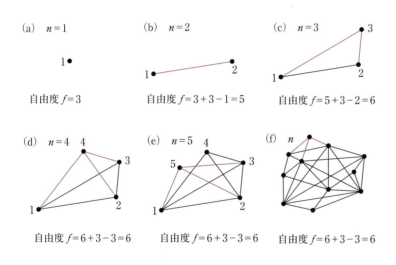

図 12.1 質点の数 n と拘束条件の数 $h = 3n - 6$

● **2 つの質点から成る剛体**($n = 2$)

拘束条件 ($= 2$ 点間の距離が一定) が課せられていなければ，2 つの質点があるので自由度は $2 \times 3 = 6$ であるが，拘束条件が 1 つであるから，この系の自由度 f は拘束条件の数を差し引くと，$\underline{f = 6 - 1 = 5}$ となる (図 12.1(b))．

● **3 つの質点から成る剛体**($n = 3$)

2 点間の距離が固定された 2 つの質点 (自由度 5) に 1 つ質点 (自由度 3) が追加されるので $5 + 3 = 8$ となるが，追加された質点と元の 2 つの

質点からの距離がいずれも固定されているので，これら拘束条件の数（= 2）を差し引くと，自由度は $f = 8 - 2 = 6$ となる（図 12.1(c)）．

● n 個（$n \geq 4$）の質点から成る剛体

$n = 4$ の場合を考えよう（図 12.1(d)）．3 つの質点から成る剛体（自由度 6）に 1 つ質点（自由度 3）が追加されるので $6 + 3 = 9$ となるが，追加された質点と元の 3 つの質点からの距離がいずれも固定されているので，これら拘束条件の数（= 3）を 9 から差し引くと，自由度は $f = 9 - 3 = 6$ となる（図 12.1(d)）．

次に $n = 5$ の場合を考えよう（図 12.1(e)）．4 つの質点から成る剛体（自由度 6）に 1 つ質点（自由度 3）が追加されるので $6 + 3 = 9$ となるが，追加された質点と元の剛体中の任意の 3 つの質点からの距離が固定されているので[32]，これら拘束条件の数（= 3）を 9 から差し引くと，自由度は $f = 9 - 3 = 6$ となる（図 12.1(e)）．

[32] n 個の質点から成る剛体に，新しく追加された $n+1$ 番目の質点（図 12.1(e) では 5 番目の質点）の位置を一義的に定めるためには，$n+1$ 番目の質点と元の剛体を構成する n 個の質点との距離をすべて固定する必要はなく，元の剛体中の任意の 3 つの質点（図 12.1(e) では 1, 2, 3 番目の質点とした）との距離を固定すればよい．

以上の議論から，$n (\geq 3)$ 個の場合では自由度の数は変わらず $f = 6$ であることが推測できる．整理すると，$n (\geq 3)$ 個の質点から成る剛体においては，独立な拘束条件の数は $h = 3n - 6$ であり，自由度は $f = 3n - h = 6$ であることがわかる．

> 拘束条件の数：$h = 3n - 6$（$n \geq 3$ は質点の数）
> 剛体の自由度：$f = 6$

12.2.3 剛体の運動方程式

剛体の自由度が 6 であるということは，剛体の運動を確定するには（$3n$ 個の膨大な変数を取り扱う必要はなく）6 個の独立変数を決めればよいことを意味する．6 個の独立変数の選び方は任意であるが，本書では慣例に従って，剛体の運動を特徴づける物理量として

剛体の全運動量：$\boldsymbol{P}$（デカルト座標では (P_x, P_y, P_z)）

剛体の全角運動量：$\boldsymbol{L}$（デカルト座標では (L_x, L_y, L_z)）

の合計 6 成分を選ぶことにする．ここで，全運動量 $\boldsymbol{P}$ と全角運動量 $\boldsymbol{L}$ はいずれもベクトル量であるからそれぞれ 3 成分あるので，合計 6 変数である．

全運動量 $\boldsymbol{P}$ と全角運動量 $\boldsymbol{L}$ は，それぞれ (11.7) 式と (11.29) 式に示したように，

$$\text{重心運動の方程式：} \frac{d\boldsymbol{P}}{dt} = \boldsymbol{F}^{(e)} \tag{12.1}$$

$$\text{回転運動の方程式：} \frac{d\boldsymbol{L}}{dt} = \boldsymbol{N}^{(e)} \tag{12.2}$$

を満たす．これらの方程式が，剛体の運動を司る**剛体の運動方程式**である．

質点系を構成する各質点の質量が不変（$m_i = $ 一定 $(i = 1, 2, \cdots, n)$）である場合，剛体の運動量は $\boldsymbol{P} = M\boldsymbol{v}_G = M(d\boldsymbol{r}_G/dt)$ のように重心の運動量によって与えられるから，（12.1）式の重心運動の方程式は（11.18）式で示したように，

$$\boxed{M\frac{d^2\boldsymbol{r}_G}{dt^2} = \boldsymbol{F}^{(e)}} \tag{12.3}$$

となる．

12.3 連続的な質量分布をもつ剛体

前節までは，図 12.1 に示すような，質点が離散的に（バラバラに散らばって）分布しているような剛体を取り扱ってきた．実際，すべての固体は非常に小さな原子の集団から構成されているが，少なくとも巨視的スケール（人間の感覚で識別し得る大きさ）では，その質量分布は連続的であるとみなすことができる．

図 12.2 に，巨視的（マクロ）にみたダイヤモンドと微視的（ミクロ）にみたダイヤモンドの概念図を示す．微視的には炭素原子の集まりであるダイヤモンドも，巨視的には硬い連続体とみなすことができる．以下では，巨視的にみた剛体の運動に焦点を当て，連続的な質量分布（質点の分布）をもつ剛体の取り扱い方について述べる．

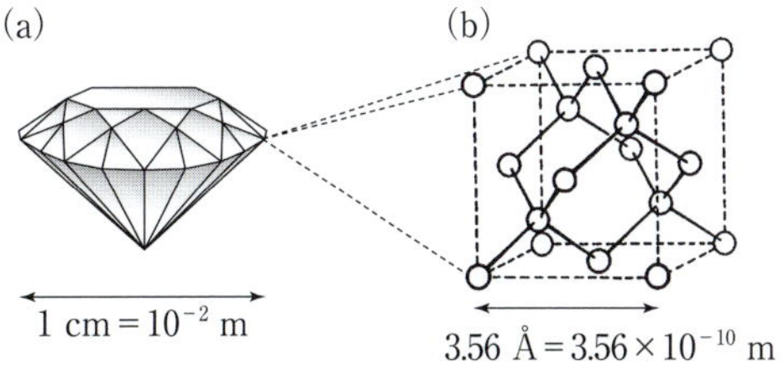

図 12.2 巨視的（マクロ）にみたダイヤモンド(a)と微視的にみたダイヤモンド(b)．(b)の白丸は炭素原子，黒棒は共有結合を表す．

質点系の力学の結論を連続体に適用するために，連続体を n 個の微小体積に分割し，それらに $1 \sim n$ までの番号をそれぞれ割り当てる．i 番目の微小体積を ΔV_i，ΔV_i を指定する位置ベクトルを $\boldsymbol{r}_i$，$\boldsymbol{r}_i$ での連続体の密度を $\rho(\boldsymbol{r}_i)$ とすると，微小体積 ΔV_i の質量 m_i は

$$m_i \approx \rho(\boldsymbol{r}_i)\Delta V_i \tag{12.4}$$

のように近似的に表すことができる．ここで，連続体の密度 $\rho(\boldsymbol{r}_i)$ が時間に依存しないとしたが，これは，いま考えている連続体が剛体であることを意味する．さらに，微小体積 ΔV_i の内部の密度が一様とみなせるくらいに分割数 n を大きく（すなわち，分割数 n を無限大（$n \to \infty$）に）すれば，（12.4）式は近似式ではなく等式になる．

したがって，連続的な質量分布をもつ剛体の全質量 M は，n 個の微小体積の質量を足し合わせ，分割数を無限大（$n \to \infty$）にすれば

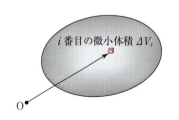

図 12.3 剛体中の i 番目の微小体積

$$M = \lim_{n\to\infty}\sum_{i=1}^{n} m_i = \lim_{n\to\infty}\sum_{i=1}^{n}\rho(\boldsymbol{r}_i)\Delta V_i = \int_V \rho(\boldsymbol{r})dV \quad (12.5)$$

と表される．ここで，積分記号 $\int_V$ は剛体の体積にわたる積分であり，このような積分を**体積分**とよぶ．

以下では，連続的な質量分布をもつ剛体の様々な物理量を，密度 $\rho(\boldsymbol{r})$ を用いて記す．

● **質量中心(重心)**

質量中心(重心) $\boldsymbol{r}_G$ は密度 $\rho(\boldsymbol{r})$ を用いて

$$\boldsymbol{r}_G = \frac{1}{M}\sum_{i=1}^{n}\boldsymbol{r}_i m_i = \frac{1}{M}\lim_{n\to\infty}\sum_{i=1}^{n}\boldsymbol{r}\rho(\boldsymbol{r}_i)\Delta V_i$$
$$= \frac{1}{M}\int_V \boldsymbol{r}\rho(\boldsymbol{r})dV \quad (12.6)$$

と表される．以下の例題 12.1 では，様々な形状の剛体の重心の計算例を挙げる．

=== 〈例題 12.1〉様々な形状の剛体の重心 ===

連続的な質量分布をもつ以下の剛体の重心を求めよ．

(1) 質量 M，長さ l の一様な密度をもつ棒
(2) 質量 M，半径 a の一様な密度をもつ半円の薄板
(3) 質量 M，半径 a の一様な密度をもつ半球

〈解〉 (1) 棒の線密度は $\lambda = M/l$ である．棒の片端を座標原点とし，棒の軸に沿って x 軸をとると，この棒の x 軸上の重心 x_G は (12.6) より

$$x_G = \frac{1}{M}\int_0^l x\lambda\,dx = \frac{1}{l}\int_0^l x\,dx = \frac{l}{2} \quad (12.7)$$

と計算される．

(2) 図 12.4 に示すように，半円の底辺に沿って x 軸をとり，半円の底辺の中心を通り x 軸に垂直な y 軸をとる．

薄板の面密度は $\sigma = M/(\pi a^2/2) = 2M/\pi a^2$ で一定であるから，重心の x 成分と y 成分はそれぞれ

$$x_G = \frac{\sigma}{M}\int_S x\,dS = \frac{2}{\pi a^2}\int_S x\,dS \quad (12.8)$$

$$y_G = \frac{\sigma}{M}\int_S y\,dS = \frac{2}{\pi a^2}\int_S y\,dS \quad (12.9)$$

の面積分によって与えられる．ここで，dS は xy 平面内の面積素であり，2 次元極座標系では $dS = r\,dr\,d\theta$ と表される．

2 次元極座標 ($x = r\cos\theta$, $y = r\sin\theta$) を用いて (12.8) 式と (12.9) 式の積分を実行すると，

$$x_G = \frac{2}{\pi a^2}\int_0^a r^2\,dr\int_0^\pi \cos\theta\,d\theta = 0 \quad (12.10)$$

$$y_G = \frac{2}{\pi a^2}\int_0^a r^2\,dr\int_0^\pi \sin\theta\,d\theta = \frac{4a}{3\pi} \quad (12.11)$$

となる．

(3) 図 12.5 のように 3 次元極座標系を設置する．

このとき，半球の密度は $\rho = 3M/2\pi a^3$ で一定であるから，

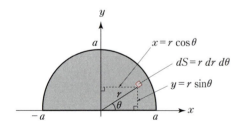

図 12.4 質量 M，半径 a の一様な面密度 $\sigma = 2M/\pi a^2$ の半円薄板

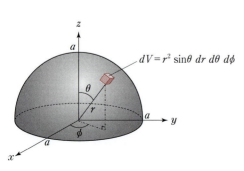

図 12.5 質量 M，半径 a の一様な密度 $\rho = 3M/2\pi a^3$ の半球

半球の重心の x, y, z 成分はそれぞれ

$$x_G = \frac{\rho}{M}\int_V x\, dV = \frac{3}{2\pi a^3}\int_V x\, dV \qquad (12.12)$$

$$y_G = \frac{\rho}{M}\int_V y\, dV = \frac{3}{2\pi a^3}\int_V y\, dV \qquad (12.13)$$

$$z_G = \frac{\rho}{M}\int_V z\, dV = \frac{3}{2\pi a^3}\int_V z\, dV \qquad (12.14)$$

の体積分によって与えられる．ここで，dV は体積素であり，3次元極座標系では $dV = r^2 \sin\theta\, dr\, d\theta\, d\phi$ である．

3次元極座標 ($x = r\sin\theta\cos\phi$, $y = r\sin\theta\sin\phi$, $z = r\cos\theta$) を用いて，(12.12)式〜(12.14)式の積分を実行すると，

$$x_G = \frac{3}{2\pi a^3}\int_0^a r^3\, dr\int_0^{\pi/2}\sin^2\theta\, d\theta\int_0^{2\pi}\cos\phi\, d\phi = 0 \qquad (12.15)$$

$$y_G = \frac{3}{2\pi a^3}\int_0^a r^3\, dr\int_0^{\pi/2}\sin^2\theta\, d\theta\int_0^{2\pi}\sin\phi\, d\phi = 0 \qquad (12.16)$$

$$z_G = \frac{3}{2\pi a^3}\int_0^a r^3\, dr\int_0^{\pi/2}\sin\theta\cos\theta\, d\theta\int_0^{2\pi} d\phi = \frac{3a}{8} \qquad (12.17)$$

となる． ◆

● **全運動量**

全運動量 $\boldsymbol{P}$ は密度 $\rho(\boldsymbol{r})$ を用いて

$$\boldsymbol{P} = \sum_{i=1}^{n} m_i \boldsymbol{v}_i = \lim_{n\to\infty}\frac{d}{dt}\sum_{i=1}^{n} m_i \boldsymbol{r}_i$$

$$= \lim_{n\to\infty}\frac{d}{dt}\sum_{i=1}^{n}\rho(\boldsymbol{r}_i)\boldsymbol{r}_i \Delta V$$

$$= \frac{d}{dt}\int_V \rho(\boldsymbol{r})\boldsymbol{r}\, dV \qquad (12.18)$$

と表される．あるいは，(12.6)式を用いて(12.18)式を書き直すと

$$\boldsymbol{P} = M\boldsymbol{v}_G = M\frac{d\boldsymbol{r}_G}{dt} \qquad (12.19)$$

と表される．この結果は，剛体の全運動量は，あたかも剛体の全質量 M が重心 $\boldsymbol{r}_G$ の1点に集中した質点の運動量とみなせることを意味する．

● **全角運動量**

全角運動量 $\boldsymbol{L}$ は密度 $\rho(\boldsymbol{r})$ を用いて

$$\boldsymbol{L} = \sum_{i=1}^{n}(\boldsymbol{r}_i \times m_i\boldsymbol{v}_i)$$

$$= \lim_{n\to\infty}\sum_{i=1}^{n}\{\boldsymbol{r}_i \times \rho(\boldsymbol{r}_i)\boldsymbol{v}_i\}\Delta V_i$$

$$= \int_V \{\boldsymbol{r} \times \rho(\boldsymbol{r})\boldsymbol{v}\}\, dV \qquad (12.20)$$

と表される．なお，デカルト座標では

$$L_x = \int_V \rho(\boldsymbol{r})\left(y\frac{dz}{dt} - z\frac{dy}{dt}\right)dV \qquad (12.21)$$

$$L_y = \int_V \rho(\boldsymbol{r})\left(z\frac{dx}{dt} - x\frac{dz}{dt}\right)dV \qquad (12.22)$$

$$L_z = \int_V \rho(\boldsymbol{r}) \left(x\, \frac{dy}{dt} - y\, \frac{dx}{dt} \right) dV \tag{12.23}$$

と表され，体積素は $dV = dx\, dy\, dz$ である．

以上からわかるように，一般に質点系と連続体との間には

$$m_i \longleftrightarrow \rho(\boldsymbol{r})\, dV$$

$$\sum_{i=1}^{n} \longleftrightarrow \int_V$$

の対応関係があることがわかる．この関係を用いれば，質点系の物理量の表式から連続体の物理量の表式をすぐに導くことができる．

例えば，剛体の回転運動に対する運動エネルギー K' は，(11.40)式より，

$$K' = \frac{1}{2} \sum_{i=1}^{n} m_i \boldsymbol{v}_i^2 \longleftrightarrow K' = \frac{1}{2} \int_V \rho(\boldsymbol{r}) \boldsymbol{v}^2\, dV \tag{12.24}$$

となる．したがって，剛体の全運動エネルギーは(11.38)式と(11.41)式から

$$\begin{aligned} K &= K_{\mathrm{G}} + K' \\ &= \frac{1}{2} M \boldsymbol{v}_{\mathrm{G}}^2 + \frac{1}{2} \int_V \rho(\boldsymbol{r}) \boldsymbol{v}^2\, dV \end{aligned} \tag{12.25}$$

のように，重心の運動エネルギー K_{G} と回転の運動エネルギー K' の和として与えられる．

12.4 固定軸の周りの剛体の回転運動

この節では，簡単でありながら現実的な剛体の運動として，図 12.6(a)に示すような2つの軸受けで支えられた，軸に固定された剛体の回転運動について考える．このとき，剛体の位置は基準位置からの回転角(図 12.6(b)では x 軸からの角度 φ)を与えれば一義的に定まる．すなわち，

固定軸の周りの剛体の回転運動の自由度は 1

である．

12.4.1 回転の運動方程式と慣性モーメント

軸に固定された剛体の**自由度は 1** であるから，剛体の運動を決定する方程式(運動方程式)の数も1つである．図 12.6(b)のように，固定された軸を z 軸に選ぶと，剛体の運動方程式は回転の運動方程式((12.2)式)の z 成分

$$\frac{dL_z}{dt} = N_z^{(\mathrm{e})} \tag{12.26}$$

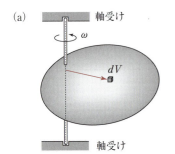

図 12.6 固定軸の周りの剛体の回転
(a) 固定軸(z 軸)の周りを角速度 ω で回転する剛体とその体積素 dV
(b) 体積素 dV の座標設定

に選べばよい．ここで，L_z は剛体の角運動量の z 成分，$N_z^{(e)}$ は剛体にはたらく外力のモーメントの z 成分である．

密度 $\rho(\boldsymbol{r})$ の剛体の L_z は，(12.23)式より

$$L_z = \int_V \rho(\boldsymbol{r}) \left(x \frac{dy}{dt} - y \frac{dx}{dt} \right) dV \tag{12.27}$$

のように与えられる．固定軸の周りを回転する剛体の場合には，x と y は，回転軸（z 軸）から体積素 dV までの距離 ξ を用いて

$$x = \xi \cos \varphi \tag{12.28}$$
$$y = \xi \sin \varphi \tag{12.29}$$

と表される．これら 2 式を (12.27) 式に代入し，角速度 $\omega = d\varphi/dt$ が剛体中のすべての体積素で同じであることを考慮して計算すると，角運動量の z 成分 L_z は

$$\boxed{L_z = I_z \omega} \tag{12.30}$$

$$\boxed{I_z \equiv \int_V \rho(\boldsymbol{r}) \xi^2 \, dV} \tag{12.31}$$

となる．ここで比例係数の I_z は，z 軸の周りの慣性モーメントとよばれる．

これ以降，(12.30)式と(12.31)式を，剛体の回転運動を考察するための出発点としよう．

● **慣性モーメントの物理的意味**

ここでは，慣性モーメントの物理的意味を理解するために，自由度 1 の運動である「直線上を運動する質量 m の質点」と「固定軸（z 軸）の周りを回転する慣性モーメント I_z の剛体」を比較することにしよう．

「(12.30)式の角運動量の表式 $L_z = I_z \omega$」と「直線上を運動する質量 m の質点の運動量 $p = mv$」を比較すると，

$$\text{運動量 } p \quad \longleftrightarrow \quad \text{角運動量 } L_z \tag{12.32}$$
$$\text{速度 } v \quad \longleftrightarrow \quad \text{角速度 } \omega \tag{12.33}$$
$$\text{質量 } m \quad \longleftrightarrow \quad \text{慣性モーメント } I_z \tag{12.34}$$

のような対応関係があることがわかる．すなわち，慣性モーメント I_z は質量 m に対応する．質点の質量は**物体が等速直線運動（または静止）を保ち続けようとする性質**（= 慣性）の大きさであるから，慣性モーメントは**物体が等速回転を保ち続けようとする性質**（= 回転運動に対する慣性）の大きさであると解釈することができる．ただし，(12.31)式からわかるように，慣性モーメントは質量のように物体に固有の量ではなく，回転軸が物体を貫く位置によって変化する量である．

以上をまとめると，次のようになる．

> **固定軸の周りを回転する剛体の慣性モーメント**
> ・物体の等速回転を保ち続けようとする性質の大きさ
> (= 回転運動に対する慣性)
> ・物体に固有の量ではなく,固定軸が物体を貫く位置によって変化
> ・物体の質量分布に依存

● **質点の直線運動と剛体の回転運動の対応関係**

上に引き続き,質点の直線運動と剛体の回転運動の対応関係を調べてみよう.そこで,固定軸の周りを回転する剛体の運動方程式を導出し,質点の運動方程式と比較することにする.

(12.30)式を(12.26)式に代入し,$\omega = \dfrac{d\varphi}{dt}$ を用いることで,回転の運動方程式は

$$I_z \frac{d^2\varphi}{dt^2} = N_z^{(e)} \tag{12.35}$$

となる.この方程式は,固定軸の周りを回転する剛体の自由度である,回転角 φ を決定する方程式である.

一方,直線上(x軸上)を運動する質点の運動方程式は,

$$m \frac{d^2x}{dt^2} = F \tag{12.36}$$

であるから,(12.35)式と(12.36)式を比較すると,表12.1に示すような対応関係があることがわかる.

表 12.1 質点の直線運動と剛体の固定軸の周りの回転運動の対応関係

質点の直線運動	固定軸の周りの剛体の回転運動
位置 x	回転角 φ
速度 $v = \dfrac{dx}{dt}$	角速度 $\omega = \dfrac{d\varphi}{dt}$
質量 m	慣性モーメント I
運動量 $p = mv$	角運動量 $L = I\omega$
外力 F	外力のモーメント N

── 〈例題 12.2〉**剛体の運動エネルギー** ──────────

連続的な質量分布をもつ剛体が,ある固定軸の周りを角速度 ω で回転している.この固定軸の周りの剛体の慣性モーメントを I とするとき,この剛体の全運動エネルギーを求めよ.

〈解〉 剛体の回転速度を v とすると,固定軸から体積素 dV までの距離を ξ として $v = \xi\omega$ と与えられるので,(12.25)式より全運動エネルギーは

$$K = \frac{1}{2}Mv_G^2 + \frac{1}{2}\int_V \rho v^2\, dV$$

$$= \frac{1}{2}Mv_G^2 + \frac{1}{2}\left(\int_V \rho \xi^2\, dV\right)\omega^2$$

$$= \frac{1}{2}Mv_G^2 + \frac{1}{2}I\omega^2 \tag{12.37}$$

となる．3番目の等号において，固定軸の周りの慣性モーメントの定義式である(12.31)式を用いた． ◆

12.4.2 固定軸の周りの回転運動の具体例

ここでは，固定軸の周りを回転運動する剛体の具体的な例をいくつか示そう．

● **実体振り子**

図12.7に示すように，水平な固定軸（図中では点Oを紙面に対して垂直に通る軸）の周りを自由に回転でき，重力よって振動する剛体を**実体振り子**（あるいは**剛体振り子**または**物理振り子**）という．

図12.7に示す実体振り子の質量をM，固定軸の周りの慣性モーメントをIとする．また，固定軸から実体振り子の重心Gまでの垂直距離をhとし，固定軸を通る鉛直下向きの軸と直線OGのなす角（剛体の回転角）をφとする．紙面にxy平面をとると，この実体振り子の重心に作用する重力のモーメントのz成分（紙面に対して垂直な成分，紙面手前向きを正とする）は

$$N_z^{(e)} = -Mgh\sin\varphi \tag{12.38}$$

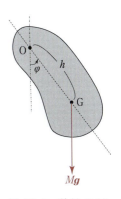

図 12.7 質量がM，点Oを通る固定軸周りの慣性モーメントがIの実体振り子

となる．したがって(12.35)式より，この剛体に対する回転の運動方程式は，

$$I\frac{d^2\varphi}{dt^2} = -Mgh\sin\varphi \tag{12.39}$$

で与えられ，この式を変形して，

$$\frac{d^2\varphi}{dt^2} = -\frac{g}{l}\sin\varphi \tag{12.40}$$

と書く．ここで，

$$l \equiv \frac{I}{Mh} \tag{12.41}$$

と定義した．

(12.40)式と第7章の7.4節の(7.39)式とを比較すると，(12.41)式のlは単振り子の長さに相当することがわかる．このことから，(12.41)式のlは**相当単振り子の長さ**とよばれる．

いま，回転角φが非常に小さく$\sin\varphi \approx \varphi$と近似できる場合には，(12.40)式は

$$\frac{d^2\varphi}{dt^2} \approx -\frac{g}{l}\varphi \tag{12.42}$$

となる．この方程式は容易に解けて，回転角 φ は(7.41)式の θ と同様，

$$\varphi = A\sin\left(\sqrt{\frac{g}{l}}\,t + \delta\right) \tag{12.43}$$

となる．ここで，A は振幅，δ は初期位相である．

また，この実体振り子の角振動数 ω は

$$\omega = \sqrt{\frac{g}{l}} = \sqrt{\frac{Mgh}{I}} \tag{12.44}$$

であり，振動の周期 T は

$$T = \frac{2\pi}{\omega} = 2\pi\sqrt{\frac{I}{Mgh}} \tag{12.45}$$

である．

● **アトウッドの器械**

図 12.8 に示すように，半径 a の滑車に質量を無視できる糸をかけ，その両端にそれぞれ質量 m_1 の物体 1 と質量 $m_2 (< m_1)$ の物体 2 が取り付けられている．物体から手を放すと，滑車はその重心 G を中心に滑らかに回るが，その際に糸は滑車を滑らないとする．また，重心 G の周りの滑車の慣性モーメントを I とする．

物体 1 と物体 2 に対する運動方程式は，鉛直下向きを正の向きにとると，

$$m_1 \frac{dv_1}{dt} = m_1 g - T_1 \tag{12.46}$$

$$m_2 \frac{dv_2}{dt} = m_2 g - T_2 \tag{12.47}$$

と表される．ここで，$v_1 = -v_2 (= v)$ であり，T_1 と T_2 は糸の張力である．また，滑車に対する回転の運動方程式は

$$I\frac{d\omega}{dt} = aT_1 - aT_2 \tag{12.48}$$

である．ここで，ω は滑車の角速度である．

糸は滑車を滑らず回ることから，滑車の回転の速度は物体 1 と物体 2 の速度 v と同じである．したがって，ω と v の間には，

$$v = a\omega \tag{12.49}$$

の関係が成り立つ．この関係式を(12.48)式に代入すると

$$I\frac{dv}{dt} = a^2(T_1 - T_2) \tag{12.50}$$

となる．

(12.46)式の T_1 と(12.47)式の T_2 を(12.50)式に代入して整理すると，加速度 dv/dt は

$$\frac{dv}{dt} = \frac{(m_1 - m_2)a^2}{I + (m_1 + m_2)a^2}g \tag{12.51}$$

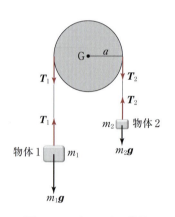

図 12.8 アトウッドの器械

となる.すなわち,2つの物体の質量 m_1 と m_2,滑車の慣性モーメント I を調整することで,加速度 dv/dt を自由落下のときよりも小さくできる.

18世紀のイギリスの物理学者のアトウッドが,この性質を利用して地表での重力加速度の大きさ g を測定したことから,この装置のことをアトウッドの器械とよぶ.

ジョージ・アトウッド
(イギリス,1746 - 1784)

■ 〈例題 12.3〉 アトウッドの器械

アトウッドの器械の両端に加わる糸の張力 T_1 と T_2 を求めよ.

〈解〉 (12.51)式を(12.46)式と(12.47)式にそれぞれ代入することで,T_1 と T_2 は

$$T_1 = m_1 g \left\{ 1 - \frac{(m_1 - m_2)a^2}{I + (m_1 + m_2)a^2} \right\} \quad (12.52)$$

$$T_2 = m_2 g \left\{ 1 - \frac{(m_1 - m_2)a^2}{I + (m_1 + m_2)a^2} \right\} \quad (12.53)$$

と求まる. ◆

12.5 慣性モーメントに関する諸定理

この節では,剛体の慣性モーメントに関する有用な定理を2つ述べる.

── 平行軸の定理(スタイナーの定理) ──

質量 M の剛体の重心 G を通る固定軸の周りの慣性モーメントを I_G とするとき,これに平行で距離 h だけ離れた軸に関する慣性モーメント I は,

$$\boxed{I = I_G + Mh^2} \quad (12.54)$$

によって与えられる.この関係式を平行軸の定理あるいはスタイナーの定理とよぶ.

[証明] 図 12.9 に示すように,z 軸を固定軸とした剛体の慣性モーメント I は,(12.31)式に(12.28)式と(12.29)式を代入することで

$$I = \int_V \rho(\boldsymbol{r})(x^2 + y^2) dV \quad (12.55)$$

と表される.

重心 G を通り,z 軸に平行で距離 h だけ離れた軸を z' 軸とする.図12.9からもわかるように $\boldsymbol{r} = \boldsymbol{r}_G + \boldsymbol{r}'$ であるから,これをデカルト座標系の成分で書くと

$$x = x_G + x', \quad y = y_G + y', \quad z = z_G + z' \quad (12.56)$$

となる.また,$h = \sqrt{x_G^2 + y_G^2}$ である.したがって,(12.55)式は

$$I = M(x_G^2 + y_G^2) + \int_V \rho(\boldsymbol{r})(x'^2 + y'^2) dV + 2x_G \int_V \rho(\boldsymbol{r}) x' dV$$
$$+ 2y_G \int_V \rho(\boldsymbol{r}) y' dV \quad (12.57)$$

と変形される.ここで,(12.23)式と(12.24)式の対応関係を(11.33)式に適用することで得られる関係式

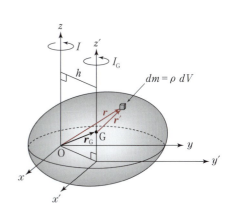

図 12.9 平行軸の定理(スタイナーの定理)

$$\int_V \rho(\boldsymbol{r})\boldsymbol{r}'\,dV = 0 \qquad (12.58)$$

を用いると，(12.57)式の右辺第3項と第4項はゼロとなるから，結局，(12.57)式は

$$I = Mh^2 + I_G \qquad (12.59)$$

となる． （証明終了）

直交軸の定理（平板の定理）

薄い平面の板から成る剛体において，板面に垂直な軸（z軸とする）に関する慣性モーメント（I_z）は，z軸と板との交点を通り，板面内で直交する2つの軸（x軸とy軸とする）に関する慣性モーメント（I_xとI_y）の和

$$\boxed{I_z = I_x + I_y} \qquad (12.60)$$

に等しい．この関係式を**直交軸の定理**あるいは**平板の定理**とよぶ．

[証明] 慣性モーメントの定義である(12.31)式に(12.28)式と(12.29)式を代入すると，板面に垂直なz軸の周りの慣性モーメントは

$$I_z = \int_S \sigma(\boldsymbol{r})(x^2+y^2)\,dS$$

$$= \int_S \sigma(\boldsymbol{r})x^2\,dS + \int_S \sigma(\boldsymbol{r})y^2\,dS \qquad (12.61)$$

となる．ここで，$\sigma(\boldsymbol{r})$は板の面密度，dSはxy平面の微小面積素であり，

$$I_y = \int_S \sigma(\boldsymbol{r})x^2\,dS, \qquad I_x = \int_S \sigma(\boldsymbol{r})y^2\,dS \qquad (12.62)$$

は，それぞれx軸の周りとy軸の周りの慣性モーメントである．

こうして，(12.61)式は

$$I_z = I_x + I_y \qquad (12.63)$$

となり，(12.60)式が導かれる． （証明終了）

12.6 慣性モーメントの具体的な計算

この節では，様々な形状（棒，円板，球体など）をもつ剛体の慣性モーメントの計算を行う．

12.6.1 長さ l，質量 M の一様な棒

太さを無視でき，長さがl，質量がMの一様な棒がある．この棒の中点（重心）を通り，棒に垂直な軸の周りの慣性モーメントを計算する．

図12.10(a)に示すように，棒に沿ってx軸をとり，棒の中点を座標の原点（$x=0$）とする．棒の線密度λは$\lambda = M/l$であるから，棒の中点の周りの慣性モーメントI_cは

$$I_c = \int_{-l/2}^{l/2} \lambda x^2\,dx = \frac{M}{l}\left[\frac{x^3}{3}\right]_{-l/2}^{l/2}$$

$$= \frac{Ml^2}{12} \tag{12.64}$$

と計算される.

次に,図 12.10(b) に示すように,この棒の一端を通り,棒に垂直な軸の周りの慣性モーメントを計算する.棒の一端を座標原点 ($x=0$) とすると,棒の一端の周りの慣性モーメント I_e は

$$I_e = \int_0^l \lambda x^2 \, dx = \frac{M}{l}\left[\frac{x^3}{3}\right]_0^l$$

$$= \frac{Ml^2}{3} \tag{12.65}$$

となる.

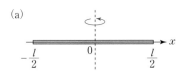

図 12.10 長さ l,質量 M の一様な棒の慣性モーメント
(a) 棒の中点の周りの回転
(b) 棒の一端の周りの回転

同様の結果は,(12.55) 式の平行軸の定理 (スタイナーの定理) を用いても得られるが,$I_e > I_c$ からわかるように,中点を軸に棒を回転させるよりも,棒の端を軸に回転させる方が慣性モーメントが大きい.

12.6.2 半径 a,質量 M の薄い円板

厚さを無視でき,半径が a,質量が M の一様な円板がある.図 12.11(a) に示すように,この円板の中心 (重心) を通り,円板に垂直な軸 (z 軸) の周りの慣性モーメントを計算する.

円板の面内に互いに直交する x 軸と y 軸をとり,円板の中心を座標原点 ($(x,y,z) = (0,0,0)$) とする.円板の面密度 σ は $\sigma = M/\pi a^2$ である.図 12.11(a) に示すように 2 次元極座標系をとると $dS = r\, dr\, d\theta$ であるから,z 軸の周りの円板の慣性モーメント I_z は

$$I_z = \int_S \sigma r^2 \, dS$$

$$= \frac{M}{\pi a^2} \int_0^{2\pi} \int_0^a r^3 \, dr \, d\theta$$

$$= \frac{Ma^2}{2} \tag{12.66}$$

と計算される.

次に,この円板の x 軸の周りの慣性モーメント I_x を求めると (図 12.11(b)),(12.60) 式の直交軸の定理 (平板の定理) と $I_x = I_y$ であることを用いて

$$I_x = I_y = \frac{I_z}{2} = \frac{Ma^2}{4} \tag{12.67}$$

となる.

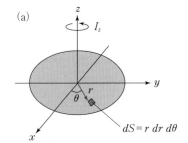
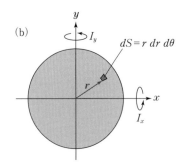

図 12.11 半径 a,質量 M の薄い円板の慣性モーメント
(a) 円板に垂直な軸 (z 軸) の周りの回転
(b) x 軸と y 軸の周りの回転

12.6.3 半径 a, 質量 M の球体

半径が a, 質量が M の一様な球体がある. この球体の中心(重心)を通る軸(z 軸)の周りの慣性モーメントを求める. 球体の密度 ρ は $\rho = 3M/4\pi a^3$ である.

図 12.12 に示すように, 球体の中心を座標原点として極座標系をとると, $\xi = r \sin\theta$ および $dV = r^2 \sin\theta \, dr \, d\theta \, d\varphi$ であるから, z 軸の周りの球体の慣性モーメント I_z を計算すると

$$\begin{aligned}
I_z &= \int_V \rho \xi^2 dV = \frac{3M}{4\pi a^3} \int_0^{2\pi}\int_0^{\pi}\int_0^a (r\sin\theta)^2 r^2 \sin\theta \, dr \, d\theta \, d\varphi \\
&= \frac{3M}{4\pi a^3} \int_0^a r^4 \, dr \int_0^{\pi} \sin^3\theta \, d\theta \int_0^{2\pi} d\varphi \\
&= \frac{3}{10} Ma^2 \int_0^{\pi} \sin^3\theta \, d\theta \quad (12.68)
\end{aligned}$$

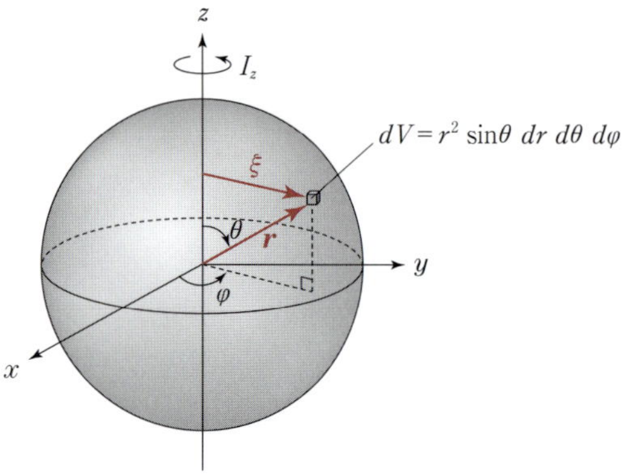

となる. ここで, $t = \cos\theta$ とおくと θ に関する積分は

$$\int_0^{\pi} \sin^3\theta \, d\theta = \int_{-1}^{1} (1-t^2) dt = \frac{4}{3} \quad (12.69)$$

と計算されることから, 慣性モーメント I_z は

$$I_z = \frac{2}{5} Ma^2 \quad (12.70)$$

となる.

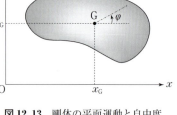

図 12.12 半径 a, 質量 M の球体の慣性モーメント

その他の形状の物体の慣性モーメントについては, 第 I 部末の演習問題 15, 16 でも取り上げた.

12.7 剛体の平面運動

● 自 由 度

水平な氷面上を運動するアイスホッケーのパックやカーリングのストーンのように, 剛体内の任意の点が, 常にある 1 つの平面内を運動するとき, この運動のことを **剛体の平面運動** という. 剛体の平面運動においては, 剛体の位置を確定するために, 次の 3 つの変数として,

・平面内での重心の座標(デカルト座標では x_G, y_G)
・重心の周りの回転角(重心 G を通り, x 軸に平行な軸から測った角度 φ)

を与えれば一義的に定まる(図 12.13 を参照). すなわち,

剛体の平面運動の自由度は 3

である.

図 12.13 剛体の平面運動と自由度

● 運動方程式

上述のように，剛体の平面運動の 3 つの自由度を x_G, y_G, φ に選ぶとする．このとき，これら 3 つの変数を決定する方程式 (運動方程式) は，(12.3) 式の x, y 成分 (重心運動の方程式の x, y 成分)

$$M \frac{d^2 x_G}{dt^2} = F_x^{(e)} \tag{12.71}$$

$$M \frac{d^2 y_G}{dt^2} = F_y^{(e)} \tag{12.72}$$

および，(12.2) 式の z 成分 (回転運動の方程式の z 成分)

$$I_z \frac{d\omega}{dt} = N_z \tag{12.73}$$

によって与えられる．

● 剛体のつり合い条件

いま，静止している剛体があるとする．この剛体が静止し続けるためには，まずは (12.71) 式と (12.72) 式より

$$F_x^{(e)} = F_y^{(e)} = 0 \tag{12.74}$$

でなければならない．すなわち，剛体に作用する外力がつり合っている必要がある．しかし，外力がつり合っているだけでは，剛体は静止せずに重心の周りを回転し得る．そのため，剛体が回転しない ($\omega = 0$ である) ためには，(12.73) 式より

$$N_z = 0 \tag{12.75}$$

でなければならない．すなわち，剛体に作用する力のモーメントもつり合う必要がある．

―― 剛体のつり合い ――――――――――――――――――
剛体がつり合って静止するためには，剛体に作用する外力がつり合うだけでなく，力のモーメントもつり合う必要がある．
―――――――――――――――――――――――――

――〈例題 12.4〉 壁に立て掛けた棒のつり合い条件 ――

図 12.14 に示すように，長さ l で質量 M の一様な棒が，水平な床から鉛直な壁に立て掛けられて静止している．棒と壁の間の静止摩擦係数を μ_A，棒と床の間の静止摩擦係数を μ_B，棒と床の間のなす角を θ とするとき，棒が静止するための角度 θ の条件を求めよ．

〈解〉 壁面の点 A から棒が受ける摩擦力と垂直抗力をそれぞれ $\boldsymbol{F}_A$ と $\boldsymbol{N}_A$ とする．一方，床上の点 B から棒が受ける摩擦力と垂直抗力をそれぞれ $\boldsymbol{F}_B$ と $\boldsymbol{N}_B$ とする．このとき，水平方向を x 軸，鉛直方向を y 軸とすると，棒に対する力のつり合いの条件は

$$x \text{ 方向のつり合い}: N_A - F_B = 0 \tag{12.76}$$
$$y \text{ 方向のつり合い}: F_A + N_B - mg = 0 \tag{12.77}$$

と表される．また，点 A の周りの力のモーメントのつり合い条件は

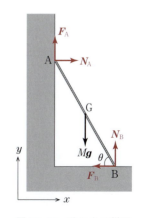

図 12.14 壁に立て掛けられた棒

$$N_{\mathrm{B}} l \cos\theta - F_{\mathrm{B}} l \sin\theta - Mg \frac{l}{2}\cos\theta = 0 \tag{12.78}$$

である．

(12.77)式と(12.78)式から重力 mg を消去して，

$$\tan\theta = \frac{1 - \dfrac{F_{\mathrm{A}}}{N_{\mathrm{B}}}}{2\dfrac{F_{\mathrm{B}}}{N_{\mathrm{B}}}} \tag{12.79}$$

を得る．また，(12.76)式より $F_{\mathrm{B}}/N_{\mathrm{A}} = 1$ であるから，この式を用いて (12.79)式を

$$\tan\theta = \frac{1 - \dfrac{F_{\mathrm{A}}}{N_{\mathrm{A}}}\dfrac{F_{\mathrm{B}}}{N_{\mathrm{B}}}}{2\dfrac{F_{\mathrm{B}}}{N_{\mathrm{B}}}} \tag{12.80}$$

と式変形できる．棒が静止するためには，$F_{\mathrm{A}} \leq \mu_{\mathrm{A}} N_{\mathrm{A}}$ および $F_{\mathrm{B}} \leq \mu_{\mathrm{B}} N_{\mathrm{B}}$ が成り立つ必要があるから，棒が静止するための角度 θ に対する条件は

$$\tan\theta \geq \frac{1 - \mu_{\mathrm{A}}\mu_{\mathrm{B}}}{2\mu_{\mathrm{B}}} \tag{12.81}$$

となる． ◆

=== 〈例題 12.5〉粗い斜面を転がる球体 ===

図 12.15 に示すように，半径 a，質量 M の一様な球体が，水平面となす角 θ の粗い斜面を滑らずに転がり落ちる場合の運動について，以下の小問に答えよ．

(1) 斜面に沿った方向の重心の加速度を求めよ．

(2) 球体が斜面を滑らずに転がるための斜面の角度 θ が満たす条件を求めよ．ただし，球体と斜面の間の静止摩擦係数を μ とする．

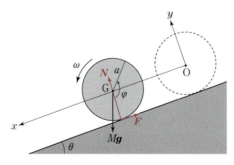

図 12.15 粗い斜面を転がる球体

〈解〉 (1) 時刻 $t = 0$ における球体の中心を座標原点 O とし，斜面に沿って下向きに x 軸を，斜面に垂直で上向きに y 軸をとる．ある時刻 t における原点から球体の重心の移動距離を x とし，その間に剛体が回転した角度を φ とする．

球体と斜面との間の摩擦力を F，垂直抗力を N とすると，球体の重心に関する運動方程式の x 成分と y 成分はそれぞれ

$$M\frac{d^2 x}{dt^2} = Mg\sin\theta - F \tag{12.82}$$

$$M\frac{d^2 y}{dt^2} = N - Mg\cos\theta = 0 \tag{12.83}$$

となり，球体の回転に関する運動方程式は
$$I\frac{d\omega}{dt} = aF \qquad (12.84)$$
となる．

球体は斜面は滑らずに転がるので，重心の移動距離 x と回転角 φ の間には $x = a\varphi$ の関係があるから，x 方向の速度 dx/dt と角速度 ω との間には
$$\frac{dx}{dt} = a\frac{d\varphi}{dt} = a\omega \qquad (12.85)$$
の関係がある．この関係を (12.84) 式に代入することで得られる式
$$I\frac{d^2x}{dt^2} = a^2 F \qquad (12.86)$$
と (12.82) 式から摩擦力 F を消去すると，
$$\left(M + \frac{I}{a^2}\right)\frac{d^2x}{dt^2} = Mg\sin\theta \qquad (12.87)$$
となる．

したがって，この式に，(12.87) 式で与えられる球体の慣性モーメント $I = (2/5)Ma^2$ を代入することで，
$$\frac{d^2x}{dt^2} = \frac{5}{7}Mg\sin\theta \qquad (12.88)$$
を得る．

一方，摩擦がない場合には，$d^2x/dt^2 = g\sin\theta$ で滑り落ちる．すなわち，摩擦によって球体が滑らない場合には，摩擦がない場合の 5/7 倍の加速度で運動することになる．

(2) まず，斜面から球体への垂直抗力 N は (12.83) 式より
$$N = Mg\cos\theta \qquad (12.89)$$
と与えられる．また，球体と斜面との間の摩擦力 F は，(12.88) 式を (12.82) 式に代入することで
$$F = \frac{2}{7}Mg\sin\theta \qquad (12.90)$$
と与えられる．

球体が斜面を滑らずに転がるためには，$F \leq \mu N$ でなければならない．したがって，斜面の角度 θ が
$$\tan\theta \leq \frac{7}{2}\mu \qquad (12.91)$$
を満たすとき，球体は斜面を滑らずに転がることになる． ◆

第 I 部 【力学】演習問題

1. [様々な運動の位置，速度，加速度]　以下の (a)〜(d) のような，直線上を運動する質点の位置 $x(t)$ について，質点の速度 $v(t)$ と加速度 $a(t)$ を求めよ．ただし，$x_0, v_0, a_0, A, \omega, \delta, \kappa$ はいずれも定数である．

(a)　$x(t) = x_0 + v_0 t + \dfrac{1}{2} a_0 t^2$

(b)　$x(t) = A \cos(\omega t + \delta)$

(c)　$x(t) = A e^{-\kappa t}$

(d)　$x(t) = A e^{-\kappa t} \cos(\omega t + \delta)$

2. [地表付近にある物体にはたらく力]　地球を球体とみなし，その半径を $R = 6.4 \times 10^6$ m とする．以下の小問に答えよ．ただし，万有引力定数 $G = 6.7 \times 10^{-11}$ N m^2/kg^2，重力加速度 $g = 9.8$ m/s^2 とする．

(a)　地球の自転の角速度 ω を数値で答えよ．

(b)　赤道上にある物体が地球から受ける万有引力の大きさ F_g に対する遠心力の大きさ F_c の比 $F_\mathrm{c}/F_\mathrm{g}$ を数値で答えよ．

(c)　地球の質量 M と密度 ρ を数値で答えよ．

3. [粗い斜面を滑る物体と摩擦角]　図のように，粗い斜面の上に質量 m の物体を置き，斜面の傾き（水平面と斜面のなす角 θ）を徐々に大きくしていく．斜面の角度が θ_c に達したときに，物体が斜面を滑りはじめたとする．このとき，θ_c を**摩擦角**とよぶ．この物体と斜面との静止摩擦係数 μ と摩擦角 θ_c の関係を求めよ．

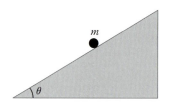

4. [粘性抵抗を受けて減速する物体]　なめらかな水平面上にある質量 m の質点が，速度に比例する粘性抵抗を受けて直線運動をしている．時刻 $t = 0$ において質点の位置と速度がそれぞれ $x(0) = 0$，$v(0) = v_0$ であるとき，この質点の位置 $x(t)$ と速度 $v(t)$ を求めよ．ただし，粘性抵抗係数を γ とする．

5. [粘性抵抗のもとでの落下運動]　地表から高さ h の位置にある質量 m の質点を静かに落下させた．この質点には重力の他に，速度に比例する粘性抵抗がはたらいており，その速度は (7.17) 式のように表される．この質点の位置を求めよ．ただし，重力加速度の大きさを g，粘性抵抗係数を γ とする．

6. [慣性抵抗のもとでの落下運動]　質量 m の質点が時刻 $t = 0$ で鉛直方向下向きに静かに落下した．この質点には重力の他に，速度 v の 2 乗に比例する慣性抵抗力 $F_\mathrm{I} = -\beta v^2$ がはたらいているとき，質点の速度 v を求めよ．ただし，重力加速度の大きさを g とする．

7. [制動の効き方]　減衰振動や過減衰と比べて，臨界減衰の場合が最も制動が効く（最も速く変位がゼロになる）ことを示せ．

8．［粘性抵抗と周期的な外力のもとでの振動子］　(7.67)式のように，周期的な外力のもとでの振動子に，速度に比例する粘性抵抗が加ったとき，振動子の運動方程式は，

$$m\frac{d^2x}{dt^2} + \gamma\frac{dx}{dt} + kx = F_0\cos\Omega t$$

となる．ただし，$\gamma > 0$ である．

(a) この振動子の変位 x を求めよ．

(b) この振動子の振幅が最大となる Ω の値($\equiv \Omega_r$)と $\Omega = \Omega_r$ のときの振幅($\equiv A_r$)を求めよ．

9．［時間に比例する外力のもとでの振動子］　壁に固定されたつる巻きバネ(バネ定数 k)に質量 m の質点を取り付け，なめらかな水平面上に置く．この質点に対して時間に比例する外力 $F(t) = at$ ($a > 0$) を加えたとき，バネの自然長からの質点の変位 x は，

$$m\frac{d^2x}{dt^2} = -kx + at \tag{1}$$

の運動方程式を満たす．$t = 0$ において，この質点がバネの自然長の位置 ($x = 0$) に静止していたとして，質点の変位 x を求めよ．

10．［保存力の循環］　保存力 $\boldsymbol{F}$ に対して

$$\oint_C \boldsymbol{F} \cdot d\boldsymbol{s} = 0 \tag{2}$$

が成り立つことを示せ．ここで，〇の付いた積分記号 $\oint_C$ は，物体が任意の経路Cに沿って1周する積分を表す．

11．［地面と非弾性衝突を繰り返す質点］　地面から高さ h の点にある質点を静かに落下させた．この質点と地面との反発係数を e として，以下の小問に答えよ．

(a) この質点が最初に地面に衝突したときの速度 v_0 と落下に要した時間 t_0 を求めよ．

(b) k 回目の衝突の後に，質点が到達できる最大の高さ h_k と上昇に要した時間 t_k を求めよ．

(c) 質点が反発運動を止めて静止するまでに要した距離 L と時間 T を求めよ．

12．［直線運動の角速度と角運動量］　図のように，x 軸に平行な $y = L$ の直線上を速度 $\boldsymbol{v} = v_0\boldsymbol{e}_x$ で等速直線運動する質量 m の質点に関して，次の小問に答えよ．

(a) 原点 O の周りの角速度 ω を求めよ．

(b) 原点 O に関する角運動量 $\boldsymbol{L}$ を求めよ．

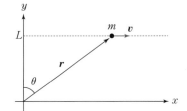

13．［加速するエレベーター内での物体の運動］

一定の加速度 α で鉛直に上昇するエレベーターの中での質量 m の質点の運動に関して，次の小問に答えよ．

(a) エレベータの床から高さ h の位置にある質点を静かに落下させた．この質点がエレベーターの床に到達するまでの時間 τ を求めよ．

(b) エレベータの天上から長さ l のひもで質点をぶら下げて微小振動させた．この振動子の周期 T を求めよ．

14.［円錐振り子の運動］　図のように，長さ l の糸につながれた質量 m の質点を天上の点 O からぶら下げ，一定の傾き θ を保ちながら，点 O を通る鉛直線の周りを一定の角速度 ω で円運動させる(円錐振り子)．この円錐振り子の周期 T と糸の張力 R を求めよ．ただし，糸の質量は無視できるものとする．

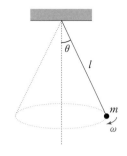

15.［円柱の慣性モーメント］　半径が a，長さ $2l$ の円柱について，以下の小問に答えよ．

(a)　この円柱の中心軸の周りでの慣性モーメントを求めよ．

(b)　この円柱の中心軸の中点を通って中心軸に垂直な軸の周りの慣性モーメントを求めよ．

16.［直円錐の慣性モーメント］　図のような，底の半径が a，高さが h の直円錐について考える．直円錐の頂点と底の中心を通る直線を回転軸とするとき，この直円錐の慣性モーメントを求めよ．

17.［ヨーヨーの運動］　図のような，質量 M，半径 R の一様な円板の周りに糸を巻き付けたヨーヨーの運動に関する以下の小問に答えよ．

(a)　糸の先端を持ち，円板を落下させたときの糸の張力 T と円板の重心の加速度 a を求めよ．

(b)　糸の先端を鉛直上向きに引き上げ，円板の重心を一定の位置で静止させた．このときの糸の張力 T と糸を引き上げる加速度 α を求めよ．

(c)　円板の重心を鉛直上向きに加速度 β で引き上げるための糸の張力 T と糸を引き上げる加速度 α を求めよ．

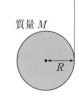

18.［ビリヤードの球の運動］　粗い水平面上に質量 M，半径 a の球が静止して置かれている．図のように，球の中心から高さ h の球の表面の一点に対して，水平方向に力積 $\bar{F}$ の撃力を与えた．このときの運動に関する以下の小問に答えよ．

(a)　球に撃力を与えた直後の球の中心の水平方向の速さ v_0，角速度 ω_0 を求めよ．

(b)　球に撃力を与えた直後において，球と水平面との接触点のすべり速度 u を求めよ．

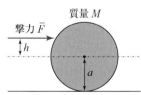

(c)　小問(b)の結果より，球を突く位置 h と球の運動の関係について考察せよ．

第Ⅱ部　熱力学

　熱力学は膨大な数の構成要素(原子や分子など)から成る系(巨視的な系)を対象に,その熱的状態やその変化に関する普遍的法則を体系化した学問である.熱力学は熱力学第0法則(熱平衡の法則)を土台にして,熱力学第1法則(エネルギー保存の法則)と熱力学第2法則(不可逆性の法則)の2大法則に集約される.また,熱力学はエネルギー変換の基礎を成す学問でもあることから,エネルギー問題に直面している今日の人類にとって,まさに「温故知新」といえる.

Thermodynamics

第 13 章
熱力学が対象とするもの

> キーワード：巨視的な系，巨視的な性質，現象論，均一系

1) 上喜撰（じょうきせん）とは宇治の高級茶のこと．上喜撰に蒸気船（じょうきせん）をかけて，たった4隻の蒸気船で狼狽する幕府の弱腰を揶揄したもの．

ジェームズ・ワット
（イギリス，1736 - 1819）

　1853年，浦賀沖にペリー提督が率いる4隻の黒船（うち2隻が蒸気船）が来航して幕府に開国を迫ると，国内の国防意識は一気に高まり，幕末の動乱へと突入したことはご存知のとおりである．当時の有名な狂歌に「泰平の眠りをさます上喜撰，たった四杯で夜も寝れず」とあるが[1]，蒸気船を初めて目の当たりにした日本人が，欧米列強との科学技術力の差に狼狽した様子がうかがえる．

　蒸気船の動力である蒸気エンジン（蒸気機関）の原型は，イギリスの発明家であるニューコメンによって1712年に発明された．その後の1769年には，同じくイギリスの発明家であるワットにより，さらに効率の良い蒸気機関が開発され，蒸気機関は18世紀後半に興った産業革命の原動力となった．エンジンはいまも昔も科学技術の象徴であり，エンジンの効率向上は自動車や航空機の燃費向上に直結するため，科学技術の至上命題の1つである．

　工学者や技術者のことを「エンジニア」とよぶが，これは元々「エンジンを操る者」を指し，エンジンに関する学問のことを「エンジニアリング（工学）」とよんだ．熱力学はもともとエンジンの効率向上と共に発展した学問であり，工学とは切っても切れない物理学の一分野である．

● 熱力学の対象

　エンジンの効率向上の歴史と共に発展してきた熱力学は，その適用範囲を拡大し，物質の熱現象を対象とする普遍的な学問へと発展した．物質には様々な種類と状態（固体，液体，気体など）があるが，例えば典型的な固体の場合には，1 cm^{3}中におおよそ10^{23}個の膨大な数の原子が含まれている．熱力学は，このような非常に多くの構成要素から成る系（巨視的な系）の巨視的な性質を司る法則を体系化した学問である．ここ

で「巨視的な」とは「**人間が見たり触ったりして直接感知できる**」という意味である．例えば，物体に触れたときに「熱い」とか「冷たい」と感じるのは，まさに物質の巨視的性質を人間が感知したものである．

　熱力学の対象：膨大な数の構成要素から成る系の巨視的な性質

● 熱力学の理論体系

　熱力学は，様々な熱現象の中から個々の系に限られた性質ではなく，系の種類によらない一般的な性質を見出し，それらを基本法則として体系化した学問である．この第Ⅱ部で述べるように，熱力学は**熱力学第0法則**（熱平衡の法則）を土台にして，**熱力学第1法則**（エネルギー保存の法則）と**熱力学第2法則**（不可逆性の法則）の2大法則に集約される．ただし，**熱力学はこれらの法則がなぜ成り立つかを追求する学問ではなく，これらの法則を事実として受け入れ，それをもとに様々な熱現象を論じる現象論である**[2]．したがって，現象論であることを念頭において，次章以降で述べる熱力学を学んでほしい．

　なお本書では，熱力学の基本を学ぶことを目的としているので，対象とする系を**均一系**に限ることにする．**均一系とは，系のどの部分をとっても化学組成だけでなく物理的状態も同じ系のことである．**

[2] 現象の原因を追求せずに事実として受け入れる学問のことを**現象論**という．

Thermodynamics

第 14 章
熱平衡状態と温度

　2つの物体を十分に長い時間接触させておくと，両者は同じ"温かさ"になり，物体の巨視的な状態はそれ以上変化しない．この変化の止まった状態を**熱平衡状態**とよぶ．この章では，熱平衡状態に対する法則(**熱力学第0法則**)を述べ，この法則に基づいて，"温かさ"の尺度を与える物理量として**温度**を導入する．

　物体の温度が変化すると，それに付随して様々な状態量(物体の圧力や体積など)が変化するが，この章の後半では，熱平衡にある物体の温度，圧力，体積の間の相互関係(**状態方程式**)について述べる．

> キーワード：**熱平衡状態，熱力学第0法則，状態方程式，状態量**

14.1 "温かさ"の尺度

　人間の感覚というものは曖昧で不正確なものである．猫舌な人とそうでない人がいるように，人によって温かさの感じ方が異なるし，人間が「温かさ」や「冷たさ」を感知できる範囲には限りがある．人間の主観的な感覚である「温かさ」とか「冷たさ」を科学の対象にするには，それらを定量的(= 数値的)に表現する必要がある．

　そこでこの章では，"温かさ"の尺度を与える物理量として**温度**を導入し，それを定量的に定めることから熱力学の説明を始める．「温度」は日常用語として定着した言葉であるので，改めて「温度とは何か？」を問われると「何をいまさら」と思うかもしれないが，実はこの質問，なかなか奥深い質問である．この問いに答えることが「熱力学」の最初のステップである．なお，以下の説明では「温度」を導入するまでの間は，あえて「温度」という言葉を使わずに"温かさ"という曖昧な言葉を使うことにする．

14.2 熱平衡状態

図 14.1 に示すように，温かい物体と冷たい物体を接触させて十分に長い時間が経過すると，2 つの物体は同じ"温かさ"になり，その後は両者の"温かさ"は変化しない．この"温かさ"の変化が止まった状態を**熱平衡状態**といい，「**2 つの物体は熱平衡にある**」という．一方，2 つの物体の"温かさ"が異なる非一様な状態を**非平衡状態**といい，「2 つの物体は非平衡にある」という．

図 14.1 温かい物体と冷たい物体を接触させた際の変化の様子

● 平衡系の熱力学と非平衡系の熱力学

熱平衡にある系（"温かさ"が一様な系）を対象にした熱力学を**平衡系の熱力学**という．通常，単に「熱力学」というときには「平衡系の熱力学」を指すことが多い．一方，非平衡にある系（"温かさ"が非一様な系）を対象にした熱力学を**非平衡系の熱力学**という．非平衡系の熱力学は，限られた条件下を除いて理論が完成しておらず，その完成を目指して研究が進められている最中である．非平衡系の熱力学の説明は，より高度な専門書に譲ることにして，本書では**平衡系の熱力学について述べる**．

14.3 熱力学第 0 法則

この章の目的の 1 つは，"温かさ"の尺度である**温度**を定量的に定めることである．その準備として，次のような素朴な問いについて考えることにしよう．

2 つの物体を接触させずに，2 つの物体が熱平衡に
あるか否かを判断することは可能か？

答えは，「可能」である．以下では，それについて述べる．

3 つの物体 A, B, C を準備する．まず，互いに異なる"温かさ"の物体 A と物体 B を接触させると，やがて物体 A と物体 B は熱平衡になる（図 14.2(a)）．次に，物体 B を物体 A から離して物体 C に接触させたとき，物体 B と物体 C が偶然にも同じ"温かさ"（熱平衡）であったとする（図 14.2(b)）．このとき，物体 A と物体 C を接触させると，それらが熱平衡にあることは経験的によく知られた事

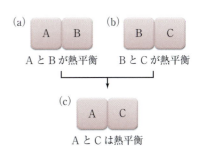

図 14.2 熱力学第 0 法則の説明図（3 つの物体の接触）

実である（図 14.2(c)）．

この経験事実は，物体 A, B, C の種類や形状とは無関係に一般的に成り立ちそうなので，これを熱力学の基本法則として受け入れ，**熱力学第 0 法則（熱平衡の法則）**とする[3]．

> **熱力学第 0 法則（熱平衡の法則）**
> 物体 A と物体 B が熱平衡にあり，物体 B と物体 C が熱平衡にあるとき，物体 A と物体 C は熱平衡にある．

熱力学第 0 法則を認めると，物体 A と物体 C を接触させなくても，物体 A と物体 B が熱平衡にあり，さらに物体 B と物体 C が熱平衡にあれば，物体 A と物体 C が熱平衡にあると結論づけられるので，先の質問の答えが「可能」となるのである．

[3] 熱力学第 0 法則は最初に登場する熱力学の法則なので，これを「第 1 法則」とよびたくなるが，熱力学の理論体系（熱力学第 1 法則と熱力学第 2 法則）が完成した後にマクスウェル（第 III 部で学ぶ電磁気学の理論体系を確立させた物理学者）がこの経験則を基本法則として追加したため，第 0 法則と名付けられた．

14.4 温 度

14.4.1 温度の導入

熱力学第 0 法則によれば，ある物体と熱平衡にあるすべての物体は，互いに熱平衡にあることになる．互いに熱平衡にあるすべての物体の"温かさ"が等しいことから，"温かさ"は互いに熱平衡にあるすべての物体が共通にもつ性質といえる．すなわち，"温かさ"を定量的に表すことができれば，それぞれの熱平衡状態を数値的に区別することができ，2 つの異なる熱平衡状態が互いにどの程度だけ異なるかを数値的に表すことができる．そこで，"温かさ"を定量的に表す物理量として**温度**という尺度を導入しよう．

温度：互いに熱平衡にあるすべての物体が共通にもつ"温かさ"の尺度

こうして，互いに熱平衡にある物体の「温度」はすべて等しく，異なる 2 つの熱平衡状態の定量的な違いは「温度差」で表現されることになる．しかし，ここまでの話では温度の値は定められておらず，したがって，温度差も定まっていない．物体の温度を定量的に定めるためには，温度の基準と単位(= 目盛)を決めなければならないからである．そこで以下では，温度の基準と単位を導入することにする．

● 温度の基準と単位

3 つの物体 A, B, C を準備し，それぞれの温度を $\theta_A, \theta_B, \theta_C$ とする．このとき，熱力学第 0 法則は

$$\theta_A = \theta_B \text{ かつ } \theta_B = \theta_C \text{ ならば } \theta_A = \theta_C \quad (14.1)$$

と表現することができる．(14.1)式は「物体 A と物体 C を直に接触させることなく，物体 B を介して，物体 A と物体 C の温度が等しいこと

がわかる」ことを保証しており，この意味で，物体 B が温度計の役割をしていることがわかる．しかしこの段階では，物体 A と物体 C が同じ温度 ($\theta_A = \theta_C = \theta$) であることはわかっても，温度 θ の値はわからない．次項では，温度 θ を定める 1 つの方法を述べる．

14.4.2 セルシウス温度

物体の温度は目で直接はみえないので，温度の値を定めてそれを測るためには，温度によって変化する何らかの物理量 (体積，色，電気抵抗など) を利用する方法が考えられる．そのような方法によって物体の温度を測る器具を総じて温度計とよぶ．例えば，ガラス管の内部に液体 (エタノールや水銀など) を封入して目盛を打った温度計を液体温度計という．液体温度計は，温度の上昇にともなって液体の体積が膨張する性質 (熱膨張) を利用した温度計である．以下では，スウェーデンの天文学者セルシウスが行った方法にならって，液体温度計の基準値と目盛を決定することにしよう．

アンデルス・セルシウス
(スウェーデン，1701 – 1744)

【準備】 氷点にある冷水 (氷水)，沸点にあるお湯 (沸騰水)，液体が封入されたガラス管を準備する．また，ガラス管には目盛が刻まれていないものとする (図 14.3(a))．なお，氷水と沸騰水の体積は液体を含むガラス管の体積よりも十分に大きく，ガラス管を氷水と沸騰水に漬けても，氷水と沸騰水の温度変化は無視できるものとする[4]．

4) 体積が十分に大きく温度変化しない物体のことを熱浴あるいは熱源という．

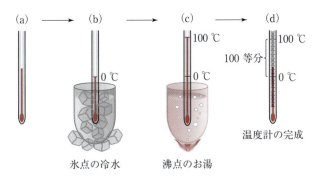

図 14.3 温度の基準と目盛 (= 単位) の決定

【手順】 以下の 3 ステップを踏んで液体温度計を作製する．

ステップ 1 目盛の刻まれていないガラス管を氷水に漬けて，両者が熱平衡状態に達するまで十分に長い時間を待つ．その後，ガラス管に混入された液体の上端位置に 0 ℃ (基準値) の目盛線を刻む (図 14.3(b))．

ステップ 2 目盛の刻まれていないガラス管を冷水から取り出して沸騰水に漬ける．その後，ガラス管と沸騰水が熱平衡状態に達するまで十分に長い時間を待つ．その後，ガラス管に混入された液体の上端位置に 100 ℃ の目盛線を刻む (図 14.3(c))．

ステップ3 0℃と100℃の目盛線の間を100等分して，温度の単位（1℃）を定める．また，0℃以下と100℃以上の領域にも同じ間隔で目盛を刻むことで，液体温度計が完成する（図14.3(d)）．

このように定めた温度を，セルシウスの名にちなんで，**セルシウス温度**（または**セ氏（摂氏）温度**）とよび，これ以後，t を用いて表す．すでに断りなく用いてきたが，セルシウス温度の単位は℃である[5]．

5) セルシウスは水の沸点を0℃，氷点を100℃とし，その間を100等分したが，彼の死後まもなく（1744年），氷点を0℃，沸点を100℃とする現在の方式に変更された．

14.4.3 物体の熱膨張（体積膨張と線膨張）

前項（14.4.2項）で述べたように液体温度計は，温度の上昇にともなって液体の体積が膨張する性質を利用した温度計である．物体の温度が変化したときに，物体の長さや体積の変化する現象を**熱膨張**という．また，物体の温度が1℃だけ上昇したときの，物体の長さの変化の割り合いを**線膨張率**といい，体積の変化の割り合いを**体積膨張率**という．図14.3に示した液体温度計は，液体の線膨張率を利用したものである．

物体の温度を t，長さを L，体積を V とする．このとき，この物体の線膨張率 α は

$$\alpha = \frac{1}{L}\frac{dL}{dt} \tag{14.2}$$

のように定義され，同様に，この物体の体積膨張率 β は，

$$\beta = \frac{1}{V}\frac{dV}{dt} \tag{14.3}$$

のように定義される．熱膨張率が小さく，等方的な物体の場合には，$\beta = 3\alpha$ の関係が成り立つ（第II部末の演習問題2を参照）．

14.5 経験的温度と熱力学的温度

液体温度計は，液体の熱膨張を利用してつくった温度計である．しかし，液体の熱膨張の温度依存性は厳密には一様でないし，液体の種類によっても異なる．そのため，例えば水銀温度計とアルコール温度計とでは0℃と100℃は常に一致するが，それ以外で同じ温度目盛を指すとは限らない．このことから，液体を用いる限り，普遍的な温度目盛を定義することは難しそうである．

しかし以下で述べるように，希薄な気体（以下では単に気体とよぶ）の体積膨張は広い温度範囲で**気体の種類によらず一定**であることが経験的に知られているので，気体で温度計をつくれば，気体の種類とは無関係の温度目盛をつくることができる．

14.5.1 シャルルの法則

気体を用いて温度計をつくるには，気体の体積の温度変化について詳細に知る必要がある．フランスの物理学者シャルルは，**圧力が一定の環境のもとで気体の体積の温度変化を詳しく調べた**．その結果，気体の体積 V はセルシウス温度 t に対して

$$V(t) = V_0(1 + \alpha t) \quad (圧力 = 一定) \quad (14.4)$$

のように変化することを発見した(**シャルルの法則**)．ここで，t はセルシウス温度，V_0 は $t = 0\,℃$ での気体の体積であり**圧力に依存**する．また，α は**すべての気体に共通の普遍定数**であり，その値は

$$\alpha = \frac{1}{273.15} \quad (14.5)$$

であることが実験的に明らかとなった(図 14.4)．実際の気体(**実在気体**)では，(14.4)式のシャルルの法則が成り立つ温度範囲は限られているが，シャルルの法則が全温度領域で成り立つ理想的な気体のことを**理想気体**という．

ここで，セルシウス温度 t と普遍定数 $\alpha = 1/273.15$ を用いて

$$T \equiv t + \frac{1}{\alpha} = t + 273.15 \quad (14.6)$$

のように定義される新しい温度 T を導入すると，(14.4)式は

$$V(T) = V_0 \frac{T}{273.15} \quad (14.7)$$

と書き換えられ，(14.6)式で定義される新しい温度を**理想気体温度**とよぶ．

図 14.4 に，理想気体の体積 V をセルシウス温度 t と理想気体温度 T の関数として図示する．

ジャック・シャルル
（フランス，1746 - 1823）

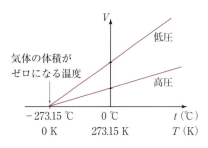

図 14.4 理想気体の体積の温度依存性（シャルルの法則）

14.5.2 経験的温度と熱力学的温度

理想気体温度目盛は，希薄気体の性質を利用して経験的に決めた温度目盛(**経験的温度**)にすぎないが，後で学ぶように，この温度は**物質の種類や性質とは無関係な温度**である**熱力学的温度**(または**絶対温度**)と一致することが理論的に導かれる．この意味で理想気体は熱力学の理論構築において重要な位置づけにあり，本書でも今後度々登場する．また，理想気体温度の単位として，熱力学的温度の単位である K (**ケルビン**)を用いることにする．

経験的温度：物質の何らかの性質を利用して経験的に決定した温度
熱力学的温度(絶対温度)：物質の種類や性質に無関係の普遍的な温度

また，(14.4)式からわかるように，$T = 0\,\mathrm{K}$(セルシウス温度では $t = -273.15\,℃$)では気体の体積はゼロになり，これ以下に温度を下げることはできない．すなわち，$T = 0\,\mathrm{K}$(あるいは $t = -273.15\,℃$)は温度

の下限値であり，これを絶対零度とよぶ．

> 絶対零度：温度の下限値． $T = 0\,\mathrm{K}$（摂氏 $t = -273.15\,°\mathrm{C}$）

14.6 理想気体の状態方程式

14.6.1 ボイル-シャルルの法則

シャルルの法則によると，気体の圧力 p を一定に保ちながら気体の温度 T を上昇させると，(14.7)式に示されるように，気体の体積 V は温度 T に比例して増加する．すなわち，シャルルの法則は，

$$\frac{V}{T} = 一定 \quad (圧力 = 一定) \tag{14.8}$$

と表される．

一方，希薄な気体(理想気体)の温度 T を一定に保ちながら気体の圧力 p を変化させると，気体の体積 V は圧力 p に反比例して小さくなることが実験的に知られている．すなわち，

$$pV = 一定 \quad (温度 = 一定) \tag{14.9}$$

の関係がある．理想気体に対するこの関係式を，発見者であるロバート・ボイルの名にちなんで，ボイルの法則とよぶ．

ボイルの法則とシャルルの法則をまとめると

$$\frac{pV}{T} = 一定\,(\equiv K) \tag{14.10}$$

と表すことができる．理想気体が満足するこの法則をボイル-シャルルの法則とよぶ．いい換えると，ボイル-シャルルの法則を満足する気体のことを，理想気体という．(14.10)式のボイル-シャルルの法則の右辺の定数 K は気体の種類だけでなく，気体の温度 T，圧力 p，体積 V のいずれにも依存しない定数である．以下では，定数 K について更なる考察を行う．

ロバート・ボイル
(アイルランド，1627 - 1691)

14.6.2 アボガドロの法則

1811 年にイタリアの物理学者・化学者のアボガドロは，気体に対して次のような法則を提唱した．

> **アボガドロの法則**
> 同温・同圧のもとでは，すべての気体は同じ体積中に同じ数の分子を含んでいる．

アボガドロの法則の一例を図 14.5 に示す．図 14.5(a)では，体積 $2V$ の中に 12 個の水素分子(H_2)が入っている(体積 V 当たりに平均 6 個)．図 14.5(a)に示した水素分子気体と同じ温度と圧力にある酸素分子気体

アメデオ・アボガドロ
(イタリア，1776 - 1856)

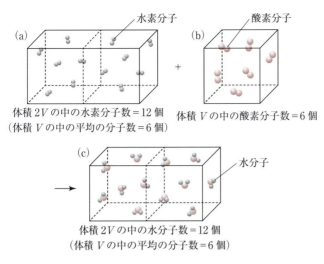

図 14.5 アボガドロの法則の例：$12H_2 + 6O_2 \rightarrow 12H_2O$

(O_2気体)を準備する(図 14.5(b))．アボガドロの法則に従えば，体積 V の中に6個の酸素分子 O_2 が入っていることになる(図 14.5(b))．次に，温度と圧力を保ちつつ，12個の水素分子と6個の酸素分子を反応させて12個の水分子(H_2O)を合成すると，アボガドロの法則に従い，6個の水分子が占める体積は V である．

すなわち，水素分子，酸素分子，水分子はそれぞれ大きさや質量が異なるにも関わらず，同じ体積 V の中に存在する分子数はいずれも同じである．重要な点は，アボガドロの法則が(理想気体とみなせる気体であれば)**気体分子の種類によらず普遍的に成り立つ**ことである．

14.6.3 理想気体の状態方程式

アボガドロの法則に従えば，同温・同圧のもとにある気体の体積 V は気体分子の数(物質量)に比例し，比例係数は気体の種類によらない．いま，気体の物質量を n mol とすると[6]，アボガドロの法則は $V = vn$ と表される．ここで，v は**モル体積**(1 mol の気体分子が占める体積)とよばれ，気体の種類に依存しない．

アボガドロの法則 ($V = vn$) を (14.10)式のボイル–シャルルの法則に代入すると，(14.10)式の右辺の定数 K は

$$K = \frac{pv}{T} n \equiv Rn \tag{14.11}$$

のように物質量 n に比例することがわかる．ここで，K が気体の種類や状態変数(温度 T，圧力 p，体積 v)に依存しないことからわかるように，比例係数 R は**気体の種類や状態変数に依存しない普遍定数**であり，**気体定数**とよばれる．気体定数 R の値は実験的に

$$R = 8.31 \text{ J/(K mol)} \tag{14.12}$$

[6] 1 mol (モル) は，$6.02214076 \times 10^{23}$ 個の要素粒子を含む系の物質量である．

であることが知られている．

(14.11)式を(14.10)式のボイル-シャルルの法則に代入することで

$$pV = nRT \qquad (14.13)$$

を得る．この関係式は**理想気体の状態方程式**とよばれ，理想気体とみなせる気体であれば気体分子の種類によらず成り立つ．

=== 〈例題 14.1〉標準状態での気体の体積 ===

標準状態(摂氏 0 ℃，圧力 1 atm＝1013 hPa)での理想気体のモル体積 v が，気体の種類によらず $v = 22.4$ L/mol であることを示せ．

〈解〉 (14.13)式より，以下のように計算される．

$$\begin{aligned}
v &= \frac{RT}{p} \\
&= \frac{8.31 \times 273.15}{1013 \times 10^2} \\
&= 22.4 \times 10^{-3}\,\mathrm{m^3/mol} = 22.4\,\mathrm{L/mol}
\end{aligned} \qquad (14.14)$$

◆

以上を考慮すると，アボガドロの法則は次のように読み替えられる．

― **アボガドロの法則** ―
標準状態(摂氏 0 ℃，圧力 1 atm＝1013 hPa)では，すべての気体は 22.4 L 中に 1 mol の分子を含んでいる．

14.6.4 実在気体

(14.13)式で与えられる理想気体の状態方程式は，気体の密度が十分希薄な場合に成り立つが，気体の密度が大きくなると成り立たなくなる．気体の密度がさほど大きくない場合には，実際の気体(**実在気体**)の状態方程式は，モル濃度 $\rho(=n/V)$ またはモル体積 $v(=1/\rho)$ を用いて

$$pv = RT(1 + B\rho + C\rho^2 + \cdots) = RT\left(1 + \frac{B}{v} + \frac{C}{v^2} + \cdots\right) \qquad (14.15)$$

と表されることが知られている．ここで，B と C はそれぞれ**第 2 ビリアル係数，第 3 ビリアル係数**とよばれ，いずれも温度 T の関数である[7]．熱力学の範囲では，ビリアル係数は実験的に定めたものを用いる．なお，(14.15)式は低密度の極限($\rho \to 0$ あるいは $v \to \infty$)で，(14.13)式に帰着する．

7) ビリアル(virial)とはラテン語で「力」を意味する．

〈例題 14.2〉ファン・デル・ワールスの状態方程式とビリアル係数

実在気体の状態方程式の1つに**ファン・デル・ワールスの状態方程式**

$$\left(p + \frac{a}{v^2}\right)(v - b) = RT \tag{14.16}$$

がある（物質量を1 molとした）．ここで，aとbは気体の種類に関係する定数であり，aは分子間の相互作用に由来する定数，bは分子が有限の大きさをもつために占める体積に由来する定数である．この状態方程式の第2ビリアル係数Bと第3ビリアル係数Cを求めよ．

ファン・デル・ワールス
（オランダ，1837 - 1923）

〈解〉 (14.16)式を変形すると

$$pv + \frac{a}{v} = \frac{RT}{1 - \frac{b}{v}}$$

となる．気体の密度がさほど大きくない場合には$b/v \ll 1$であるので，

$$pv = RT\left(1 + \frac{b - \frac{a}{RT}}{v} + \frac{b^2}{v^2} + \cdots\right)$$

のように展開できる．ここで，$x \ll 1$として$1/(1-x) = 1 + x + x^2 + \cdots$を用いた．こうして，

$$B = b - \frac{a}{RT}, \quad C = b^2$$

を得る．◆

14.7 状態量と状態方程式

温度T，体積V，圧力pのように，系の巨視的な状態を特徴づける物理量のことを**状態量**という．14.6.3項で述べたように，理想気体にせよ実在気体にせよ，熱平衡状態にある気体の温度T，体積V，圧力pは独立ではなく，状態方程式によって結び付いている．また気体に限らず，熱平衡状態にある均一系（＝ 系のどの部分をとっても性質が同じである系）において，状態量である温度T，圧力p，体積Vの間には何らかの状態方程式が存在し，それらは互いに独立ではないことが経験的に知られている．すなわち，熱平衡にある巨視的な均一系においては

$$\boxed{f(T, V, p) = 0} \tag{14.17}$$

が成り立ち，3つの状態量（温度T，圧力p，体積V）のうちの2つを定めると，残りの1つの状態量が確定される．状態量の間に成り立つ(14.17)式の関係式を**状態方程式**とよぶ．状態方程式の左辺の関数$f(T, V, p)$は物質に依存して様々である．

熱力学では，個々の物質に対する関数$f(T, V, p)$を探求することはせず，実験的に定められた$f(T, V, p)$を用いる．このように書くと，熱力学は予言力のない学問のように思うかもしれないが，熱平衡状態に

おいて状態量が存在していて，それらの間を結び付ける関係(状態方程式)が存在し，少数の状態量(均一系の場合は2つ)を指定するだけで膨大な数の構成要素から成る系の熱力学的状態が定まること自体が，熱力学の驚くべき主張である．

　とはいえ，系の巨視的性質を現象論的に扱う熱力学には満足できず，状態方程式が成り立つ"からくり"を知りたい読者もいることであろう．この"からくり"を解くためには，系の構成要素の運動を考える必要がある．系の微視的な構成要素の運動に基づいて，状態方程式など系の巨視的性質を探求する学問を**統計力学**といい，特に気体の巨視的性質を，気体分子の運動によって説明しようとする統計力学を**気体の分子運動論**という．次節では，気体の分子運動論に基づいて「理想気体の状態方程式」が成り立つ起源について述べる．

Thermodynamics

第 15 章
気体の分子運動論

　熱力学は物質の巨視的性質を現象論的に扱う学問であり，状態方程式が成り立つ起源などを追求することはしない．一方，気体の巨視的性質を分子の運動に立ち返って探求する学問を**気体の分子運動論**という．この章では，気体の分子運動論の立場から「気体の圧力」や「絶対温度」に対する微視的解釈を与え，そこから「理想気体の状態方程式」を導く．

> キーワード：気体の圧力，ベルヌーイの関係式，エネルギー等分配則，
> 　　　　　　内部エネルギー

15.1 気体の圧力

　熱力学の範囲では，理想気体とはボイル–シャルルの法則を満足する気体として定められ，理想気体の微視的状態について探求することはしない．一方，気体の分子運動論の立場では，理想気体は次のように定められる．

> 理想気体：大きさをもたず，互いに相互作用しない分子から成る
> 　　　　　気体

以下では，理想気体を構成する分子の運動を論じることで，理想気体の巨視的性質(圧力や絶対温度など)の起源を探る．

15.1.1 ベルヌーイの関係式

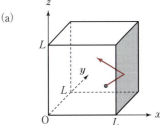

　図 15.1(a) に示すように，一辺の長さが L の立方体の箱の中に質量 m の分子が N 個入っている系を考える．箱の中の気体分子は壁との衝突を繰り返しながら絶え間なく乱雑に運動している．

　まずは 1 個の分子 (i 番目の分子とする) に注目し，この分子が速度 $\boldsymbol{v}_i = (v_{ix}, v_{iy}, v_{iz})$ で $x = L$ の壁に弾性衝突した際に，分子が壁に与える力積を計算しよう．分子が $x = L$ の壁に弾性衝突すると，分子の速度の x 成分は符号を反転するが ($v_{ix} \to -v_{ix}$)，

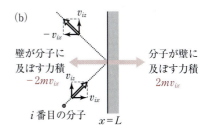

図 15.1
(a) 箱の中の気体分子
(b) 分子と壁の衝突

y 成分と z 成分は変化しない(図 15.1(b)).したがって,衝突の前後での分子の運動量の y 成分と z 成分は変化せず($\Delta p_{iy} = \Delta p_{iz} = 0$),$x$ 成分は衝突の前後で $\Delta p_{ix} = (-mv_{ix}) - mv_{ix} = -2mv_{ix}$ だけ変化する.この運動量の変化 Δp_{ix} は,1 回の衝突で**壁が分子に及ぼす力積**に等しい.したがって**分子が壁に及ぼす力積**は,作用・反作用の法則より,$2mv_{ix}$ である(図 15.1(b))[8].

8) 第 I 部の力学で学んだように,物体の運動量の変化は物体が受けた力積に等しい.

また,i 番目の分子が壁と壁の間を 1 往復する時間 τ は $\tau = 2L/v_{ix}$ であるので,時間 $\Delta t (\gg 2L/v_{ix})$ のうちに分子が壁に衝突する回数 n は

$$n = \frac{\Delta t}{\tau} = \frac{v_{ix}}{2L}\Delta t \tag{15.1}$$

となる.そして,1 回の衝突によって分子が壁に及ぼす力積が $2mv_{ix}$ であるから,Δt 秒間に分子が壁に与える力積 ΔI_i は,

$$\Delta I_i = 2mv_{ix} \times n = \frac{mv_{ix}^2 \Delta t}{L} \tag{15.2}$$

で与えられる.

一方,i 番目の分子が壁に対して垂直に与える力を F_i と書くと,F_i と力積 ΔI_i との間には $\Delta I_i = F_i \Delta t$ の関係があるので

$$F_i = \frac{mv_{ix}^2}{L} \tag{15.3}$$

となる.したがって,N 個の気体分子が壁に対して垂直に及ぼす合力は,

$$F = \sum_{i=1}^{N} F_i = \frac{m}{L} \sum_{i=1}^{N} v_{ix}^2 \tag{15.4}$$

となる.また,壁の面積は L^2 であるから,この気体が壁に及ぼす圧力 p は

$$p = (気体が壁に及ぼす力 F) \div (壁の面積 L^2)$$
$$= \frac{m}{L^3} \sum_{i=1}^{N} v_{ix}^2 = \frac{mN}{V}\langle v_x^2 \rangle \tag{15.5}$$

と計算される.ここで,v_{ix} の 2 乗平均を 〈 〉を付けて

$$\langle v_x^2 \rangle \equiv \frac{1}{N} \sum_{i=1}^{N} v_{ix}^2 \tag{15.6}$$

と表し,$V = L^3$(箱の体積)とした.

また,分子の速度の 2 乗平均 $\langle v^2 \rangle$ は,$v^2 = v_x^2 + v_y^2 + v_z^2$ の関係から

$$\langle v^2 \rangle = \langle v_x^2 \rangle + \langle v_y^2 \rangle + \langle v_z^2 \rangle \tag{15.7}$$

と表すことができる.さらに,熱平衡状態にある気体分子の運動はランダムであるので,あらゆる方向の速度の 2 乗平均は等しく,

$$\langle v_x^2 \rangle = \langle v_y^2 \rangle = \langle v_z^2 \rangle \tag{15.8}$$

9) もし気体分子の速度に偏りがあると,気体はある方向に流れて非平衡状態となる.

である[9].したがって,(15.7)式は $\langle v^2 \rangle = 3\langle v_x^2 \rangle$ と表すことができ,これを(15.5)式に代入することで

$$pV = \frac{2}{3}N\langle\epsilon\rangle \tag{15.9}$$

が得られる．ここで，$\langle\epsilon\rangle$ は分子 1 個の運動エネルギーの平均値

$$\langle\epsilon\rangle = \frac{1}{2}m\langle v^2\rangle \tag{15.10}$$

である．(15.9)式は**ベルヌーイの関係式**とよばれ，気体の圧力 p は気体分子の運動エネルギーの平均値 $\langle\epsilon\rangle$ に比例することを示している[10]．

ダニエル・ベルヌーイ
(スイス，1700 - 1782)

15.1.2 エネルギー等分配則

(14.13)式の理想気体の状態方程式

$$pV = \frac{N}{N_{\text{A}}}RT \quad \left(\text{ただし，} n = \frac{N}{N_{\text{A}}}\right) \tag{15.11}$$

と(15.9)式のベルヌーイの関係式を比較すると，分子 1 個の運動エネルギー $\langle\epsilon\rangle$ と絶対温度 T との間に

$$\langle\epsilon\rangle = \frac{3}{2}k_{\text{B}}T \tag{15.12}$$

の関係があることがわかる．ここで，

$$k_{\text{B}} \equiv \frac{R}{N_{\text{A}}} = 1.38 \times 10^{-23} \text{ J/K} \tag{15.13}$$

は，**ボルツマン定数**とよばれる物理定数である．

(15.12)式からわかるように，ボルツマン定数 k_{B} は気体の絶対温度 T（巨視的物理量）と分子 1 個の運動エネルギー $\langle\epsilon\rangle$（微視的物理量）を結び付ける物理定数であり，微視的世界と巨視的世界の橋渡しをする定数である．

気体の分子運動論の立場では，(15.12)式（あるいは次の例題で示す**エネルギー等分配則**）を絶対温度 T の定義とする．その立場では，(15.12)式を基本法則とし，それを(15.9)式に代入することで，理想気体の状態方程式（$pV = nRT$）が理論的に導かれることになる．また(15.12)式によると，**絶対零度（$T = 0$ K）は系の構成要素がすべて静止した状態**に対応することがわかる．

[10] ここでは，分子間の衝突のない理想気体に対して(15.9)式のベルヌーイの関係式を導いたが，分子間の衝突がある場合でも，衝突が弾性衝突であれば(15.9)式はそのまま成り立つ．

ルートヴィッヒ・ボルツマン
(オーストリア，1844 - 1906)

=== 〈例題 15.1〉エネルギー等分配則 ===

熱平衡にある理想気体において，気体分子の各自由度に $(1/2)k_{\text{B}}T$ ずつ熱エネルギーが分配されること，すなわち，

$$\langle\epsilon_\alpha\rangle = \frac{1}{2}k_{\text{B}}T \quad (\alpha = x, y, z)$$

であることを示せ．

〈解〉 (15.7)式と(15.8)式より，$\langle v^2 \rangle = 3\langle v_x^2 \rangle = 3\langle v_y^2 \rangle = 3\langle v_z^2 \rangle$ の関係が得られる．この関係式を(15.10)式に代入することで

を得る．ここで，$\langle \epsilon_\alpha \rangle = (1/2)m\langle v_\alpha^2 \rangle$ は気体分子の α 方向の運動エネルギーであり，(15.14)式と(15.12)式を比較することで，

$$\boxed{\langle \epsilon_\alpha \rangle = \frac{1}{2} k_B T \quad (\alpha = x, y, z)} \quad (15.15)$$

を得る．この式を**エネルギー等分配則**とよぶ．　◆

〈例題 15.2〉 気体の速度

室温 ($T = 300$ K) での窒素分子 (N_2) の根 2 乗平均速度 $u = \sqrt{\langle v^2 \rangle}$ を求めよ．ただし，窒素分子の質量は $m = 2.3 \times 10^{-26}$ kg である．

〈解〉 (15.10)式と(15.12)式より，窒素分子の根 2 乗平均速度 $u = \sqrt{\langle v^2 \rangle}$ は

$$u = \sqrt{\frac{3k_B T}{m}} = \sqrt{\frac{3 \times (1.38 \times 10^{-23}) \times 300}{2.3 \times 10^{-26}}} = 7.35 \times 10^2 \, \text{m/s}$$

となる．　◆

15.2 内部エネルギー

熱平衡状態にある系は巨視的には静止しているようにみえても，微視的にみると，その構成要素は絶え間なく乱雑に運動している．すなわち，巨視的にみると運動エネルギーがゼロの力学的状態にある系であっても，その内部には"ある種の"エネルギーが蓄えられているのである．この物質の内部に潜むエネルギーを**内部エネルギー**という．内部エネルギーは，系のもつ全エネルギーから重心の運動エネルギーと外力のポテンシャルエネルギーを除いたエネルギーである[11]．

11) 内部エネルギーのこの定義からわかるように，物体の重心運動は系の熱的状態には関与しない．

15.2.1 理想気体の内部エネルギー

ここでは，N 個の単原子分子から成る理想気体の内部エネルギーについて述べる．理想気体の場合には分子間の相互作用がないので，系の内部エネルギー U は気体分子の乱雑運動の運動エネルギーのみである．

理想気体の分子 1 個当たりの平均の運動エネルギー $\langle \epsilon \rangle$ は，(15.12)式で示したように $\langle \epsilon \rangle = (3/2)k_B T$ と与えられるので，N 個の分子から成る系の内部エネルギー U は

$$U = N\langle \epsilon \rangle = \frac{3}{2} N k_B T \quad (15.16)$$

で与えられる．

1 個の単原子分子の自由度が $f = 3$ であることを考えると，(15.16)式は，1 個の分子の 1 自由度当たりに $(1/2)k_B T$ の熱エネルギーが分配される，エネルギー等分配則を表している．したがって，自由度 f の分

子を N 個含む理想気体の内部エネルギーは，(15.16)式を一般化して

$$U = \frac{f}{2} N k_B T \tag{15.17}$$

のように与えられる（自由度 f については第I部の12.2.1項を参照）．なお，$f=3$ の単原子分子の場合には，(15.17)式は(15.16)式に帰着する．

15.2.2 ジュールの法則

一般に，熱平衡状態にある均一系の内部エネルギー U は，2つの独立な状態量（温度 T，体積 V，圧力 p のうちの2つ）の2変数関数として $U = U(T, V)$ や $U = U(T, p)$ のように表される．しかし理想気体の場合には，(15.17)式からわかるように，内部エネルギー U は圧力 p や体積 V によらず，**温度 T のみの1変数関数** $U = U(T)$ で与えられる．理想気体のこの性質は，この法則を実験的に発見したジュールの名にちなんで，ジュールの法則とよばれる．

――― 理想気体の内部エネルギーの性質（ジュールの法則）―――
理想気体の内部エネルギーは**温度 T のみの関数** $U = U(T)$ である．

ジェームズ・プレスコット・ジュール
（イギリス，1818-1889）

以上，気体の内部エネルギーについて述べてきたが，例えば，風船の中に閉じ込められたヘリウムガスはどれくらいの内部エネルギーをもっているであろうか．気体の内部エネルギーの大きさを実感するために，以下の問題に取り組んでみよう．

〈例題 15.3〉 内部エネルギーの大きさ

次の2つの場合のエネルギーを計算し，それらを比較せよ．

(1) 300 m/s の速さで直進する質量 10 g の弾丸の運動エネルギー

(2) 室温（$T = 300$ K）・常圧（圧力 1 atm）での 1 mol のヘリウムの内部エネルギー

〈解〉 (1) 弾丸の運動エネルギー K は

$$K = \frac{1}{2} mv^2 = \frac{1}{2} \times (10 \times 10^{-3}) \times (300)^2 = 450 \text{ J} \tag{15.18}$$

となる．

(2) 室温・常圧でのヘリウムは単原子分子の理想気体とみなすことができるので，その内部エネルギー U は

$$U = \frac{3}{2} N_A k_B T = \frac{3}{2} \times (6.023 \times 10^{23}) \times (1.38 \times 10^{-23}) \times 300$$
$$= 3740 \text{ J} \tag{15.19}$$

となる．

(15.18)式と(15.19)式を比較すると，$U > K$ であることがわかる．この結果から，日頃あまり意識しない気体の内部エネルギーがいかに大きいかを実感できるであろう． ◆

Thermodynamics

第 16 章
熱力学第 1 法則

第 14 章では「温度」について述べたが，この章では熱現象に固有のもう 1 つの物理量である「熱」について述べる．そこでは「熱」が「仕事」と同様に「エネルギーの移動形態」であることを述べ，「熱」を考慮に入れたエネルギー保存の法則として**熱力学第 1 法則**を導入する．

> キーワード：熱，仕事，準静的変化，熱力学第 1 法則，熱容量，比熱

16.1 熱とは何か

高温の物体と低温の物体を接触させると，やがて両者の温度は等しくなる．このとき慣用的に，**高温の物体から低温の物体に "熱" が移った**と表現する．ここで登場した "熱" が本節のキーワードである．

日常生活において「熱」は「温度」と同じような意味合いで使われることが多い．例えば，風邪を引いたときなどには，体温計で体温を測って「熱がある」といったりするが，これは正確には「体温が高い」というべきである．このように，日常会話レベルでは「熱」と「温度」の区別はずいぶんと曖昧であるが，以下で説明するように，物理学においては「熱」と「温度」は全く異なる概念である．

第 14 章で述べたように，「温度」は互いに熱平衡にある系が共通にもつ物理量である．一方，「熱」は高温の系から低温の系に流れる "何か" であり，熱平衡にある系がもつ量ではないので**状態量ではない**(状態量については 14.7 節を参照)．これだけでも「熱」と「温度」の違いは明らかであるが，それではいったい「熱」とは何であろうか．熱の正体を明らかにすることが本節の主題である．

16.1.1 熱の本性

図 16.1 に示すような，2 つの物体を接触させた際の熱現象に注目し

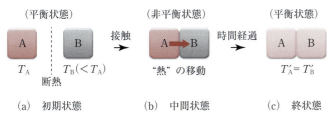

(a) 初期状態　(b) 中間状態　(c) 終状態

図 16.1 高温の物体から低温の物体への熱の移動

よう．初期の状態において，物体 A と物体 B は熱的に遮断（**断熱**）されており，それぞれの物体は温度 T_A と $T_B(<T_A)$ の熱平衡状態にあるとする（図 16.1(a)）．これらの物体を接触させると，高温の物体 A から低温の物体 B に"熱"が移り（図 16.1(b)），最終的には両者の温度は等しくなる（図 16.1(c)）．

この過程において物体 A に注目すると，"熱"が流出して，温度が下がっている．一方，物体 B に注目すると，"熱"が流入して，温度が上がっている．物体の温度が上がる（下がる）と物体の内部エネルギーも増加（減少）するので（気体の場合は，15.2 節を参照），図 16.1(a)〜(c) の過程において，**物体 A の内部エネルギーは減少**し，**物体 B の内部エネルギーは増加**したことになる．

また，物体 A と物体 B を合わせた複合系 (A+B) は孤立系[12]であるから，複合系 (A+B) のエネルギーは保存するはずである．複合系 (A+B) のエネルギーが保存しつつ，物体 A の内部エネルギーが減少し，物体 B の内部エネルギーが増加するためには，物体 A から物体 B にエネルギーが移動する他ない．この移動するエネルギーこそが"熱"の正体である．

すなわち，熱とは**高温の物体から低温の物体へ自発的に移動するエネルギーの形態**である．また，熱という形態で移動したエネルギーの量のことを**熱量**という．したがって，**熱量の単位はエネルギーの単位と同じジュール**（記号：J）である．

> **熱**：高温部から低温部へ自発的に移動するエネルギーの一形態
> **熱量**：熱という形態で移動したエネルギーの量

[12] 孤立系：外界と物質もエネルギーも交換しない単独の系のこと．

16.1.2 熱と内部エネルギー

いま図 16.2 に示すように，物体 B の内部エネルギーの増加量を $\Delta U(>0)$，物体 B が外部（いまの場合は物体 A）から受け取った熱量を $\Delta Q(>0)$ とすると，$\Delta U(>0)$ と $\Delta Q(>0)$ の間には，エネルギー保存則より

$$\Delta U = \Delta Q \quad \text{(定積変化)} \tag{16.1}$$

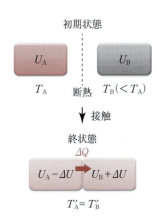

図 16.2 熱の移動と内部エネルギー U の変化

の関係が成り立つ．(16.1)式は物体 A にもそのままの形で適用できる．なお，(16.1)式は，系の状態が変化している途中で，系の体積が変化しない場合(定積変化)に成り立つ関係式である．

　以上のように，「熱」と「内部エネルギー」は明確に区別されたが，もう 1 つの混乱しやすい用語について説明しよう．多くの科学技術分野において，内部エネルギーのことを熱エネルギーとよぶことがある．つまり，「熱エネルギー」と「熱」は異なる．英語では熱エネルギーのことを thermal energy とよび，熱のことを heat とよぶので混同することはないが，日本語では混同しやすいので注意しよう．

熱のカロリック説とその名残

　16.1 節では，熱が「エネルギー移動の一形態」であることを述べた．そこでもう一度，16.1 節の冒頭で述べた慣用表現「高温の物体から低温の物体に"熱"が移った」を読み直してみると，「"熱"が移った」は誤解を招きやすい表現だと感じるであろう．つまりこの表現では，あたかも"熱"という名の"物質"が，高温の物体から低温の物体へ移動したかのように読み取れる．

　"熱"が"物質"であるとする学説は，18 世紀までは多くの科学者に受け入れられていた．その学説では，熱の正体はカロリック(熱素)という"目には見えず，質量をもたない物質"であると考えられていた．カロリック説では，「物体にカロリックが流れ込むと物体の温度が上がり，物体からカロリックが流れ出ると物体の温度が下がる」とされていた．この考え方はその後，アメリカのランフォードやイギリスのジュールらの実験により誤りであることが判明し，現在では「熱」は 16.1 節で述べたように「エネルギー移動の一形態」とされている．

ランフォード
本名：ベンジャミン・トンプソン
(アメリカ，1753 - 1814)

　カロリック説では，熱をエネルギーの移動形態と考えないので，熱の単位にジュール(J)を用いない．代わりに，カロリックの物質量の単位(熱の単位)をカロリー(cal)と名付け，「1 g の水の温度を 1 ℃だけ上昇させるのに必要なカロリックの量を 1 cal」と定義した．カロリー単位はカロリック説が破綻した現在でも一部の分野で使われている．例えば栄養学では，「食物を燃やして得られる熱量」としてカロリー単位を用いている．ただし現在では，カロリーの定義も改められており，以下の通りである．

カロリー(記号 cal)：1 g の水の温度を 1 K だけ上昇させるのに必要な熱量

カロリー(cal)とジュール(J)の換算は

$$1 \text{ cal} = 4.1855 \text{ J} \tag{16.2}$$

であり，換算係数の $J \equiv 4.1855$ J/cal は**熱の仕事当量**とよばれる．ジュールによる熱の仕事当量 J の発見(ジュールの実験，1843 年)は，カロリック説を否定し，熱の本性を明らかにしただけでなく，「カロリックの物質量(単位 cal)」に相当する「力学的な仕事量(単位 J)」を定量的に与えた点で，熱力学の発展に本質的な役割を果たした．

16.2 熱力学第 1 法則

16.2.1 ジュールの実験

前節では，熱を介して物体にエネルギーを加えると，物体の内部エネルギーや温度が上昇することを述べた．物体の温度を上昇させるためのエネルギーの伝達手段は，熱以外にもいろいろとある[13]．以下では，その代表的なものとして力学的な方法（**ジュールの実験**）について述べる．

● ジュールの実験

ジュールが用いた実験装置の概略図を図 16.3(a) に示す[14]．この装置は，断熱材で覆われた容器の中に水を入れ，容器内の水を羽根車でかき回すことで（羽根車と水の摩擦によって）水の温度を上昇できるようにしてある．また，羽根車に取り付けられたひもにぶら下げられたおもりの位置エネルギーの変化によって，羽根車が行った力学的な仕事を知ることができる．

いま，図 16.3(a) の装置に設置されている 2 個のおもりを高さ h だけ落下させて水中の羽根車を回したとき，水の温度が ΔT だけ上昇したとしよう．水の温度が上昇したということは，水の内部エネルギーが増加したことを意味する．このときの内部エネルギーの増加 ΔU は，エネルギー保存則より，重力が 2 個のおもりに対して行った仕事 $\Delta W' = 2mgh$（m は 1 個のおもりの質量）に等しい．すなわち，

$$\Delta U = \Delta W' \quad (断熱変化) \qquad (16.3)$$

である．ここで，水を入れた容器が断熱材でできており，水の状態変化が断熱的（$\Delta Q = 0$）に行われたことに注意しよう．

● 熱と仕事の等価性

図 16.3(a) で示したジュールの実験では，力学的仕事によって水の温度や内部エネルギーを上昇させた．一方，水の温度や内部エネルギーを上昇させる別の方法として，図 16.3(b) のように，熱による方法もある．力学的方法の場合の内部エネルギーの上昇は (16.3) 式に示したように $\Delta U = \Delta W'$ で与えられ，熱的方法の場合には (16.1) 式に示したように $\Delta U = \Delta Q$ で与えられる．

いずれの方法でも同じだけ内部エネルギーを上昇させたとすると，この場合には (16.3) 式と (16.1) 式が等しいので，

$$\Delta W' = \Delta Q \qquad (16.4)$$

となり，「水をかき回して内部エネルギーを上昇させること」と「水を熱して内部エネルギーを上昇させること」は，手段は異なるが，系にエネルギーを加えるという点では同じである．すなわち，**熱と仕事はいずれも「エネルギー移動の形態」であり，この意味で両者は本質的に同じ**

[13] 例えば，電子レンジはマイクロ波によって水の温度を上昇させる装置である．

[14] この実験を行ったジュールは，ジュールの法則やジュール熱を発見した James Prescott Joule である．

(a)
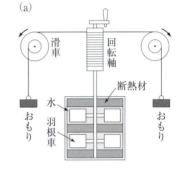

(b)
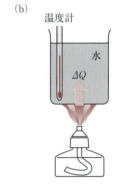

図 16.3 物体の温度と内部エネルギーを上昇させる方法
(a) 力学的仕事による方法（ジュールの実験）
(b) 熱による方法

である．これがジュールの実験の重要な結論である．

=== 〈例題 16.1〉ジュールの実験 ===

図 16.3(a) の装置に $m = 10\,\text{kg}$ のおもりを 2 個設置し，高さ $h = 1\,\text{m}$ だけ落下させた．装置の中に 300 g の水が入っているとして，以下の小問に答えよ．

(1) 重力が 2 個のおもりに行った仕事 $\Delta W' = mgh$ は何 J か答えよ．ただし，重力加速度の大きさを $g = 9.8\,\text{kg/m}^2$ とする．

(2) 水が受け取った熱量 ΔQ は何 cal か答えよ．

(3) 水の温度は何℃上昇したか答えよ．

〈解〉 (1) $\Delta W = 2mgh = 2 \times 10 \times 9.8 \times 1 = 196\,\text{J}$

(2) (16.4) 式より，$\Delta Q = \Delta W' = 196\,\text{J}$ である．また，(16.2) 式より $1\,\text{cal} = 4.1855\,\text{J}$ であるから，

$$\Delta Q = \frac{196}{4.1855} \approx 46.8\,\text{cal}$$

となる．

(3) 1 cal は 1 g の水の温度を 1℃だけ上昇させるのに必要な熱量であるから[15]，300 g の水が $\Delta Q = 46.8\,\text{cal}$ の熱量を受け取った場合の温度の上昇 ΔT は，

$$\Delta T = \frac{46.8}{300} = 0.156\,℃$$

である． ◆

15) 詳しくは，16.1.2 項の話題「熱のカロリック説とその名残」を参照．

16.2.2 熱力学第 1 法則

ある状態 (状態 A) の系に，熱と仕事の両方によってエネルギーを加え，系が状態 A とは別の状態 (状態 B) になったとする．このとき，内部エネルギーの変化量 $\Delta U \equiv U_\text{B} - U_\text{A}$ は

$$\Delta U = \Delta Q + \Delta W' \tag{16.5}$$

で与えられる (図 16.4(a))．ここで，ΔQ は**外部から系に加えられた熱量**である．$\Delta Q < 0$ のときは，系が外部に熱を放出したことを意味する．$\Delta W'$ は**外部から系になされた仕事**である．

一方，**系が外部にした仕事**を ΔW と書くと

$$\Delta W = -\Delta W' \tag{16.6}$$

であり，(16.5) 式は

$$\boxed{\Delta U = \Delta Q - \Delta W} \tag{16.7}$$

となる (図 16.4(b))．(16.7) 式は，熱をエネルギーの 1 つの形態であることを受け入れて，熱までを含めたエネルギー保存法則であり，**熱力学第 1 法則**とよばれる．

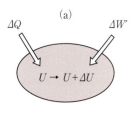
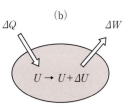

図 16.4 熱力学第 1 法則
(a) $\Delta U = \Delta Q + \Delta W'$
(b) $\Delta U = \Delta Q - \Delta W$

● 微小変化に対する熱力学第 1 法則

(16.7) 式において ΔQ と ΔW のいずれもが微小量であり，系の内部

エネルギーの変化 ΔU も微小量であるとき，それらをそれぞれ dQ, dW, dU と書くことにすると，(16.7)式は

$$\boxed{dQ = dU + dW} \quad \text{(熱力学第1法則)} \quad (16.8)$$

となる．ここで，**熱量 Q と仕事 W は状態量ではない**ので，それらの微小量には通常の全微分記号「d」ではなく「d'」(ディーバー)を用いて $d'Q$, $d'W$ とした．一方，**内部エネルギー U は状態量**であるので，その微小量には「d」を付けて dU とした[16]．

16) 数学用語では，dU のことを**完全微分**(単に**全微分**ともよばれる)，$d'Q$ や $d'W$ のことを**不完全微分**という．

16.3 準静的変化による仕事

16.3.1 系が外部にする仕事

系が外部にする仕事の例として，滑らかに可動するピストンを備えたシリンダーの中に閉じ込められた理想気体が外部にする仕事について考えよう(図 16.5(a))．気体の圧力を p とすると，気体が断面積 S のピストンを押す力の大きさは $F = pS$ である．図 16.5(b)に示すように，気体が膨張してピストンが微小距離 dl だけ移動したとすると，気体がピストンを押して外部にする仕事 $d'W$ は，圧力 p は一定とみなせるので，

$$d'W = p\,dV \quad (16.9)$$

と表される[17]．したがって，(16.9)式を(16.8)式に代入することで，熱力学第1法則は

$$dQ = dU + p\,dV \quad (16.10)$$

のように表される．

図 16.5(b)に示すように，体積 V_A であった気体の体積を $V_B(> V_A)$ に膨張させたとき，気体が外部にした仕事 W は，V_A から V_B までの範囲で $d'W = p\,dV$ の和をとれば(積分すれば)よいから，

$$W = \int_{V_A}^{V_B} p\,dV \quad (16.11)$$

17) (16.9)式は，不完全微分 $d'W$ に $1/p$ を掛けると完全微分 dV になることを表している．$1/p$ のように，ある因子を不完全微分に掛けることで不完全微分が完全微分(全微分)になるとき，この因子のことを**積分因子**とよぶ．

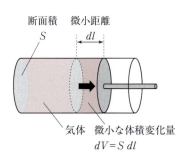

(a) 気体が外部にする仕事

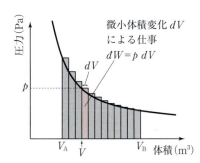

(b) p–V グラフと仕事の関係

図 **16.5**

と表される．

16.3.2　準静的変化

勘の良い読者はすでに気付いているかもしれないが，(16.11)式を用いて仕事 W を計算しようとしても，ピストンが動いているときはシリンダ内の気体はもはや平衡状態にはないので，圧力 p と体積 V の間の関係式（状態方程式）が定まらず，仕事 W を計算できない．そこで，ピストンを非常にゆっくりと移動し，ピストンが移動している最中，シリンダに閉じ込められた気体は常に熱平衡にあるとする．この理想的な状態変化のことを**準静的変化**（あるいは**準静的過程**）という．均一な系を準静的変化させた際には，状態変化の最中でも常に状態方程式 $f(T, V, p) = 0$ が成り立つ．

> **準静的変化**：系がある状態から別の状態に変化する際に，系を常に熱平衡状態とみなせるような，極めてゆっくりした状態変化

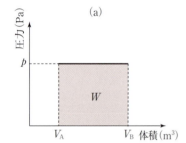

=====〈例題 16.2〉気体の定圧変化と等温変化での仕事=====

次の変化に対して，1 mol の理想気体が外部にする仕事を求めよ．

(1) 圧力が一定（$p =$ 一定）のもとで，気体の体積を V_A から $V_B (> V_A)$ に準静的に変化させた（**定圧変化**）．

(2) 温度が一定（$T =$ 一定）のもとで，気体の体積を V_A から $V_B (> V_A)$ に準静的に変化させた（**等温変化**）．

〈解〉　(1) 圧力が一定（$p =$ 一定）のもとでは，(16.11)式より
$$W = \int_{V_A}^{V_B} p\, dV = p(V_B - V_A) = R(T_B - T_A) \quad (16.12)$$
である．最後の等号では，状態方程式 $pV = RT$ を用いた．(16.12)式の結果は，図 16.6(a) の面積に対応する．

(2) 温度が一定（$T =$ 一定）のもとでは，
$$W = \int_{V_A}^{V_B} p\, dV = RT \int_{V_A}^{V_B} \frac{1}{V} dV = RT \ln \frac{V_B}{V_A} \quad (16.13)$$
である．2 番目の等号では，状態方程式 $pV = RT$（ただし，$T =$ 一定）を用いた．(16.13)式の結果は，図 16.6(b) の面積に対応する．　◆

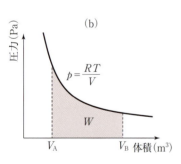

図 16.6　理想気体の p-V グラフ
(a) 定圧変化
(b) 等温変化

16.3.3　準静的変化と可逆変化

準静的変化についてさらに理解を深めるために，図 16.7(a) に示すような，なめらかに動くことのできるピストンを取り付けたシリンダに混入された気体の圧縮と膨張について考えよう．

初期の状態を図 16.7(a) に示す．ピストンと同じ高さの棚に置かれたおもりをピストンの上に移動すると，ピストンは押し下げられ，気体は圧縮される．次に，押し下げられたピストンと同じ高さの棚に置かれた

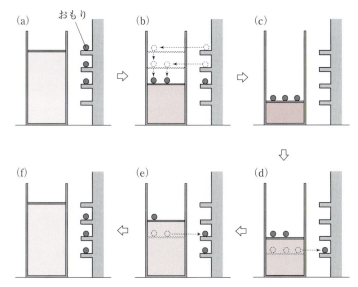

図 16.7 不可逆変化の例．シリンダーに閉じ込められた気体の圧縮((a)→(c))と膨張((d)→(f))．

おもりをピストンの上に移動すると，ピストンはさらに押し下げられる(図 16.7(b))．この操作を繰り返すことで，気体は段々と圧縮される(図 16.7(c))．

引き続き，図 16.7(c) の状態のピストンと同じ高さの棚の上におもりを 1 つ移動すると，気体は膨張してピストンは持ち上げられる(図 16.7(d))．次に，持ち上げられたピストンと同じ高さにある棚におもりを 1 つ移動すると，ピストンはさらに上に移動する(図 16.7(e))．この操作を繰り返すことによって，最終的に，気体は元の状態に戻る(図 16.7(f))．

この一連の操作において，気体のみに注目すると，気体の最終状態(図 16.7(f))と初期状態(図 16.7(a))は同じ状態である．しかしながら，棚の上のおもりの配置に注目してみると，おもりの位置は全体として一段下に下がっている．すなわち，気体とおもりから成る全系は元の状態に戻っていない．

このように，対象とする系(いまの場合は気体)を元の状態に戻した際に，外系(いまの場合はおもり)の状態に変化が残る変化(あるいは過程)を**不可逆変化**(あるいは**不可逆過程**)という．

それでは次に，おもりの質量を無限小にして，つまり棚の数は無限個にして上述の圧縮と膨張の操作を行うことを考えてみよう．この場合には，全系(気体とおもり)の初期の状態と最終状態は一致するので，全系の変化は**可逆変化**である．また，1 個のおもりをピストンに乗せた(あるいは取り除いた)際の気体の変化は無限小であるので，この場合の変化は準静的変化である．

18) 力学では準静的変化でない可逆変化はありがちである．例えば，真空中の振り子の運動や惑星の運動などは，その典型的な例である．

このように，熱力学における可逆変化は主として準静的変化であるので，本書で扱う可逆変化は準静的な可逆変化に限ることにする[18]．

可逆変化：対象とする系を元の状態に戻した際に，外系も変化が残らない変化

なお，上述のピストンにおもりを乗せる例では，「対象とする系」は「シリンダ中の気体」であり，「外系」は「おもり」に対応する．

16.4 熱容量

16.4.1 熱容量の一般論

この節では，熱力学第1法則の応用として，物体の温まりやすさ（あるいは冷えやすさ）を表す物理量である**熱容量**について述べる．一般に，物体の熱容量は，

熱容量：系の温度を単位温度(1 K)だけ上昇させるのに必要な熱量

と定義される．この定義からわかるように，熱容量の単位は J/K である．

系の温度を T から $T+dT$ まで dT だけ上昇させるのに必要な熱量を dQ とすると，熱容量 C は

$$C = \frac{dQ}{dT} \qquad (16.14)$$

と表される．ここで右辺の dQ/dT は，dQ が完全微分ではないので，熱量 Q を温度 T で微分することを意味せず，$dQ/dT = dQ \div dT$ を意味する．したがって，(16.14)式は $dT = dQ/C$ と書くことができるので[19]，**熱容量の大きな物体ほど（分母が大きくなるので）温まりにくく，小さい物体ほど（分母が小さくなるので）温まりやすい**ことがわかる．

熱量の微小変化 dQ は，(16.10)式の熱力学第1法則より

$$dQ = dU + p\,dV \qquad (16.15)$$

によって与えられる．また，系が均一かつ熱平衡状態である場合には，系の内部エネルギー U は $U = U(T, V)$ のように温度 T と体積 V の2変数関数として表すことができるので（15.2節を参照），(16.15)式の右辺第1項に現れる内部エネルギーの微小変化 dU も，系の温度 T や体積 V の変化によって引き起こされる．

いま，熱平衡状態にある均一な系の温度 T と体積 V が微小変化し，それぞれ $T + dT$ と $V + dV$ となったとする．このとき，系の内部エネルギーは $U(T + dT, V + dV)$ と表される．dT と dV が微小量であるから，$U(T + dT, V + dV)$ を dT と dV の1次までマクローリン展開すると[20]，

19) すなわち，因子 $1/C$ は dQ の積分因子である．

20) マクローリン展開に関しては，巻末の付録：「物理学を学ぶための数学ミニマム」のA.1を参照．

$$U(T+dT, V+dV) \approx U(T,V) + \left(\frac{\partial U}{\partial T}\right)_V dT + \left(\frac{\partial U}{\partial V}\right)_T dV \tag{16.16}$$

となる[21]．したがって，内部エネルギーの微小変化 dU は

$$\begin{aligned} dU &\equiv U(T+dT, V+dV) - U(T,V) \\ &= \left(\frac{\partial U}{\partial T}\right)_V dT + \left(\frac{\partial U}{\partial V}\right)_T dV \end{aligned} \tag{16.17}$$

と表される．ここで dU は $U(T,V)$ の完全微分とよばれる[22]．

(16.17)式を(16.14)式に代入することで，熱量の微小変化 dQ は

$$dQ = \left(\frac{\partial U}{\partial T}\right)_V dT + \left[\left(\frac{\partial U}{\partial V}\right)_T + p\right] dV \tag{16.18}$$

となる．さらに，(16.18)式を(16.14)式に代入することで，熱容量 C は

$$\boxed{C = \left(\frac{\partial U}{\partial T}\right)_V + \left[\left(\frac{\partial U}{\partial V}\right)_T + p\right] \frac{dV}{dT}} \tag{16.19}$$

のように与えられる．

[21] $(\partial U/\partial T)_V$ は，体積 V を一定に保った状態での，内部エネルギー U の温度に対する変化率である．すなわち，$U(T,V)$ の T に対する偏微分である．同様に，$(\partial U/\partial V)_T$ は $U(T,V)$ の V に対する偏微分である．

[22] 2変数関数の完全微分（全微分）に関しては，巻末の付録：「物理学を学ぶための数学ミニマム」のA.1を参照．

16.4.2 定積熱容量と定圧熱容量

物体を温める（あるいは冷やす）際には，特定の条件のもとで行うことが多い．以下では理想気体を例に，体積が一定の条件（図 16.8(a)）と圧力が一定の条件（図 16.8(b)）のもとでの物体の熱容量について説明する．

● **定積熱容量**

体積が一定（$dV=0$），すなわち定積のもとでの熱容量（**定積熱容量**）C_V について考える．このとき，$dV=0$ であるから，(16.19)式の右辺第2項は消え，定積熱容量 C_V は

$$\boxed{C_V = \left(\frac{\partial U}{\partial T}\right)_V} \tag{16.20}$$

となる．このように，定積熱容量は内部エネルギー U の温度 T での偏微分によって与えられる．

定積熱容量の具体的な例として，理想気体の定積熱容量について考えよう．第15章で述べた気体の分子運動論によると，自由度 f の多原子分子を N 個含む理想気体の内部エネルギーは，(15.17)式より

$$U = \frac{f}{2} N k_B T = \frac{f}{2} nRT \tag{16.21}$$

であるから，これを(16.20)式に代入することで，定積熱容量 C_V は

$$\boxed{C_V = \frac{f}{2} nR} \tag{16.22}$$

となる．

図 16.8
(a) 体積＝一定
(b) 圧力＝一定

● 定圧熱容量

圧力が一定 ($dp = 0$), すなわち定圧のもとでの熱容量 (**定圧熱容量**) について考えよう. 圧力が一定の条件のもとで, (16.19)式の熱容量を式変形すればよいのだが, (16.19)式には dp があらわには含まれておらず, このままでは圧力が一定の条件 $dp = 0$ を (16.19)式に課すことができない.

そこで, 状態変数として体積 V を用いるのではなく, 圧力 p を用いて内部エネルギー U を書き直すことにする. そのために, 体積 $V = V(T, p)$ の微小変化 dV を

$$dV \equiv V(T+dT, p+dp) - V(T, p)$$
$$\approx \left(\frac{\partial V}{\partial T}\right)_p dT + \left(\frac{\partial V}{\partial p}\right)_T dp \tag{16.23}$$

と書き, これを(16.19)式に代入すると, 熱容量 C は

$$C = \left(\frac{\partial U}{\partial T}\right)_V + \left[\left(\frac{\partial U}{\partial V}\right)_T + p\right]\left[\left(\frac{\partial V}{\partial T}\right)_p + \left(\frac{\partial V}{\partial p}\right)_T \frac{dp}{dT}\right] \tag{16.24}$$

と表される.

(16.24)式に対して, 定圧の条件 ($dp = 0$) を課すことで, 定圧熱容量 C_p は

$$\boxed{C_p = C_V + \left[\left(\frac{\partial U}{\partial V}\right)_T + p\right]\left(\frac{\partial V}{\partial T}\right)_p} \tag{16.25}$$

と表される. ここで, 右辺第1項では(16.20)式を用いた.

定圧熱容量 C_p の具体的な例として, 理想気体の定圧熱容量について考える. 15.2節で述べたジュールの法則によると, 理想気体の内部エネルギーは温度 T のみの関数であるから,

$$\left(\frac{\partial U}{\partial V}\right)_T = 0 \tag{16.26}$$

となり, また, 理想気体の状態方程式 ($pV = nRT$) より,

$$\left(\frac{\partial V}{\partial T}\right)_p = \frac{nR}{p} \tag{16.27}$$

となる.

こうして, (16.26)式と(16.27)式を(16.25)式に代入することで, 理想気体の定圧熱容量 C_p は

$$C_p = C_V + nR \tag{16.28}$$

となる. したがって, 理想気体の定積熱容量 C_V と定圧熱容量 C_p の間には

$$\boxed{C_p - C_V = nR} \tag{16.29}$$

の関係式が成り立つ (**マイヤーの関係式**). さらに, (16.29)式のマイヤ

ユリウス・ロベルト・フォン・マイヤー
(ドイツ, 1814 - 1878)

—の関係式に(16.22)式を代入することで，自由度 f の分子から成る理想気体の定圧熱容量が

$$C_p = \frac{f+2}{2} nR \tag{16.30}$$

と表せることがわかる．

また，1 mol 当たりの熱容量を**モル比熱**とよび，**定積モル比熱** $c_V = C_V/n$ と**定圧モル比熱** $c_p = C_p/n$ を導入すると，自由度 f の理想気体の c_V と c_p はそれぞれ，(16.22)式と(16.30)式を n で割ることで

$$\boxed{c_V = \frac{f}{2} R} \tag{16.31}$$

および

$$\boxed{c_p = \frac{f+2}{2} R} \tag{16.32}$$

となり，(16.29)式のマイヤーの関係式は

$$\boxed{c_p - c_V = R} \tag{16.33}$$

と表される．

(16.33)式より，**理想気体の定圧モル比熱 c_p は定積モル比熱 c_V より必ず大きい**ことがわかる．つまり，理想気体が同じ熱量を吸収した際には，圧力が一定の条件よりも体積が一定の条件の方が温度の上昇が大きい(温まりやすい)ことがわかる．

━━〈例題 16.3〉**マイヤーの関係式**━━━━━━━━━━━━━━━━━
定圧モル比熱 c_p が定積モル比熱 c_V より大きい理由を述べよ．
━━━━━━━━━━━━━━━━━━━━━━━━━━━━━━━━━
〈解〉 圧力が一定のもとで気体を加熱すると，気体は温度上昇するだけでなく，体積が膨張する．つまり，加えた熱量は温度の上昇にともなう内部エネルギーの増加だけでなく，体積の膨張にともなう仕事にも使われるので，定圧モル比熱 c_p は定積モル比熱 c_V より大きくなる．　　　　◆

16.5 理想気体の断熱変化

理想気体の断熱変化について考えよう．なお，変化は常に準静的に行われており，気体は常に理想気体の状態方程式 $pV = nRT$ を満たすものとする．

まず，熱量の微小変化 dQ は(16.18)式より

$$dQ = C_V dT + \frac{nRT}{V} dV \tag{16.34}$$

と表される．ここで，右辺第 1 項には(16.20)式を用い，右辺第 2 項には理想気体の状態方程式 ($pV = nRT$) と(16.26)式を用いた．したがって，断熱変化 ($dQ = 0$) の場合には，(16.34)式は

$$C_V dT + \frac{nRT}{V}dV = 0 \tag{16.35}$$

となる．さらに，(16.29)式を用いて(16.35)式を書き直すと

$$\frac{1}{T}dT + \frac{\gamma-1}{V}dV = 0 \tag{16.36}$$

となる．ここでγは，定積熱容量C_V(定積比熱c_V)と定圧熱容量C_p(定圧比熱c_p)の比

$$\gamma \equiv \frac{C_p}{C_V} = \frac{c_p}{c_V} \tag{16.37}$$

であり，**比熱比**とよばれる(表16.1)[23]．

23) 自由度fの分子から成る理想気体の比熱比γは，(16.31)式と(16.32)式を(16.37)式に代入することで，
$$\gamma = \frac{f+2}{f}$$
となり，例えば，単原子分子($f=3$)の場合には，$\gamma = 5/3 = 1.67$となる．また，室温程度の2原子分子($f=5$)と3原子分子($f=6$)では，それぞれ$\gamma = 7/5 = 1.40$と$\gamma = 8/6 = 1.33$となる．

表16.1　25℃での気体の比熱(J/(K·mol))と比熱比

気体	定圧比熱 C_p	定積比熱 C_V	比熱比 $\gamma = C_p/C_V$
He	20.78	12.47	1.66
O_2	29.33	21.01	1.40
CO_2	37.14	28.83	1.29
NH_3	35.48	27.17	1.31
CH_4	35.74	27.43	1.30

(16.36)式の両辺を不定積分すると，

$$\ln T + \ln V^{\gamma-1} = 定数 \tag{16.38}$$

である．(0の不定積分は定数である．一方，0の定積分は0である．)
さらに，$\ln(TV^{\gamma-1}) = 定数$ となるから，断熱変化では

$$\boxed{TV^{\gamma-1} = 定数} \tag{16.39}$$

の関係が成り立つ．この関係式は**ポアソンの関係式**とよばれ，理想気体の状態方程式($pV = nRT$)を用いることで

$$\boxed{pV^\gamma = 定数}, \quad \boxed{\frac{T^\gamma}{p^{\gamma-1}} = 定数} \tag{16.40}$$

となる．

シメオン・ドニ・ポアソン
(フランス，1781 - 1840)

Thermodynamics

第 17 章
熱力学第 2 法則

熱力学第1法則は，熱までを含めた形でのエネルギー保存の法則であり，無から有限のエネルギーを生み出す装置(第1種永久機関)をつくることは不可能であることを示している．しかし熱力学第1法則は，ある形態のエネルギーを別の形態に変換する可能性については，何の制限もしていない．この章では，「熱」を「仕事」に変換する装置である熱機関とその効率について述べ，熱機関の効率に原理的な限界が存在すること(熱力学第2法則)を述べる．

> キーワード：熱機関，カルノーサイクル，熱力学第2法則(クラウジウスの原理，トムソンの原理，カルノーの定理，エントロピー増大の法則)，熱力学的温度

17.1 熱機関

私たちの身の回りには無尽蔵に熱エネルギーが存在する．そのため，「熱」を高効率に「仕事」に変換することができれば，エネルギー枯渇問題は一気に解決するように思われる．「熱」を「仕事」(あるいは逆に「仕事」を「熱」)に繰り返し変換し続ける装置を熱機関という．

例えば，火力発電所では，燃料(石炭や石油など)を燃やした際に発生する熱によってタービンを回転させ，その力学的エネルギー(仕事)を発電機によって電気に変える(図 17.1(a))[24]．「熱」を無駄なくすべて「仕事」に変換する熱機関のことを第2種永久機関とよぶが，果たしてそのような夢の熱機関は実現し得るだろうか．実現し得ないとすれば，最も効率の良い熱機関とはどのようなもので，その効率はどのくらいの大きさになるのか．これらの問いに答えるのが本章の主目的の1つである．

● 熱機関とサイクル

系がある状態から変化し続けた後，元の状態に戻るような過程をサイクル(あるいは循環過程)という．サイクルの一例としては，16.3節の図 16.7 に示した気体の圧縮・膨張過程(a) → (f)が挙げられる．

[24] 原子力発電の場合は，核燃料(ウランやプルトニウムなど)を核分裂させて熱を発生させ，その熱から動力を得ている．

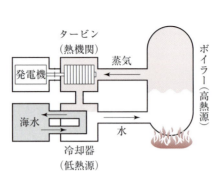
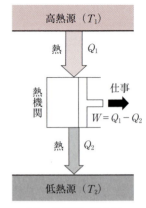

(a)　火力発電の基本構造　　　　(b)　熱機関の概念図

図 17.1

系の初期状態と1サイクル後の状態は同じ状態であるから，1サイクルした際に系の内部エネルギーは変化しない（$U = 0$）．したがって熱力学第1法則により，系が1サイクルのうちに外部にする仕事 W は

$$W = Q \tag{17.1}$$

と与えられる．ここで，Q は1サイクルのうちに外部から系に加えられた正味の熱量である．

> **サイクル(循環過程)**：系がある状態から変化し続けた後に，元の状態に戻るような過程
>
> **熱機関**：サイクルを繰り返すことで，「熱」を「仕事」(あるいは「仕事」を「熱」)に周期的に変換する装置

● 熱機関の基本構造

熱機関が動作するためには，次の3つの構成要素が不可欠である．

(1) **作業物質**(蒸気機関の場合は蒸気)
(2) **高熱源**(蒸気機関の場合は蒸気(作業物質)を熱するボイラー)
(3) **低熱源**(蒸気機関の場合は蒸気(作業物質)を冷やす冷却装置)

図 17.1(b)に熱機関の動作機構を説明するための概念図を示す．図には，熱機関が1サイクルした際に，作業物質が高熱源から熱量 Q_1 を受け取り，外部に仕事 W を行い，低熱源に熱量 Q_2 を受け渡す様子が示されている(この図では，Q_1, Q_2, W はいずれも正の量である)．

● 熱機関の効率

作業物質が高熱源から熱量 Q_1 を受け取り，そのうち仕事 W に変換した割合を表す

$$\boxed{\eta = \frac{W}{Q_1}} \tag{17.2}$$

を，熱機関の**熱効率**あるいは単に**効率**という．産業革命の原動力にもな

ったワットの蒸気機関の効率は，たったの $\eta = 0.03 (= 3\%)$ 程度だったそうである．当時，熱機関の効率をさらに向上させるための技術的な試行錯誤と共に，原理的にどこまで効率を上げられるかという科学的な疑問が生じたのは当然の成り行きといえるであろう．

17.2 カルノーサイクル

第 II 部の冒頭で述べたように，熱力学は蒸気機関の効率の向上と共に発展した学問である．蒸気機関のような熱機関の効率を向上させるにはどうすればよいであろうか．この問いに答えるために，熱機関の効率を悪化させる原因を探ることから始めよう．

17.2.1 熱機関の効率を悪化させる原因

熱機関は高熱源と低熱源の間で動作する．もし，熱機関を介さずに高熱源と低熱源をそのまま接触させると，熱は高熱源から低熱源に移動するだけで外部に何の仕事もしないので，効率はゼロ ($\eta = 0$) である．この事実は，温度差のある 2 つの物体を接触させると無駄な熱 (= 仕事に変換されない熱) が流れてしまうことを意味する．したがって，効率の高い熱機関を実現するためには，**熱源と作業物質の間に温度差がないように設計すればよい**．

このことにいち早く気づき，熱源と作業物質の間に温度差がない状態で動作する理想的な熱機関を導入したのが，フランスの若き天才物理学者サディー・カルノーである．

17.2.2 カルノーサイクルの動作

カルノーは，**作業物質と熱源の温度差がなくても動作する理想的な熱機関**として，次の 4 つの準静的過程から成る熱機関 (現在ではカルノーの名にちなんでカルノーサイクルとよばれる) を提唱した．なお，高熱源の温度を T_1，低熱源の温度を T_2 とし，初期の状態 (状態 A とする) において作業物質の温度は高熱源の温度と等しく T_1 であり，体積は V_A であるとする (図 17.2)．

1. **等温膨張** (状態 A → 状態 B)
   状態 A にある作業物質を高熱源と接触させ，温度が一定のもとで作業物質の体積を V_A から $V_B (> V_A)$ まで**準静的**に膨張させる (この状態を状態 B とする)．状態 A → 状態 B において，作業物質が高熱源から吸収した熱量を Q_1 とする．

ニコラ・レオナール・サディ・カルノー
(フランス，1796 - 1832)

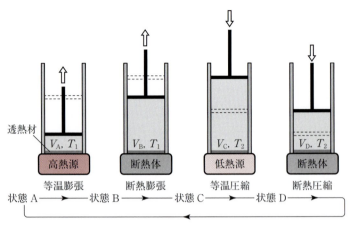

図 17.2 カルノーサイクルにおける状態変化の様子

2. **断熱膨張**(状態 B → 状態 C)

   状態 B にある作業物質を断熱し，作業物質の体積を**準静的**に膨張させることで，その温度を低熱源と同じ温度 $T_2(<T_1)$ まで低下させる(この状態を状態 C とする)．このときの作業物質の体積を V_C とする．

3. **等温圧縮**(状態 C → 状態 D)

   状態 C にある作業物質を低熱源と接触させ，温度が一定のもとで作業物質の体積を V_C から $V_\mathrm{D}(>V_\mathrm{D})$ まで**準静的**に圧縮させる(この状態を状態 D とする)．状態 C → 状態 D において，作業物質が低熱源から放出した熱量を Q_2 とする．

4. **断熱圧縮**(状態 D → 状態 A)

   状態 D にある作業物質を断熱し，作業物質の体積を**準静的**に圧縮させることで，その温度を高熱源と同じ温度 $T_1(>T_2)$ まで上昇させる．このときの作業物質は初期状態(状態 A)に戻り，体積は V_A となる．

17.2.3 カルノーサイクルの効率

カルノーサイクルは，図 17.2 に示す 4 つの過程(状態 A → 状態 B → 状態 C → 状態 D)を**準静的**に経て 1 サイクルを行う状態変化である．したがって，1 サイクルのうちにカルノーサイクルが外部に行う正味の仕事 W は，4 つの過程それぞれの仕事の和として

$$W = W_\mathrm{AB} + W_\mathrm{BC} + W_\mathrm{CD} + W_\mathrm{DA} \qquad (17.3)$$

で与えられる．また，仕事 W は図 17.3 に示すような p-V 図中の曲線 ABCD が囲う面積に等しい．

そして，カルノーサイクルが高熱源から吸収した熱量を Q_1 とすると，カルノーサイクルの効率 η は，(17.2)式より

$$\eta = \frac{W}{Q_1} = \frac{W_{AB} + W_{BC} + W_{CD} + W_{DA}}{Q_1} \quad (17.4)$$

で与えられる．

以下では，4つの過程それぞれの仕事 $W_{AB}, W_{BC}, W_{CD}, W_{DA}$ を具体的に計算するため，作業物質として理想気体を用いることにしよう．

1. **等温膨張**(状態 A → 状態 B)

この過程では，気体の温度を T_1 に保ちながら，気体の体積を V_A から $V_B(>V_A)$ に膨張させているので，仕事 W_{AB} は

$$W_{AB} = \int_{V_A}^{V_B} p\, dV = nRT_1 \int_{V_A}^{V_B} \frac{1}{V} dV = nRT_1 \ln \frac{V_B}{V_A} \quad (17.5)$$

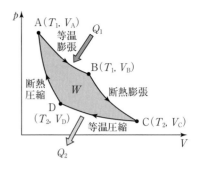

図 17.3 カルノーサイクルの p-V 図

となる．2番目の等号で，理想気体の状態方程式($pV = nRT$)を用いた．なお，$\ln$ は自然対数である．(17.5)式より $W_{AB} > 0$ であるから，この過程において気体は**外部に正の仕事**をすることがわかる．

2. **断熱膨張**(状態 B → 状態 C)

この過程では，断熱状態を保ちながら，気体の体積を V_B から $V_C(>V_B)$ に膨張させているので，仕事 W_{BC} は

$$W_{BC} = \int_{V_B}^{V_C} p\, dV = nR \int_{V_B}^{V_C} \frac{T}{V} dV \quad (17.6)$$

と式変形できるが，このとき被積分関数の中の温度 T も体積 V の関数であるので，このままでは積分を実行できない．そこで，断熱変化において成り立つ(16.39)式のポアソンの関係式と等価な(16.36)式より

$$\frac{dV}{V} = -\frac{1}{\gamma - 1} \frac{dT}{T} \quad (17.7)$$

が成り立つことを利用して(17.6)式を書き直すと，

$$W_{BC} = \frac{nR}{\gamma - 1} \int_{T_1}^{T_2} dT = \frac{nR}{\gamma - 1}(T_1 - T_2) \quad (17.8)$$

となる．$W_{BC} > 0$ であるから，この過程において気体は**外部に正の仕事**をする．

3. **等温圧縮**(状態 C → 状態 D)

この過程では，気体の温度を T_2 に保ちながら，気体の体積を V_C から $V_D(<V_C)$ に圧縮させている．すなわち，等温膨張(状態 A → 状態 B)と逆の変化であるから，仕事 W_{CD} は

$$W_{CD} = -nRT_2 \ln \frac{V_C}{V_D} \quad (17.9)$$

である．$W_{CD} < 0$ であるから，この過程において気体は**外部に負の仕事**を行う(= **外部から正の仕事**をされる)．

4. 断熱圧縮(状態 D → 状態 A)

この過程では，断熱状態を保ちながら，気体の体積を V_D から $V_A (> V_D)$ に圧縮させている．すなわち，断熱膨張(状態 B → 状態 C)の逆の変化であるから，仕事 W_{DA} は，

$$W_{DA} = -\frac{nR}{\gamma - 1}(T_1 - T_2) \qquad (17.10)$$

となる．$W_{DA} < 0$ であるから，この過程では気体は外部に**負の仕事**を行う(= 外部から正の仕事をされる)．

(17.5)，(17.8)，(17.9)，(17.10)式を(17.3)式に代入することで，正味の仕事 W は

$$W = W_{AB} + W_{CD}$$
$$= nRT_1 \ln \frac{V_B}{V_A} - nRT_2 \ln \frac{V_C}{V_D} \qquad (17.11)$$

となる．なお，断熱膨張(状態 B → 状態 C)と断熱圧縮(状態 D → 状態 A)での仕事 W_{BC} と W_{CD} は打ち消し合うため，正味の仕事 W には寄与しないことに注意しよう．

次に，カルノーサイクルが高熱源から受け取る熱量 Q_1 と低熱源に受け渡す熱量 Q_2 を計算しよう．理想気体が高熱源から熱を受け取るのは等温膨張過程(状態 A → 状態 B)である．等温変化では理想気体の内部エネルギーは変化しないので(15.2 節のジュールの法則を参照)，熱量 Q_1 は熱力学第 1 法則より $Q_1 = W_{AB}$ である．したがって，(17.5)式より

$$Q_1 = nRT_1 \ln \frac{V_B}{V_A} \qquad (17.12)$$

となる．同様に，理想気体が低熱源に受け渡した熱量の大きさは，

$$Q_2 = nRT_2 \ln \frac{V_C}{V_D} \qquad (17.13)$$

となる．

カルノーサイクルの効率 η は，(17.11)式と(17.12)式を(17.4)式に代入することで

表 17.1　n mol の理想気体を作業物質とするカルノーサイクル

変 化	受け取る熱量	外部にする仕事
等温膨張(A→B)	$Q_1 = nRT_1 \ln \dfrac{V_B}{V_A}$	$W_{AB} = nRT_1 \ln \dfrac{V_B}{V_A}$
断熱膨張(B→C)	0	$W_{BC} = \dfrac{nR}{\gamma - 1}(T_1 - T_2)$
等温圧縮(C→D)	$Q_2 = -nRT_2 \ln \dfrac{V_C}{V_D}$	$W_{CD} = -nRT_2 \ln \dfrac{V_C}{V_D}$
断熱圧縮(D→A)	0	$W_{DA} = -\dfrac{nR}{\gamma - 1}(T_1 - T_2)$

$$\eta = 1 - \frac{T_2}{T_1} \frac{\ln \frac{V_C}{V_D}}{\ln \frac{V_B}{V_A}} \qquad (17.14)$$

となる．さらに，断熱膨張過程(B → C)と断熱圧縮過程(D → A)では，(16.40)式のポアソンの関係式が成り立つ．すなわち，(16.40)式の第1式から

$$T_1 V_B^{\gamma-1} = T_2 V_C^{\gamma-1}, \qquad T_2 V_D^{\gamma-1} = T_1 V_A^{\gamma-1} \qquad (17.15)$$

が成り立つので，各状態での体積の間に

$$\frac{V_B}{V_A} = \frac{V_C}{V_D} \qquad (17.16)$$

の関係があることがわかる．この関係式を(17.14)式に代入することで，カルノーサイクルの効率 η は

$$\boxed{\eta = 1 - \frac{T_2}{T_1}} \qquad (17.17)$$

となる．この式を**カルノー効率**とよび，**カルノー効率を向上させるためには，高熱源の温度 T_1 を大きくし，低熱源の温度 T_2 を小さくすればよい**ことがわかる．

したがって，カルノーサイクルを用いて第2種永久機関(効率 $\eta = 1$)を実現するためには，高熱源の温度 T_1 を無限大にするか，あるいは低熱源の温度 T_2 をゼロにする必要があるが，いずれも不可能である．それではカルノーサイクルを超える熱機関(究極的には，第2種永久機関)は存在するだろうか．17.3節で述べるように，この問いの答えは「No!」であり，カルノー効率を超える熱機関は存在しない．

──**〈例題 17.1〉** カルノーサイクルの効率 ──────────

100℃の高熱源と0℃の低熱源の間で動作するカルノーサイクルの効率を求めよ．

〈解〉 100℃($T_1 = 373.15$ K)の高熱源と0℃($T_2 = 273.15$ K)の低熱源の間で動作するカルノーサイクルの効率 η は，(17.17)式より $\eta = 1 - 273/373 = 0.268 (= 26.8\%)$ である．このように，熱を仕事に変換する効率は一般に低い． ◆

17.2.4 可逆機関の順サイクルと逆サイクル

これまで述べたように，カルノーサイクルはすべての過程が**準静的に**行われているので，その動作は可逆(逆行可能)である(16.3.3項を参照)．カルノーサイクルのように，可逆変化だけから成るサイクルを**可逆サイクル**といい，可逆な熱機関を**可逆機関**という．一方，可逆でない熱機関を**不可逆機関**という．

カルノーサイクルは可逆サイクルであるから，図16.7に示したサイ

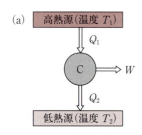

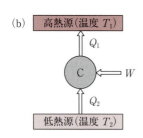

図 17.4 可逆機関の動作
(a) 順サイクル
(b) 逆サイクル

クル(**順サイクル**：状態 A → 状態 B → 状態 C → 状態 D)を逆向きに辿るサイクル(**逆サイクル**：状態 D → 状態 C → 状態 B → 状態 A)も可能である．逆サイクルの場合には，外部から作業物質に仕事 W をすることで，低熱源から熱量 Q_2 を受け取り，高熱源に熱量 Q_1 を放出することになる．

逆サイクルを行う熱機関は冷却機(クーラーや冷蔵庫)のはたらきをしており，低熱源は部屋や冷蔵庫の中，高熱源は外気に対応する．逆サイクルする熱機関の性能は，外部から供給した仕事 W のうち，低熱源から汲み上げた熱量 Q_2 の割合として

$$c \equiv \frac{Q_2}{W} \quad (17.18)$$

によって定義される．この c を逆カルノーサイクルの**性能係数**とよび，(17.18)式に(17.11)式と(17.13)式を代入し，(17.16)式の関係式を用いることで，

$$c = \frac{T_2}{T_1 - T_2} \quad (17.19)$$

と表すことができる．なお，性能係数 c は(順サイクルの効率 η と違って)1 を超えてもよい．

― 〈例題 17.2〉**クーラーの理想効率** ―

最初，部屋の温度が室外の気温 34 ℃ ($\approx$ 307 K) と同じであったとする．理想的なクーラー(逆カルノーサイクル)によって部屋の温度を次の 2 通り

(1) 28 ℃ ($\approx$ 301 K)　　(2) 22 ℃ ($\approx$ 295 K)

まで下げたとき，このクーラーの性能係数 c を，(17.19)式を用いて求めよ．

〈解〉 (17.18)式より，

(1) $c = \dfrac{T_2}{T_1 - T_2} = \dfrac{301}{307 - 301} \approx 50.2$

(2) $c = \dfrac{T_2}{T_1 - T_2} = \dfrac{295}{307 - 295} \approx 24.6$

となり，クーラーの設定温度は無闇に下げればよいものではないことがわかる．　◆

17.3　熱力学第 2 法則

17.3.1　クラウジウスの原理とトムソンの原理

図 16.1 に示したように，熱は高温の物体から低温の物体に自然と移動することはあっても，低温の物体から高温の物体に自発的に熱が移動することは，これまでに観測されたことはない．もちろん，これまでに

観測されたことがないからといって，それが常に成り立つ真理であるとは限らないが，ドイツの物理学者であるクラウジウスは「**低温の物体から高温の物体に自発的に熱が移動することは絶対にない**」ことを，熱力学現象の本質であると見抜き，これを **熱力学第 2 法則**（**クラウジウスの原理**）として提唱した．

クラウジウスの原理の表現で重要な点は「**自発的に**」というところである．「自発的に」というのは，「**何も手を加えず勝手に**」と読み替えるとわかりやすいかも知れない．「何も手を加えない」ということは，「**外部から仕事などをしない**」わけであるから，外系の状態は「**何も変化しない**」ことを意味する[25]．

このクラウジウスの原理は次のように表現される．

— **クラウジウスの原理** —
低熱源から高熱源に熱を移動するだけで，他に何の変化も残さない過程は不可能である．

熱力学第 2 法則には，クラウジウスによるものだけでなく様々な表現がある．その代表例が，イギリスの物理学者であるトムソン（ケルビン卿）による以下の表現（**トムソンの原理**（**ケルビン卿の原理**））である[26]．

— **トムソンの原理（ケルビン卿の原理）** —
1 つの熱源から熱を受け取り，その熱をすべて仕事に変換するだけで，他に何の変化も残さない過程は不可能である．

なお，クラウジウスの原理もトムソンの原理も**物質の種類や形状に依存しない普遍的な原理**である．またこの 2 つの原理は，一見，全く異なることを主張しているようにみえるかもしれないが，実は等価である．両者の等価性については付録 A.2 で証明する．

17.3.2 カルノーの定理

カルノーサイクルは，熱源と作業物質の間で無駄な熱の移動がなく，すべての過程が準静的に行われているので可逆機関である．可逆機関であるカルノーサイクルの効率を超える熱機関は存在するであろうか．

この問いに対する答えは，次の**カルノーの定理**によって与えられる．

— **カルノーの定理** —
温度 T_1 の高熱源と温度 T_2 の低熱源との間で動作するあらゆる可逆機関の効率はすべて等しく，その効率はあらゆる不可逆機関の効率よりも大きい．

すなわち，ある可逆機関 Ⓡ の効率 η_R と任意の熱機関 Ⓔ の効率 η_E と

ルドルフ・クラウジウス
（ドイツ，1822 - 1888）

[25] 何か手を加えれば，低温の物体から高温の物体へ熱を移すことは可能である．例えば，図 17.4(b) に示すように，外部から仕事をしてカルノー機関を逆サイクルさせると，低温物体から高温物体に熱は移動する．この場合，外系は仕事をした分だけエネルギーが減少している．

ケルビン卿
本名：ウィリアム・トムソン
（イギリス，1824 - 1907）

[26] トムソンは 10 歳でグラスゴー大学に入学し，その後にケンブリッジ大学で学び，22 歳で母校であるグラスゴー大学の教授となった．学術上の功績が認められたトムソンは，英国王室から男爵に叙せられ，ケルビン卿 (Lord Kelvin) と名乗ることとなった．ケルビンの名は，グラスゴー近郊の川の名前からとったといわれている．

の間には

$$\eta_R \geq \eta_E \quad (\text{等号は Ⓔ が可逆機関の場合}) \quad (17.20)$$

の関係がある.

カルノーの定理の証明は，付録 A.2 に示す．カルノーの定理は，クラウジウスの原理とトムソンの原理と等価であるので，**カルノーの原理**とよばれることもある．

17.4 熱力学的温度

ここまで，物体の温度として理想気体温度(14.5 節を参照)を用いてきたが，この項ではカルノーの定理に基づいて定義される普遍的な温度(**熱力学的温度**(**絶対温度**))を導入する．そして，温度の基準を適切に選ぶことで，理想気体温度と熱力学温度が一致することを述べる．

17.4.1 可逆機関の効率

一般に，温度 T_1 の高熱源から熱量 Q_1 を受け取り，温度 T_2 の低熱源に熱量 Q_2 を放熱し，外系に仕事 $W = Q_1 - Q_2$ をする熱機関(可逆機関でも不可逆機関でもよい)の効率 η_E は，(17.2)式より

$$\eta_E = \frac{W}{Q_1} = 1 - \frac{Q_2}{Q_1} \quad (17.21)$$

と与えられる.

一方，可逆機関の1つであるカルノーサイクルの効率は(17.17)式のカルノー効率 $\eta_C = 1 - T_2/T_1$ で与えられる．カルノーの定理によると「あらゆる可逆機関の効率はすべて等しい」ので，温度 T_1 の高熱源と温度 T_2 の低熱源の間で動作するすべての可逆機関の効率 η_R はカルノー効率 η_C に等しく，いずれも

$$\eta_R = 1 - \frac{T_2}{T_1} \quad (17.22)$$

である．

(17.21)式と(17.22)式を(17.20)式のカルノーの定理に代入すると，

$$\frac{T_2}{T_1} \leq \frac{Q_2}{Q_1} \quad (17.23)$$

の関係式が得られる．(17.23)式の等号は，可逆機関に対して成り立つ．

17.4.2 熱力学的温度

可逆機関に対しては，(17.23)式の等号が成り立ち，

$$\frac{T_2}{T_1} = \frac{Q_2}{Q_1} \quad (17.24)$$

となる．可逆機関の効率が作業物質の種類に無関係であることから，(17.24)式もまた作業物質の種類に依存しない普遍的な関係式である．トムソン(ケルビン卿)は，この事実に着目して，以下に述べるような普遍的な「温度」を導入した．

温度の異なる2つの熱源の間で可逆機関を動作させて，高温の物体から受け取る熱量 Q_1 と低温の物体に受け渡す熱量 Q_2 を測定すれば，2つの物体の温度の比 T_2/T_1 が(17.24)式より定まる．この段階では温度比 T_2/T_1 は定まるが，T_1 と T_2 そのものは定まっていない[27]．

いま，T_1 を基準の温度(これを T_0 と書くことにする)に定め，未知の温度 T_2 (これを T と書くことにする)を

$$T = \begin{cases} \dfrac{Q_2}{Q_1} T_0 = (1-\eta) T_0 & (0 < T \leqq T_0) \\ \dfrac{Q_1}{Q_2} T_0 = \dfrac{1}{1-\eta} T_0 & (T > T_0) \end{cases} \quad (17.25)$$

のように表すことにする．なお，T_0 の選び方は任意であるが，**理想気体温度と絶対温度が等しくなるように**

$$T_0 = 273.16 \text{ K} \quad (17.26)$$

とする．

(17.25)式によって定まる温度 T は，作業物質の種類によらない可逆機関の効率 η から定めた普遍的な温度である．このように，温度 T は熱力学第2法則の帰結であるカルノーの定理によって定められた普遍的な温度であるので，T を**熱力学的温度**(**絶対温度**)とよぶ．なお，熱力学的温度を提唱したトムソン(ケルビン卿)の名にちなんで，熱力学的温度の単位にはK(ケルビン)が用いられる．最新の国際単位系(2019年5月20日から適用)では，ケルビンはボルツマン定数 k_B が $k_B = 1.380649 \times 10^{-23}$ J/K と定めることによって設定される．

[27] ここまで T_1 と T_2 は理想気体温度としてきたが，それらを定数倍した別の温度目盛 ($T' = cT$) でも(17.24)式は成り立つ．なお，この段階では T_1, T_2 は確定していないことに注意してほしい．

17.5 エントロピー増大の法則

熱力学第2法則の本質は「熱移動をともなう状態変化が**不可逆**である」ことに尽きる．本節では，熱現象の**不可逆さ**を定量的に表す状態量として**エントロピー**を導入し，エントロピーの性質について述べる．

17.5.1 可逆機関における不変量

2つの熱源の間ではたらく熱機関について考える．熱機関が1サイクルするとき，作業物質は温度 T_1 の高熱源から熱量 Q_1 を受け取り，

外部に仕事 W を行い，温度 T_2 の低熱源に熱量 Q_2 を受け渡すとする．このとき，熱力学第1法則より $Q_1 = Q_2 + W$ であるから，

$$Q_1 \neq Q_2 (< Q_1) \tag{17.27}$$

である．すなわち，1サイクルのうちに作業物質に流入した熱量 Q_1 と流出した熱量 Q_2 が異なり，1サイクルの前後で熱量が保存しない．

一方，熱機関が可逆機関の場合には，(17.24)式を書き直して，

$$\frac{Q_1}{T_1} = \frac{Q_2}{T_2} \tag{17.28}$$

が成り立つ(**クラウジウスの等式**)．この式の左辺の Q_1/T_1 は高熱源に関する量であり，右辺の Q_2/T_2 は低熱源に関する量である．すなわち(17.28)式は，高熱源が失った Q_1/T_1 と低熱源が得た Q_2/T_2 が等しく，系全体として Q/T という量が不変であることを意味する．クラウジウスは，可逆機関が動作した際のこの不変量 Q/T に着目し，これを**エントロピー**と名付けた．

第I部の力学では，外力のはたらかない系の運動量が保存することや，中心力を受けて運動する系の角運動量が保存することを述べた．このように物理学では，注目する物理現象の中に保存量(不変量)が存在するとき，その量が系を特徴づける特別な意味をもつことが知られている．この意味で，クラウジウスが可逆機関の不変量 Q/T に注目したこともうなずけるであろう．

以下では，エントロピーの性質について述べる．

17.5.2 不可逆変化とエントロピー増大

2つの熱源の間で動作する一般の熱機関に対しては，(17.23)式より，

$$\boxed{\frac{Q_1}{T_1} \leq \frac{Q_2}{T_2}} \tag{17.29}$$

の不等式が成り立つ(等号は可逆機関の場合)．この不等式を**クラウジウスの不等式**という．

いま，熱機関が1サイクルした際の正味のエントロピー ΔS を

$$\Delta S \equiv \frac{Q_2}{T_2} - \frac{Q_1}{T_1} \tag{17.30}$$

と定義すると，クラウジウスの不等式から

$$\boxed{\Delta S \geq 0} \tag{17.31}$$

を得る(**エントロピー増大の法則**)．

(17.31)式の物理的意味は次のとおりである．図17.5のように，熱機関を1サイクル動作させると，高熱源は熱量 Q_1 を失うので，**高熱源のエントロピーは** Q_1/T_1 **だけ減少**する．一方，低熱源は熱量 Q_2 を受け取

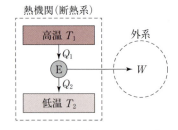

図 17.5 断熱系．この図の場合，熱機関(断熱系)のエントロピー変化は $\Delta S \geq 0$ (等号はⒺが可逆機関の場合)であり，外系に対しては $\Delta S = 0$ である．したがって，全系(= 熱機関 + 外系)に対しても $\Delta S \geq 0$ である．

るので，**低熱源のエントロピーは** Q_2/T_2 **だけ増加**する．また，熱機関が1サイクルすると作業物質は元の状態に戻るので，1サイクルの前後で**作業物質のエントロピーは変化しない**．結局，系全体の正味のエントロピーは増大する（ただし，熱機関が可逆機関の場合は変化しない）．

いま考えている系（高熱源，低熱源，作業物質をまとめた熱機関）は，外系と仕事のやり取りはするが，熱的には孤立した断熱系である．以上をまとめると，エントロピー増大の法則は次のようになる．

> **エントロピー増大の法則**
>
> 断熱系において不可逆変化が起こると，系のエントロピーは増大する．

=== 〈例題 17.3〉 **存在不可能な熱機関のエントロピー** ===

以下の熱機関が1サイクルした際の正味のエントロピー ΔS が(17.31)式のエントロピー増大の法則に従わないことを示せ．

(1) クラウジウスの原理に反する熱機関

(2) トムソン（ケルビン卿）の原理に反する熱機関

〈解〉 (1) クラウジウスの原理に反する熱機関の動作の様子を図17.6に示す．この場合，(17.31)式の Q_1 と Q_2 はそれぞれ，$Q_1 = -Q(<0)$ と $Q_2 = -Q(<0)$ であるから，正味のエントロピーは

$$\Delta S = Q\left(\frac{1}{T_1} - \frac{1}{T_2}\right) < 0$$

となり，エントロピー増大の法則に従わない．

(2) トムソン（ケルビン卿）の原理に反する熱機関の動作の様子を図17.7に示す．この場合，(17.31)式の Q_1 と Q_2 はそれぞれ，$Q_1 = Q(>0)$ と $Q_2 = 0$ であるから，正味のエントロピーは

$$\Delta S = -\frac{Q}{T_1} < 0$$

となり，エントロピー増大の法則に従わない． ◆

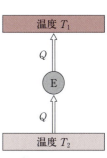

図 17.6 クラウジウスの原理に反する熱機関 Ⓔ

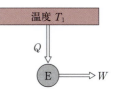

図 17.7 トムソン（ケルビン卿）の原理に反する熱機関 Ⓔ

ここまで，2個の熱源の間で動作する熱機関を例に，エントロピー増大の法則を述べてきたが，この法則は一般の状態変化に対しても成り立つ（証明略）．すなわち，無限小の状態変化に対して，エントロピー増大の法則は

$$\boxed{dS \equiv \frac{dQ}{T} \geq 0 \quad (\text{断熱変化})} \quad (17.32)$$

と表される（等号は可逆変化の場合）．

非平衡な断熱系を放置しておくと，系はいずれ熱平衡状態に達する（例えば，図16.1や次項で述べる気体の自由膨張）．エントロピー増大の法則からわかるように，断熱系の状態はエントロピーが増大する向きにのみ変化し，エントロピーが最大になった状態で変化が止まるので，

断熱系の熱平衡状態はエントロピーが最大の状態といえる.

■ 〈例題 17.4〉**気体の断熱自由膨張**

温度 T, 体積 V_i, n モルの理想気体が断熱的に自由膨張し, 体積が $V_f(>V_i)$ となった. 自由膨張の前後での理想気体のエントロピーの差を求め, エントロピーが増大していることを確かめよ.

〈解〉 始状態 (T, V_i) と終状態 (T, V_f) とのエントロピーの差 $S_f - S_i$ を計算するために, ここでは, 断熱自由膨張を取り扱うのではなく, 準静的な等温膨張によって始状態 (T, V_i) から終状態 (T, V_f) へ変化させる場合について取り扱う (図 17.8 を参照).

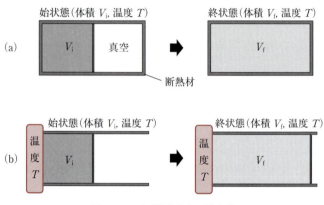

図 17.8 不可逆変化と可逆変化
(a) 断熱自由膨張 (不可逆変化)
(b) 準静的な等温膨張 (可逆変化)

理想気体の等温変化では, ジュールの法則より, 内部エネルギーは変化しない ($dU = 0$). したがって, 熱力学第 1 法則は $dQ = p\,dV$ である. したがって, 始状態と終状態のエントロピーの差は, 始状態から終状態まで微小なエントロピー dS を積分して

$$S_f - S_i = \int_{始状態}^{終状態} dS = \int_{始状態}^{終状態} \frac{dQ}{T}$$
$$= \int_{V_i}^{V_f} \frac{p\,dV}{T} = nR \int_{V_i}^{V_f} \frac{dV}{V} = nR \ln \frac{V_f}{V_i} \quad (17.33)$$

となる. また, $V_f > V_i$ であるから $\Delta S(= S_f - S_i) > 0$ となり, エントロピーが増大していることがわかる. ◆

17.5.3 エントロピーの微視的解釈

前項で, エントロピーは熱量を絶対温度で割った量として定義され, 断熱系においては不可逆変化にともない増加し, 決して減少することがないことを述べた. このように, エントロピーの定義とその性質は明らかであるが, エントロピーが系のどのような状態を表しているかが明確ではないため, いまひとつ掴み所がない状態量である.

エントロピーの概念を提唱したクラウジウスでさえも, エントロピーの解釈を与えられずにいたが, その解釈はオーストリアの物理学者ボル

ツマンによって「気体の分子運動論」を用いて与えられた．以下では，気体の分子運動論に基づくボルツマン流のエントロピーの解釈を述べる．

● **不可逆変化の微視的理解**

気体の不可逆現象の典型例として，ここでは「気体の自由膨張」について考えよう．図 17.9(a)に示すように，断熱材でできた箱の中央を断熱壁で仕切り，箱の左半分の領域に N 個の気体分子を入れ，右半分は真空とする．次に，中央の仕切りを外し（図 17.9(b)），十分に時間が経過した後に再び断熱壁で仕切りをする（図 17.9(c)）．このとき，箱の右半分にある気体分子の数 M を数えることにする．

図 17.10 に示すように，$N=1$ の場合には，M は 0 と 1 の合計 2 通りであり，それぞれの確率は $1/2$ である．$N=2$ の場合には，$M = 0,1$ (2 通り)，2 の合計 $4(=2^2)$ 通りであり，それぞれの確率は $1/4 = (1/2)^2$ である．$N=3$ の場合には，$M=0$ (1 通り), 1 (3 通り), 2 (3 通り), 3 (1 通り) の合計 $8(=2^3)$ 通りであり，それぞれの確率は $1/8 = (1/2)^3$ である．したがって，一般の N に対して可能な M は 2^N

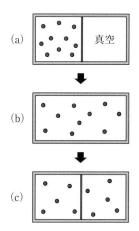

図 17.9 気体の微視的状態
(a) 初期状態
(b) 中間状態
(c) 終状態

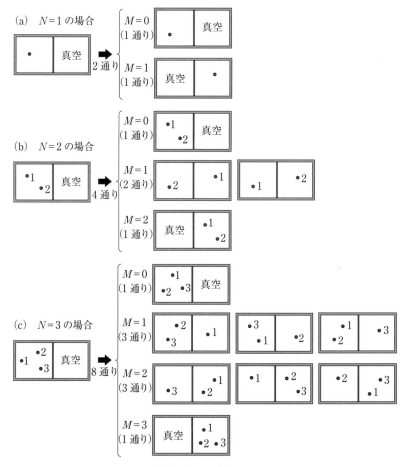

図 17.10 気体の微視的状態(始状態とすべての可能な終状態)

通りであり，それぞれの出現確率は$(1/2)^N$であることがわかる．

以上の考察から，気体を断熱自由膨張させた後に初期状態(図17.9(a))と同じ状態($M=0$の状態)を観測する確率は$(1/2)^N$であり，Nがアボガドロ数程度($N \sim 10^{24}$個程度)の場合には，その確率はほとんどゼロとなることがわかる．一方，アボガドロ数程度のNに対して，$M \approx N/2$(左右の領域に約半分ずつ分子がいる状態)となる場合の数は非常に大きくなり，実質的には，$M \approx N/2$の状態のみが観測されることになる．

以上より，気体の分子運動論では，気体が箱の中で均等に拡がろうとする性質は，次のように解釈される．

――気体の自由膨張の分子運動論的な解釈――
気体が箱の一部分に片寄って存在する状態数より，気体が箱の中に均等に拡がる状態数が圧倒的に多いために，拡がった状態の方が起こりやすく，実質的にその状態のみが観測される．

● エントロピーの微視的理解

これまで述べたことからわかるように，膨大な数の気体分子から成る系は，最終的に全体的に散らばった状態(乱雑な状態)になろうとする．すなわち，不可逆な熱現象では，系が乱雑さを増す方向に進む．

以下では，「系の乱雑さ」を表す物理量が「エントロピー」であり，「エントロピーの増大」とは「系の乱雑さの増大」を意味することを示す．

ここでは，気体の不可逆変化の典型例として，気体の自由膨張を例にとる．図17.11に示すように，初期状態では，体積V_iの中にN個の気体分子が入っているとする．いま，箱の中を体積v_0の小さなセルに分割すると，初期状態において気体分子が取り得る配置の数(状態数)W_iは，

$$W_i = \left(\frac{V_i}{v_0}\right)^N \tag{17.34}$$

である．一方，終状態での状態数W_fは，

$$W_f = \left(\frac{V_f}{v_0}\right)^N \tag{17.35}$$

である[28]．これらを式変形した$V_i = v_0 W_i^{1/N}$と$V_f = v_0 W_f^{1/N}$を(17.33)式に代入すると，

$$S_f - S_i = \frac{nR}{N} \ln \frac{W_f}{W_i}$$
$$= k_B \ln W_f - k_B \ln W_i \tag{17.36}$$

を得る．ここで，2番目の等号では，(15.13)式の$k_B = nR/N = R/N_A$を用いた．

(17.36)式の両辺を比較することで，状態数Wの系のエントロピーSは

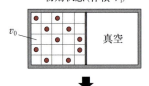

図 17.11 気体分子の配置

28) ここで，個々の分子は見分けがつく(図17.10のように分子に番号を付けて区別できる)とした．気体が量子力学に従う粒子から成る場合には，個々の粒子は見分けがつかず(番号を振ることができず)，状態数は$W = (1/N!)(V/v_0)^N$となる．

$$S = k_{\mathrm{B}} \ln W \qquad (17.37)$$

で与えられることが推察される[29]．(17.37)式はボルツマンのエントロピーとよばれ，系の微視的な状態数 W の単調増加関数である．状態数 W が大きいほど系の乱雑さも大きくなるので，**エントロピーは「系の乱雑さ」を表している**ことがわかる．

このように，クラウジウスによって「断熱系の不可逆さを表す量」として導入されたエントロピーは，ボルツマンにより，「系の乱雑さを表す量」という微視的な意味付けがなされた．

[29] 1個の気体分子が占める体積 v_0 の選び方が不定であることから，エントロピーは $S = k_{\mathrm{B}} \ln W + S_0$ のように不定な定数 S_0 が付随した形となる．状態間のエントロピーの差のみを考える場合には，この不定性は問題にならない．この不定定数 S_0 を決定するためには量子力学と統計力学の知識(ネルンストの定理)が必要である．

第Ⅱ部 【熱力学】演習問題

1. **[状態変数の間の関係]** 　圧力 p, 体積 V, 温度 T の間に,
$$\left(\frac{\partial p}{\partial V}\right)_T \left(\frac{\partial V}{\partial T}\right)_p \left(\frac{\partial T}{\partial p}\right)_V = -1$$
の関係があることを示せ.

2. **[線膨張率と体積膨張率]** 　線膨張率 α と体積膨張率 β の間に $\beta = 3\alpha$ の関係が成り立つことを示せ.

3. **[ファン・デル・ワールスの状態方程式]** 　1モルの気体が(14.16)式のファン・デル・ワールスの状態方程式に従うとき, n モルのこの気体が従う状態方程式を示せ.

4. **[気体の体膨張率]** 　圧力が一定のもとでの物体の体積膨張率 β は,
$$\beta = \frac{1}{V}\left(\frac{\partial V}{\partial T}\right)_p$$
で与えられる. 以下の状態方程式に従う n モルの気体の β を求めよ.
   (a) 理想気体の状態方程式
   (b) ファン・デル・ワールスの状態方程式

5. **[ファン・デル・ワールス気体の比熱]** 　n モルのファン・デル・ワールス気体の内部エネルギーは,
$$U = CT - \frac{a}{V} \quad (a, C \text{ は定数})$$
で与えられる. この気体の比熱について, 以下の小問に答えよ.
   (a) 定積熱容量 C_V を求めよ.
   (b) $C_p - C_V$ を求めよ. ここで, C_p は定圧熱容量である.

6. **[体積変化に伴う熱量の変化率]** 　物体の温度 T を一定に保ったまま, 物体の体積 V を大きくするとき, 単位体積増加当たりに物体が外部から受け取る熱量は,
$$\left(\frac{dQ}{dV}\right)_T = \frac{C_p - C_V}{\beta V}$$
によって表されることを示せ. ここで, C_p と C_V はそれぞれ定圧熱容量と定積熱容量, $\beta \equiv (1/V)(\partial V/\partial T)_p$ は体積膨張率である.

7. **[ポリトロープ変化]** 　$pV^k = $ 一定 (k は定数) に従う気体の状態変化を**ポリトロープ変化**(多方変化)とよぶ. ポリトロープ指数 k の値によって様々な状態変化を表す(例えば, $k=0$: 定圧変化, $k=1$: 等温変化, $k=\gamma$: 断熱変化(γ は比熱比), $k=\infty$: 定積変化). n モルの理想気体のポリトロープ変化に関する以下の小問に答えよ.
   (a) 定積熱容量 C_V の気体を温度 T_1 から温度 $T_2 (> T_1)$ の状態までポリトロープ変化させた際に, 気体が外部にした仕事 W を求めよ.
   (b) 定積熱容量 C_V の気体を温度 T_1 から温度 $T_2 (> T_1)$ の状態までポリトロープ変化させた際に, 気体が外部から受け取る熱量 Q を求めよ.

(c) ポリトロープ変化のもとでの熱容量 C を求めよ．

8. ［ファン・デル・ワールス気体の等温可逆膨張］　n モルのファン・デル・ワールス気体の体積を V_1 から $V_2(>V_1)$ まで温度 T で可逆的に等温膨張させた際に，気体が外部にする仕事 W を求めよ．

9. ［オットーサイクル］　ガソリンエンジンの動作を理想化したモデルとしてオットーサイクルがある．オットーサイクルは，図のように，

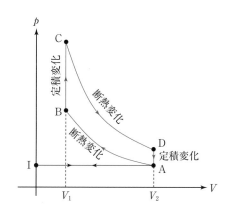

I→A ： 作業物質を熱機関に注入
A→B ： 断熱圧縮(温度 T_A，体積 V_2 → 温度 T_B，体積 V_1)
B→C ： 等積加熱(温度 T_B，体積 V_1 → 温度 T_C，体積 V_1)
C→D ： 断熱膨張(温度 T_C，体積 V_1 → 温度 T_D，体積 V_2)
D→A ： 等積冷却(温度 T_D，体積 V_2 → 温度 T_A，体積 V_2)
A→I ： 作業物質を外部へ放出

を行う．オットーサイクルを行う作業物質を 1 モルの理想気体とするとき，1 サイクル (A→B→C→D→A) の効率が

$$\eta = 1 - \left(\frac{V_1}{V_2}\right)^{\gamma-1}$$

で与えられることを示せ．ただし，$\gamma = c_p/c_V$ は比熱比である．

10. ［理想気体のエントロピー］　理想気体の温度を T_1 から $T_2(>T_1)$ まで圧力が一定のもとで上昇させたときのエントロピーの増加量は，体積が一定のもとで温度上昇させたときのエントロピー増加量の $\gamma(=C_p/C_V)$ 倍であることを示せ．

11. ［温度の異なる液体の混合によるエントロピーの増大］　断熱された容器の中で，温度が T_A で質量が m の液体 A に，温度が T_B で質量が m の液体 B を混ぜる．液体を混ぜる前と混ぜた後のエントロピーの差 ΔS が

$$\Delta S = 2mc_p \ln \frac{(T_A + T_B)/2}{\sqrt{T_A T_B}}$$

のように表されることを示せ．また，ΔS が正であることを示せ．なお，c_p は定圧比熱である．

第Ⅲ部　電磁気学

　電磁気学は,「電気」と「磁気」に関わる物理学である. 第Ⅲ部では, 電気と磁気に関する最小限の実験事実を拠り所に, 電磁気現象を司る4つの原理を順を追って説明し, 最終的にマクスウェル方程式としてまとめる. さらに, 今日の高度なワイヤレス通信技術に欠かせない電磁波の存在をマクスウェル方程式を用いて示し, その性質について述べる.

Electromagnetism

第 18 章
電磁気学が対象とするもの

キーワード：**遠隔作用**，**近接作用**，**電場**，**磁場**，**電磁波**

今日，私たちが様々な電化製品や情報通信システムを利用して快適に生活できるのは，「電磁気学」の恩恵によるところが大きい．また，私たち自身の体を含め，あらゆる物質が原子・分子から構成されており，それらが電磁気力によって結合されている事実を考えると，電磁気学が私たち自身や宇宙の存在にも深く関わっていることに気づく．

● **電気力とその起源**

子供の頃，服でこすったプラスチック製の下敷きを頭に近づけ，髪の毛を逆立てて遊んだ読者も多いことであろう．重力(万有引力)に打ち勝って髪の毛を引き付けるこの力こそが，この章で述べる**静電気力**(あるいは**クーロン力**)である．また，第Ⅰ部の5.3節で述べたように，万有引力の起源が「質量」であるのに対して，クーロン力の起源は「**電荷**」である．

電荷を帯びた物体(帯電体)の初めの位置と初速度が与えられれば，クーロン力のもとでの帯電体の運動は，ニュートンの運動方程式より一義的に定まる．しかし，帯電体の**運動を論じるのは力学の問題**であり，電磁気学の問題ではない．では，電磁気学は一体何を論じる学問なのだろうか．これから，この問いに答えていくことにしよう．

● **遠隔作用と近接作用**

万有引力とクーロン力の共通点は，離れたもの同士が力を及ぼし合うことである．ニュートンは万有引力を発見した際，この力は2つの物体間の空間を飛び越えて瞬時に作用すると考えた．このように，物体間の空間を飛び越えて直接かつ瞬時に力が作用すると考える概念を**遠隔作用**という．

一方，この遠隔作用と対照的な概念として<u>近接作用</u>がある．近接作用の立場では，ある場所に物体が置かれると，その影響が次々と空間を伝播し，離れた場所の物体に力を及ぼすと考える．近接作用の重要な点は，力が伝播する『空間』について考えることである．

万有引力に対して，近接作用の考え方が真実であるか否かを立証するためには，空間を伝わる重力の波（重力波）の有無を検証する必要がある．そして，重力波の検証は物理学における100年来の課題であったが[1]，2016年2月，アメリカのLIGO重力波観測所の研究チームが直接観測に成功したと発表した．

● 電場と磁場

近接作用の考え方はクーロン力にも適用できる．つまり，ある場所に帯電体が置かれるとその周りの空間が変化し，その影響が次々と空間を伝播し，別の場所に置かれた帯電体に力を及ぼすと考えるわけである．実際，この考え方が正しいことは，この後に述べる電磁波の実証実験を通して証明されている．そして，このように，電荷が存在することで変化した空間の状態を<u>電場</u>（あるいは<u>電界</u>）という．

電場と類似の空間の変化は，<u>電流</u>（電荷の流れ）が存在する場合にも起こる[2]．この空間の変化は，導線に電流を流し，その周りに砂鉄を撒くことで可視化できる（図18.1）．電流が存在することで変化した空間の状態を<u>磁場</u>（あるいは<u>磁界</u>）という．

<u>電磁気学：電場と磁場の空間的な分布と時間的な変動に関する学問</u>

● 近接作用の産物 〜 電磁波 〜

電荷や電流の分布が時間変化しない場合には，遠隔作用と近接作用の考え方に本質的な差はない．しかし，電荷分布や電流分布が時間変化する場合には，両者には本質的な差が生じる．すなわち，遠隔作用の考え方では，電荷分布や電流分布の時間変化の情報が遠方の電荷や電流に瞬時に伝わるのに対して，近接作用の考え方では電場と磁場が波として有限の時間をかけて遠方に伝播するからである．この電場と磁場の波は<u>電磁波</u>とよばれ，その存在は，1864年にマクスウェルによって予言され，その後，1888年にヘルツによって実証された．

ヘルツによる電磁波の観測は，近接作用の考え方が正しいことを証明するものであった．

● 本書の方針

本書の第I部の力学では，ニュートンの運動法則を原理に掲げ，それに基いて様々な力学現象を説明した．一方，第III部で述べるように，<u>電磁気学では4つの原理</u>（まとめて，<u>マクスウェル方程式</u>とよばれる）によって，あらゆる電磁気現象を説明することができる．

---

[1] 重力波の存在は，1916年にアインシュタインが一般相対性理論を用いて予言した．

[2] 電流の正確な定義は20.1節で詳しく述べる．

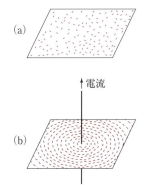

図 18.1 導線の周りの砂鉄の様子
(a) 電流が流れていない場合
(b) 電流が流れている場合

ジェームズ・クラーク・マクスウェル
（イギリス，1831 - 1879）

ハインリヒ・ルドルフ・ヘルツ
（ドイツ，1857 - 1894）

しかし本書では，マクスウェル方程式を最初に掲げるのではなく，いくつかの基本的な実験事実を拠り所に，4つの原理を発見的に導入し，最終的にマクスウェル方程式としてまとめることにする．その上で「電磁波」の存在をマクスウェル方程式から導くことにする．このような説明順序を選ぶ理由は，力学が対象とする物体の運動と違って，「電場」や「磁場」は肉眼で直接見ることができないために，電磁気学は初学者にとって現象をイメージしにくく，取っ付きにくい学問であるからである．

Electromagnetism

第 19 章
静 電 場

　帯電した物体の間には**静電気力**(**クーロン力**)とよばれる力がはたらくが，この力を生み出す空間の状態を**電場**という．この章では，電磁気学の1番目の原理として，**電場に対するガウスの法則**を導入し，それをもとに電場のもつ様々な性質について述べる．

キーワード：クーロンの法則，電場(電界)，ガウスの法則，
　　　　　　　静電ポテンシャル(電位)
必要な数学：ベクトル場の面積分，ベクトル場の勾配

19.1 電荷と電気素量

　物体が電荷をもつことを**帯電**といい，帯電した物体(帯電体)がもつ電荷の量のことを**電気量**という(電気量は**電荷量**，あるいは単に**電荷**とよぶこともある)．電気量の単位には，C(**クーロン**と読む)が用いられ，次のように定義される．

> **電気量の単位(C：クーロン)**
> 　1 C(クーロン)は，1 A(アンペア)の電流が1秒間に運ぶ電気量であり，1 C = 1 A s である．

　また，電荷には**正の電荷と負の電荷の2種類**がある．これは，物質の**質量が必ず正である**こととは決定的に異なる．

● 原子の構造と電気素量

　図 19.1 に示すように，物質を構成する**原子**は，正に帯電した**原子核**と負に帯電した**電子**から成る．さらに原子核は，正に帯電した**陽子**と電荷をもたない**中性子**から成る．1個の陽子の電気量は $e = 1.6 \times 10^{-19}$ C であり，その量は増えたり減ったりしない．また，電子の電気量は，陽子の電気量と大きさは等しく反対符号の $-e(=-1.6 \times 10^{-19}$ C$)$であり，こちらも増えたり減ったりしない．

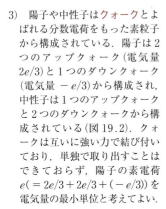

図 19.1　原子の構造．原子の中心にある白球は原子核，原子核の周りの複数の黒点は電子を表す．また，原子核の中の黒球と白球はそれぞれ，陽子と中性子を表す．

3) 陽子や中性子は**クォーク**とよばれる分数電荷をもった素粒子から構成されている．陽子は2つのアップクォーク(電気量 $2e/3$)と1つのダウンクォーク(電気量 $-e/3$)から構成され，中性子は1つのアップクォークと2つのダウンクォークから構成されている(図 19.2)．クォークは互いに強い力で結び付いており，単独で取り出すことはできておらず，陽子の素電荷 $e(=2e/3+2e/3+(-e/3))$ を電気量の最小単位と考えてよい．

電子や陽子のもつ電気量の大きさ $e=1.6\times10^{-19}$ C のことを**電気素量**といい，これが電気量の最小単位である[3]．

電気素量：電気量の最小単位であり，$e=1.6\times10^{-19}$ C

電気素量 e は電気量の最小単位であるから，電気量は電気素量 e の整数倍である．しかしながら，日常的な電気現象には無数の電子が関わっていることが多く，そのような場合には，電子1つ1つの電荷のことを意識する必要はなく，電気素量のことは忘れて，電気量は連続的な値をとると考えて差し支えない．

● **物体の帯電の仕組み**

通常，原子核内部の陽子の数と，原子核の周りの電子の数は等しいので，原子全体の電気量はゼロ(電気的に中性)である．したがって，電気的に中性の原子によって構成される物体も中性である．

電気的に中性の物体に電子が加わると，物体は負に帯電し，物体から電子が抜けると，物体は正に帯電する(図 19.3)．日常的な物体の帯電の多くは，このような電子の過不足によって生じる．

● **電荷保存則**

電気的に中性な2つの物体 A と B を考える．物体 A から別の物体 B に電子が移動すると，物体 A は電子が不足して正に帯電し，物体 B は電子が過剰となって負に帯電する(図 19.3)．この移動の最中に，電子の数が増えたり減ったりすることはなく，移動の前後で物体 A と物体 B の電気量の総量は不変である．このように，系全体(いまの場合は物体 A と物体 B)の電荷の総量が不変である法則を**電荷保存則**という．

電荷保存則：系全体の電荷の総量は変化しない

陽子(全電荷 e)

中性子(全電荷 0)

図 19.2　陽子と中性子の構造

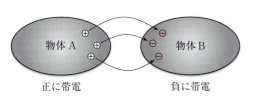

図 19.3　電荷保存則(物体 A から物体 B への電荷の移動の様子)

● 点電荷

電荷を帯びた粒子のことを**荷電粒子**という．特に，荷電粒子の大きさが無視できて質点とみなせる場合には，その荷電粒子のことを**点電荷**という．

点電荷：大きさを無視できる荷電粒子，すなわち，帯電した質点

19.2 クーロンの法則とクーロン力

19.2.1 クーロンの法則

電気量 q_1 の点電荷と電気量 q_2 の点電荷が距離 r だけ離れて置かれているとき，これら 2 つの点電荷の間には，

$$F = k_0 \frac{q_1 q_2}{r^2} \quad (k_0 \text{ は比例定数}) \tag{19.1}$$

の力がはたらくことが実験的に知られている．(19.1)式の力は，発見者であるシャルル・クーロンの名をとって**クーロン力**とよばれる．

本書で採用している SI 単位系では，(19.1)式の比例定数 k_0 は

$$k_0 = \frac{1}{4\pi\varepsilon_0} = 8.988 \times 10^9 \text{ m}^3 \text{ kg}/(\text{s}^4 \text{A}^2) \tag{19.2}$$

で与えられる．ここで，ε_0 は**真空の誘電率**とよばれ，その値は，

$$\varepsilon_0 = 8.854 \times 10^{-12} \text{ s}^4 \text{ A}^2/(\text{m}^3 \text{ kg}) \tag{19.3}$$

である．

結局，SI 単位系では，電気量 q_1 と q_2 の 2 つの点電荷の間にはたらくクーロン力は，

$$\boxed{F = \frac{1}{4\pi\varepsilon_0} \frac{q_1 q_2}{r^2}} \tag{19.4}$$

で与えられる．

――― クーロンの法則 ―――

2 つの点電荷の間には，それぞれの電気量の積に比例し，それらの間の距離の 2 乗に反比例する力がはたらく（**逆 2 乗の法則**）．

(19.4)式のクーロン力と(5.1)式の万有引力とは，両者とも逆 2 乗の法則に従う点で類似している．

$$\boxed{F_{\text{クーロン力}} = \frac{1}{4\pi\varepsilon_0} \frac{q_1 q_2}{r^2}} \longleftrightarrow \boxed{F_{\text{万有引力}} = -G \frac{mM}{r^2}} \tag{19.5}$$

一方，両者の相違点は，万有引力の場合には質量 m, M が必ず正であるために常に引力（$F_{\text{万有引力}} < 0$）であるのに対して，クーロン力の場合には q_1 と q_2 が正負のいずれの値も取り得るので，図 19.4 に示すように引力（$F_{\text{クーロン力}} < 0$）にも斥力（$F_{\text{クーロン力}} > 0$）にもなる点である．すなわ

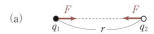

図 19.4 2 つの点電荷の間にはたらくクーロン力
(a) 異符号の点電荷の間にはたらく引力
(b) 同符号の点電荷の間にはたらく斥力

ち，q_1 と q_2 が異符号の場合は引力(図 19.4(a))，q_1 と q_2 が同符号の場合は斥力(図 19.4(b))となる．

19.2.2 クーロン力のベクトル表現

「力」は大きさと方向をもつベクトルであるので，クーロン力もベクトルである．

いま，図 19.5 に示すように，位置ベクトル r_1 に電気量 q_1 をもつ 1 番目の点電荷(点電荷 1)があり，位置ベクトル r_2 に電気量 q_2 をもつ 2 番目の点電荷(点電荷 2)があるとする．このとき，点電荷 2 が点電荷 1 に及ぼすクーロン力 F_{12} は，

$$F_{12} = \frac{1}{4\pi\varepsilon_0} \frac{q_1 q_2}{|r_1 - r_2|^2} e_{12} \tag{19.6}$$

と表される．ここで，$|r_1 - r_2|$ は図 19.5 に示すように r_2 から r_1 に向かうベクトル $r_1 - r_2$ の大きさ，すなわち r_1 と r_2 の間の距離である[4]．また，e_{12} は点電荷 2 の位置から点電荷 1 の位置に向かう単位ベクトルであり，

$$e_{12} = \frac{r_1 - r_2}{|r_1 - r_2|} \tag{19.7}$$

で与えられる．したがって，クーロン力 F_{12} は，

$$\boxed{F_{12} = \frac{q_1 q_2}{4\pi\varepsilon_0} \frac{r_1 - r_2}{|r_1 - r_2|^3}} \tag{19.8}$$

で表される．

一方，点電荷 1 から点電荷 2 に及ぼすクーロン力 F_{21} は

$$F_{21} = \frac{q_1 q_2}{4\pi\varepsilon_0} \frac{r_2 - r_1}{|r_2 - r_1|^3}$$
$$= -\frac{q_1 q_2}{4\pi\varepsilon_0} \frac{r_1 - r_2}{|r_1 - r_2|^3} = -F_{12} \tag{19.9}$$

であり，作用・反作用の法則が成り立っていることがわかる．

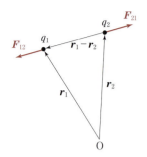

図 19.5 2 つの点電荷の間にはたらくクーロン力

4) デカルト座標において
$r_1 = (x_1, y_1, z_1)$
$r_2 = (x_2, y_2, z_2)$ とすると
$r_1 - r_2 = (x_1 - x_2, y_1 - y_2, z_1 - z_2)$ であるから，
$|r_1 - r_2| = \{(x_1 - x_2)^2 + (y_1 - y_2)^2 + (z_1 - z_2)^2\}^{\frac{1}{2}}$
となる．

19.3 重ね合わせの原理

クーロンの法則は，2 つの点電荷の間にはたらく力に関する法則である．それでは，点電荷が 3 個以上存在する場合に，それぞれの電荷にはどのような力がはたらくだろうか．

ここでは，簡単な例として，3 個の点電荷 1, 2, 3 が存在する場合を考える．図 19.6 に，1 と 3 の電気量は同符号，2 と 3 の電気量は逆符号の場合を示す．点電荷 1 と点電荷 2 から点電荷 3 が受ける合力 F_3 は，2 が存在せずに 1 のみから受けるクーロン力 F_{31} と，1 が存在せずに

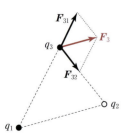

図 19.6 力の重ね合わせの原理

2のみから受けるクーロン力 F_{32} のベクトル和として，

$$F_3 = F_{31} + F_{32} \tag{19.10}$$

で与えられる．この関係を，力の**重ね合わせの原理**とよぶ．

一般に，N 個の点電荷 $1, 2, \cdots, N$ が存在するとき，i 番目の点電荷にはたらく力は，重ね合わせの原理と(19.8)より

$$F_i = \sum_{j \neq i}^{N} F_{ij} \tag{19.11}$$

$$= q_i \sum_{j \neq i}^{N} \frac{q_j}{4\pi\varepsilon_0} \frac{r_i - r_j}{|r_i - r_j|^3} \tag{19.12}$$

によって与えられる．

なお，重ね合わせの原理が成り立つか否かは自明なことではなく，実験的に検証すべきことである．実際，重ね合わせの原理は，クーロン力に関しては高精度に成り立つことが実験的に検証されているが，クーロン力以外のすべての種類の力に対して成り立つわけではない．例えば，原子核を構成する核子(陽子と中性子)の間にはたらく核力(強い力)は，2つの核子の間にはたらく力(2体力)の重ね合わせだけでは不十分であることが知られている．

19.4 電場

第18章で述べたように，電磁気学の主たる対象はクーロン力そのものではなく，クーロン力を生み出す空間の状態，すなわち**電場**である．以下では，まず最も簡単な場合として，1個の点電荷がつくる電場について述べ，その後，N 個の点電荷がつくる電場や連続分布する電荷がつくる電場について述べる．

19.4.1　1個の点電荷がつくる電場

位置 r_0 に電気量 Q の点電荷，別の位置 r に電気量 q の点電荷が置かれているとする．このとき，位置 r にある点電荷が受けるクーロン力 $F(r)$ は，(19.8)式より

$$F(r) = \frac{qQ}{4\pi\varepsilon_0} \frac{r - r_0}{|r - r_0|^3} \tag{19.13}$$

で与えられる．

いま，新たなベクトル量として

$$\boxed{E(r) = \frac{Q}{4\pi\varepsilon_0} \frac{r - r_0}{|r - r_0|^3}} \tag{19.14}$$

を導入し，(19.13)式のクーロン力の表式を

$$\boxed{F(r) = qE(r)} \tag{19.15}$$

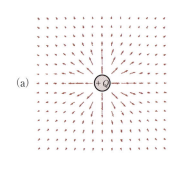
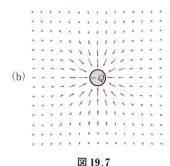

図 19.7
(a) 正の点電荷の周りの様子
(b) 負の点電荷の周りの様子

のように変形しよう．ここで導入されたベクトル量 $E(r)$ こそが，電気量 Q の点電荷が位置ベクトル r（正確には，電気量 Q の電荷との相対位置）につくる<u>電場</u>（あるいは<u>電界</u>）である．そして，(19.14)式を<u>電場に対するクーロンの法則</u>とよぶ．電荷と電場の関係を与えるこの法則こそが，**電磁気学の1番目の原理**である．

(19.14)式で定義された電場 $E(r)$ には電気量 q は含まれておらず，$E(r)$ は電気量 Q と位置ベクトル r のみで決まる．すなわち，電気量 Q の点電荷を置くと，点電荷の周りの空間に電場 $E(r)$ を生み出し，その空間内の位置 r に電気量 q の電荷を置くことにより，初めてクーロン力 $F(r) = qE(r)$ が生じる，というわけである．

図 19.7 に，点電荷の周りの電場の様子を示す．正の点電荷の周りには，他の正の点電荷に斥力を及ぼす電場が生じる．一方，負の点電荷の周りには，他の正の点電荷に引力を及ぼす電場が生じる．

なお，点電荷の電気量や位置が時間変化しない場合には，電場も時間変化しない．このような時間に依存しない電場を<u>静電場</u>（あるいは<u>静電界</u>）という．

19.4.2 複数の点電荷がつくる電場

N 個の点電荷 $1, 2, \cdots, N$ が，それぞれ位置 $r_1, r_2, \cdots, r_N$ に配置されているとする．これらの電荷がつくる電場を乱さないような微量な電気量 q の点電荷（<u>試験電荷</u>）を位置 r に置いたとき，この試験電荷にはたらくクーロン力 $F(r)$ は N 個の点電荷1つ1つから受けるクーロン力を足し合わせればよく，すなわち，重ね合わせの原理（19.3節を参照）より，

$$F(r) = q \sum_{i=1}^{N} \frac{q_i}{4\pi\varepsilon_0} \frac{r - r_i}{|r - r_i|^3} \qquad (19.16)$$

によって与えられる．

1個の点電荷がつくる電場を導入したときと同様に，(19.16)式を

$$F(r) = qE(r) \qquad (19.17)$$

と書き直すと，N 個の点電荷がつくる電場は

$$\boxed{E(r) = \sum_{i=1}^{N} \frac{q_i}{4\pi\varepsilon_0} \frac{r - r_i}{|r - r_i|^3}} \qquad (19.18)$$

によって与えられる．

複数の電荷がつくる電場の例として，大きさが等しく異符号の電気量をもつ一対の点電荷（<u>電気双極子</u>）がつくる電場の様子を図 19.8 に示す．

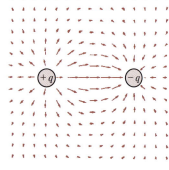

図 19.8 電気双極子がつくる電場の様子

〈例題 19.1〉電気双極子がつくる電場

真空中に，$+q(>0)$ の正電荷と $-q(<0)$ の負電荷が距離 d だけ隔てて置かれた電気双極子がある．この電気双極子がつくる電場を，電気双極子モーメント $\bm{p} = q\bm{d}$（$\bm{d}$ は負電荷から正電荷に向かうベクトル）を用いて表せ．

〈解〉 2つの点電荷の中点を座標原点に選び，正電荷の位置ベクトルを $\bm{r}_1 = \bm{d}/2$，負電荷の位置ベクトルを $\bm{r}_2 = -\bm{d}/2$ とする．$N=2$ の場合の(19.18)式にこれらを代入すると，

$$E(\bm{r}) = \frac{q}{4\pi\varepsilon_0}\left(\frac{\bm{r}-\dfrac{\bm{d}}{2}}{\left|\bm{r}-\dfrac{\bm{d}}{2}\right|^3} - \frac{\bm{r}+\dfrac{\bm{d}}{2}}{\left|\bm{r}+\dfrac{\bm{d}}{2}\right|^3}\right) \quad (19.19)$$

となる．ここで，

$$\begin{aligned}\left|\bm{r}\mp\frac{\bm{d}}{2}\right|^{-3} &= \left\{\left(\bm{r}\mp\frac{\bm{d}}{2}\right)\cdot\left(\bm{r}\mp\frac{\bm{d}}{2}\right)\right\}^{-\frac{3}{2}}\\ &= \left(\bm{r}\cdot\bm{r}\mp\bm{r}\cdot\bm{d}+\frac{\bm{d}\cdot\bm{d}}{4}\right)^{-\frac{3}{2}} = \left(r^2\mp\bm{r}\cdot\bm{d}+\frac{d^2}{4}\right)^{-\frac{3}{2}}\\ &= \frac{1}{r^3}\left\{1\mp\frac{d}{r}\cos\theta+\frac{1}{4}\left(\frac{d}{r}\right)^2\right\}^{-\frac{3}{2}}\\ &\approx \frac{1}{r^3}\left(1\mp\frac{d}{r}\cos\theta\right)^{-\frac{3}{2}} \quad (19.20)\end{aligned}$$

と式変形できる．なお，θ は $\bm{d}$ と $\bm{r}$ のなす角である（図 19.9(b)）．また，(19.20)式では，$d/r \ll 1$ であることを考慮し，$\{\cdots\}$ 内の $(d/r)^2$ の項を無視した．
さらに，近似式 $(1+x)^\alpha \approx 1+\alpha x \, (x \ll 1)$ を利用すると，(19.20)式は

$$\begin{aligned}\left|\bm{r}\mp\frac{\bm{d}}{2}\right|^{-3} &\approx \frac{1}{r^3}\left(1\pm\frac{3}{2}\frac{d}{r}\cos\theta\right)\\ &= \frac{1}{r^3}\left(1\pm\frac{3}{2}\frac{\bm{r}\cdot\bm{d}}{r^2}\right) \quad (19.21)\end{aligned}$$

となるから，これを(19.19)式に代入して

$$\begin{aligned}E(\bm{r}) &= \frac{q}{4\pi\varepsilon_0}\left\{\frac{1}{r^3}\left(1+\frac{3}{2}\frac{\bm{r}\cdot\bm{d}}{r^2}\right)\left(\bm{r}-\frac{\bm{d}}{2}\right) - \frac{1}{r^3}\left(1-\frac{3}{2}\frac{\bm{r}\cdot\bm{d}}{r^2}\right)\left(\bm{r}+\frac{\bm{d}}{2}\right)\right\}\\ &= \frac{q}{4\pi\varepsilon_0}\left\{\frac{3(\bm{r}\cdot\bm{d})}{r^5}\bm{r} - \frac{1}{r^3}\bm{d}\right\}\end{aligned}$$

を得る．さらに，電気双極子モーメント $\bm{p} = q\bm{d}$ を用いて上式を書き直すと

$$\boxed{E(\bm{r}) = \frac{1}{4\pi\varepsilon_0}\left\{\frac{3(\bm{r}\cdot\bm{p})}{r^5}\bm{r} - \frac{1}{r^3}\bm{p}\right\}} \quad (19.22)$$

となる．

(19.22)式より，電気双極子のつくる電場は中心からの距離 r に対して r^3 に反比例することがわかる．なお，電気双極子のつくる電場の様子は図 19.8 に示したようになる． ◆

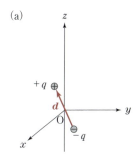
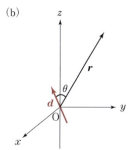

図 19.9 電気双極子
(a) 電気双極子モーメント $\bm{d}$
(b) $\bm{d}$ と位置ベクトル $\bm{r}$

19.4.3 連続分布する電荷がつくる電場

ここまでは，離散的に（バラバラに散らばって）分布している点電荷がつくる電場を取り扱ってきた．一方，日常的な巨視的スケール（人間の感覚で認識し得る大きさ）での電気現象では無数の点電荷（主に電子）が

関わっていることが多く，そのような場合には，その電荷分布は連続的とみなすことができる．

例えば，図 19.10(a) に示すような，体積 V の物体に電荷が連続的に分布している場合を考えよう．この物体(帯電体)を N 個の微小体積に分割し，N 個の微小体積に $1 \sim N$ までの番号をそれぞれ割り当てる．i 番目の微小体積を ΔV_i，ΔV_i を指定する位置ベクトルを $\boldsymbol{r}_i$，$\boldsymbol{r}_i$ での電荷密度(単位体積当たりの電気量)を $\rho(\boldsymbol{r}_i)$ とすると，ΔV_i の電気量 q_i は

$$q_i \approx \rho(\boldsymbol{r}_i) \Delta V_i \tag{19.23}$$

のように近似的に表すことができる．

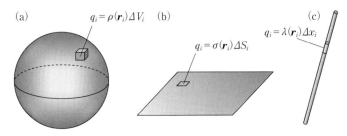

図 19.10 連続分布する電荷
(a) 3 次元的な電荷分布(電荷密度 $\rho(\boldsymbol{r})$)
(b) 2 次元的な電荷分布(電荷面密度 $\sigma(\boldsymbol{r})$)
(c) 1 次元的な電荷分布(電荷線密度 $\lambda(\boldsymbol{r})$)

なお，ΔV_i の内部の電荷分布が一様(電荷密度が一定)とみなせるくらいに分割数 N を大きく(すなわち，分割数 N を無限大 ($N \to \infty$) に)すれば，(19.23)式は近似式ではなく等式になる．

いま，(19.23)式を(19.18)式に代入すると，連続的な電荷分布が位置 $\boldsymbol{r}$ につくる電場 $\boldsymbol{E}(\boldsymbol{r})$ は，近似的に

$$\boldsymbol{E}(\boldsymbol{r}) \approx \sum_{i=1}^{N} \frac{\rho(\boldsymbol{r}_i)}{4\pi\varepsilon_0} \frac{\boldsymbol{r} - \boldsymbol{r}_i}{|\boldsymbol{r} - \boldsymbol{r}_i|^3} \Delta V_i \tag{19.24}$$

と表される．さらに，分割数を無限大 ($N \to \infty$) にすれば，上式の和は積分に置き換えられ，

$$\boxed{\boldsymbol{E}(\boldsymbol{r}) = \int_V \frac{\rho(\boldsymbol{r}')}{4\pi\varepsilon_0} \frac{\boldsymbol{r} - \boldsymbol{r}'}{|\boldsymbol{r} - \boldsymbol{r}'|^3} dV'} \tag{19.25}$$

となる．ここで，積分記号 $\int_V$ は帯電体の体積 V についての体積分を意味する．

なお，電荷が 2 次元的(平面状)に分布している場合(図 19.10(b))には，(19.25)式の電荷密度 $\rho(\boldsymbol{r}')$ を電荷面密度 $\sigma(\boldsymbol{r}')$ に置き換え，微小体積 dV' を微小面積 dS' に置き換えればよい．また，電荷が 1 次元的(線状)に分布している場合(図 19.10(c))には，(19.25)式の電荷密度 $\rho(\boldsymbol{r}')$ を電荷線密度 $\lambda(\boldsymbol{r}')$ に置き換え，微小体積 dV' を微小線分 dx' に

〈例題 19.2〉 無限に長い直線上に一様に分布する電荷がつくる電場

図 19.11(a)のように，z 軸上に一様な電荷線密度 λ で電荷が分布している．このとき，x 軸上の $x = R$ における電場を求めよ．

〈解〉 無限に長い直線上に一様に分布する電荷による電場 $E(r)$ は，微小部分の電荷 $\lambda\,dz'$ による電場を直線全体（$-\infty$ から ∞）まで足し合わせれば（積分すれば）よいので，(19.25)より

$$E(r) = \frac{\lambda}{4\pi\varepsilon_0}\int_{-\infty}^{\infty}\frac{r - r'}{|r - r'|^3}\,dz' \tag{19.26}$$

によって与えられる．ここで，図 19.11(b) において $r = (R, 0, 0)$，$r' = (0, 0, z')$ より，$r - r' = (R, 0, -z')$，$|r - r'|^3 = (R^2 + z'^2)^{\frac{3}{2}}$ であるから，電場 E の x, y, z 成分はそれぞれ

$$E_x = \frac{\lambda R}{4\pi\varepsilon_0}\int_{-\infty}^{\infty}\frac{1}{(R^2 + z'^2)^{\frac{3}{2}}}\,dz' \tag{19.27}$$

$$E_y = 0 \tag{19.28}$$

$$E_z = \frac{\lambda}{4\pi\varepsilon_0}\int_{-\infty}^{\infty}\frac{-z'}{(R^2 + z'^2)^{\frac{3}{2}}}\,dz' \tag{19.29}$$

で与えられる．(19.29)式の被積分関数は z' の奇関数（z 軸の原点に対して反対称）であるから，積分すると $E_z = 0$ となる．

一方，(19.27)式の被積分関数は z' に関して偶関数であるから，積分は有限に残る．この積分を実行するために，図 19.11(b) のように

$$z' = R\tan\theta \tag{19.30}$$

とおき，積分変数 z' を θ に置換する．このとき，dz' は

$$dz' = \frac{R}{\cos^2\theta}\,d\theta \tag{19.31}$$

となり，θ の積分範囲は $(-\pi/2, \pi/2)$ となる．したがって，(19.27)式は

$$E_x = \frac{\lambda R}{4\pi\varepsilon_0}\int_{-\frac{\pi}{2}}^{\frac{\pi}{2}}\frac{1}{R^3(1+\tan^2\theta)^{\frac{3}{2}}}\frac{R}{\cos^2\theta}\,d\theta$$

$$= \frac{\lambda}{4\pi\varepsilon_0 R}\int_{-\frac{\pi}{2}}^{\frac{\pi}{2}}\cos\theta\,d\theta = \frac{\lambda}{4\pi\varepsilon_0 R}[\sin\theta]_{-\frac{\pi}{2}}^{\frac{\pi}{2}}$$

$$= \frac{\lambda}{2\pi\varepsilon_0 R} \tag{19.32}$$

となる．この場合，点電荷がつくる電場（逆2乗則）と異なり，電場は距離 R に反比例する． ◆

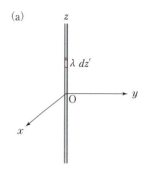
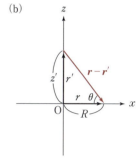

図 19.11
(a) 無限に長い直線上に一様に分布する電荷
(b) 幾何学的ベクトルの関係

〈例題 19.3〉 無限に広い平面に一様に分布する電荷がつくる電場

無限に広い xy 平面に，一様な電荷面密度 σ で電荷が分布している．このとき，平面に垂直な軸（z 軸）上の $z = h$ での電場を求めよ．

〈解〉 無限に広い平面に一様に分布する電荷による電場 $E(r)$ は，微小面積の電荷 $\sigma\,dS'$ による電場を平面全体で足し合わせれば（積分すれば）よいので，

$$E(r) = \frac{\sigma}{4\pi\varepsilon_0}\int_{平面}\frac{r - r'}{|r - r'|^3}\,dS' \tag{19.33}$$

で与えられる．ここで，$\int_{平面}(\cdots)\,dS'$ は xy 平面全体にわたる面積分を表し，

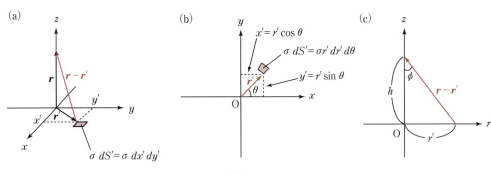

図 19.12
(a) 無限に広い平面に一様に分布する電荷
(b) xy 平面上の 2 次元極座標
(c) $r'z$ 平面

xy 平面上での面積素 dS' は，図 19.12(a)に示す 2 次元デカルト座標系では $dS' = dx'\,dy'$ と表される．

また，$\boldsymbol{r} = (0, 0, h)$，$\boldsymbol{r}' = (x', y', 0)$ より，$\boldsymbol{r} - \boldsymbol{r}' = (-x', -y', h)$，$|\boldsymbol{r} - \boldsymbol{r}'|^3 = (x'^2 + y'^2 + h^2)^{\frac{3}{2}}$ であるから，電場 $\boldsymbol{E}$ の x, y, z 成分はそれぞれ

$$E_x = \frac{\sigma}{4\pi\varepsilon_0} \int_{-\infty}^{\infty} \int_{-\infty}^{\infty} \frac{-x'}{(x'^2 + y'^2 + h^2)^{\frac{3}{2}}} \, dx'\,dy' \tag{19.34}$$

$$E_y = \frac{\sigma}{4\pi\varepsilon_0} \int_{-\infty}^{\infty} \int_{-\infty}^{\infty} \frac{-y'}{(x'^2 + y'^2 + h^2)^{\frac{3}{2}}} \, dx'\,dy' \tag{19.35}$$

$$E_z = \frac{\sigma h}{4\pi\varepsilon_0} \int_{-\infty}^{\infty} \int_{-\infty}^{\infty} \frac{1}{(x'^2 + y'^2 + h^2)^{\frac{3}{2}}} \, dx'\,dy' \tag{19.36}$$

で与えられる．(19.34)式の被積分関数は x' に関して奇関数，(19.35)式の被積分関数は y' に関して奇関数であるから，積分すると $E_x = E_y = 0$ となる．

一方，(19.36)式の被積分関数は x' と y' のいずれに関しても偶関数であるから，積分は有限に残る．この積分を実行するために，図 19.12(b)のように，xy 平面上に 2 次元極座標を設定し，

$$x' = r'\cos\theta, \qquad y' = r'\sin\theta \tag{19.37}$$

とおき，積分変数 (x', y') を (r, θ) に置換する．このとき，デカルト座標系で $dS' = dx'\,dy'$ であった面積素 dS' は，極座標系では

$$dS' = r'\,dr'\,d\theta \tag{19.38}$$

と表され，r' の積分範囲は $(0, \infty)$，θ の積分範囲は $(0, 2\pi)$ となる．

こうして，(19.36)式は

$$E_z = \frac{\sigma h}{4\pi\varepsilon_0} \int_0^{2\pi} \int_0^{\infty} \frac{1}{(r'^2 + h^2)^{\frac{3}{2}}} \, r'\,dr'\,d\theta$$

$$= \frac{\sigma h}{2\varepsilon_0} \int_0^{\infty} \frac{r'}{(r'^2 + h^2)^{\frac{3}{2}}} \, dr' \tag{19.39}$$

となる．ここで，2 番目の等号に移る際に，被積分関数が θ に依存しないことから，θ の積分を実行 ($\int_0^{2\pi} 1\,d\theta = 2\pi$) した．

(19.39)式の積分を実行するために，図 19.12(c)のように

$$r' = h\tan\phi \tag{19.40}$$

とおき，積分変数 r' を ϕ に置換する．このとき，dr' は

$$dr' = \frac{h}{\cos^2\phi}\,d\phi \tag{19.41}$$

となり，ϕ の積分範囲は $(0, \pi/2)$ となる．したがって，(19.39)式は

$$E_z = \frac{\sigma h}{2\varepsilon_0} \int_0^{\frac{\pi}{2}} \frac{h \tan\phi}{h^3(\tan^2\phi + 1)^{\frac{3}{2}}} \frac{h}{\cos^2\phi} d\phi$$

$$= \frac{\sigma}{2\varepsilon_0} \int_0^{\frac{\pi}{2}} \sin\phi \, d\phi = \frac{\sigma}{2\varepsilon_0} [-\cos\phi]_0^{\frac{\pi}{2}}$$

$$= \frac{\sigma}{2\varepsilon_0} \qquad (19.42)$$

となる．

(19.42)式からわかるように，この場合，電場の方向は平面に垂直方向であり，その大きさは平面からの距離に依存せず一定である．すなわち，平面全体に電荷が分布すると，電場は弱まることなく無限遠方まで一定の大きさで到達する．◆

19.5 電気力線

19.4節では，図19.7や図19.8のように，電場をベクトル（大きさと向きをもつ矢印）を用いて可視化した．この節では，電場を可視化する別の手段として，イギリスの物理学者であるマイケル・ファラデーによって発案された**電気力線**[5]を導入する．

マイケル・ファラデー
（イギリス，1791 - 1867）

[5] 「力線」は「りきせん」と読む．

● 電気力線の描き方

図19.13に示すように，電場を表すベクトルを次々とつないで得られる直線あるいは曲線を**電気力線**という．電気力線は電場を可視化するための仮想的な線であるが，これにより，電場の物理的イメージが明確となる．電気力線による電場の表現方法を以下にまとめる．

電気力線による電場の表現方法

(1) 電気力線は正の電荷から出発して負の電荷で終端すると定める．

(2) ある点での**電場の向き**は，その点における電気力線の接線の向きに等しいものとする．

(3) ある点での**電場の強さ**は，その点における電気力線の密度（電場に垂直な単位面積を貫く電気力線の本数）に等しいものとする．

---

(1)は，電気力線の始点と終点を定めるものであり，(2)は電場の向き，(3)は電場の強さを電気力線で表現する際の決め事である．電場をベクトルで表現する場合には，電場の強さはベクトルの長さで表現するが，電気力線の場合には，電場の強さは電気力線の密度によって表す．

以上のように取り決めた**電気力線は，電荷のないところで途切れたり，交差したり，分岐したりしない**．もし仮に電気力線がある点で途切れたり，交差したり，分岐したりすると，その点で電場が定まらず，結果として，その点に試験電荷を置いた際に力が定まらないということになってしまうからである．

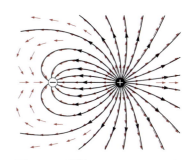

図19.13 電場のベクトルによる表現（赤茶色の矢印）と電気力線による表現（黒い実線）．ただし，この図では電場の強さを無視して，すべて同じ長さのベクトルで描いた．また，負電荷の電気量の大きさより正電荷の電気量の方が大きい場合を描いた．

19.6 ガウスの法則

帯電体の周りの電場の強さは，帯電体の電気量が増すにつれて強くなる．すなわち，電気力線の本数は増える．この節での目的は，「帯電体の電気量」と「電気力線の本数」との関係(**ガウスの法則**)を明らかにすることである．

19.6.1 電気力線の本数

● 球面を貫く電気力線

まずは簡単のため，原点に置かれた正の電気量 $q(>0)$ をもつ点電荷について考えよう．この点電荷がつくる電場の強さ E は，電場に対するクーロンの法則より

$$E = \frac{q}{4\pi\varepsilon_0 r^2} \tag{19.43}$$

で与えられる．この電場の強さは，半径 r の球面上で一定である．

いま，正の点電荷から N 本の電気力線が湧き出しているとする．点電荷を中心とする半径 r の球面を考えると，N 本の電気力線はすべて球面を垂直に貫く(図 19.14(a))．上で述べたように，電場の強さは半径 r の球面上で一定であるので，球面上での電気力線の密度 n は，

$$n = \frac{N}{4\pi r^2} \text{ 本/m}^2 \tag{19.44}$$

で与えられる(図 19.14(b))．

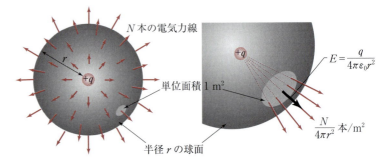

(a) 点電荷を中心とする半径 r の球面を貫く電気力線

(b) 球面上の単位面積($1\,\text{m}^2$)を貫く電気力線

図 19.14

カール・フリードリヒ・ガウス
(ドイツ，1777 – 1855)

前節の『電気力線による電場の表現方法(3)』より，(19.43)式の E と (19.44)式の n は等しい($E = n$)ので，球面を貫く電気力線の本数 N は

$$N = \frac{q}{\varepsilon_0} \tag{19.45}$$

となる．この(19.45)式を，1 個の点電荷に対する**ガウスの法則**という．

なお，ここまでは，正電荷($q = |q| > 0$)について考え，電気力線は球の内側から外側に向かって貫く(湧き出す)ことを考えた．一方，負電荷($q = -|q| < 0$)の場合には，電気力線は球の外側から内側に向かって貫く(吸い込む)ことになる．このとき，球面を貫く電気力線の本数は，$-|q|/\varepsilon_0$ 本と表される．

● **任意の閉曲面を貫く電気力線**

(19.45)式からわかるように，球面を貫く電気力線の本数 N は，球の半径 r に依存せず，球の内側に存在する電気量 q のみによって定まる．ここまでは簡単のため球面を考えてきたが，何らかの閉じた面(**閉曲面**)で電荷を囲ってさえいれば，どのような閉曲面でも，その表面を貫く電気力線の本数は，点電荷から湧き出す電気力線の本数 N に等しい．したがって，(19.45)式の関係式は，点電荷を囲む任意の閉曲面について成り立つ(図19.15の閉曲面 S_1 と S_2)．

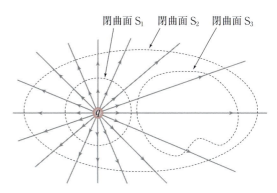

図19.15 1個の点電荷がつくる電気力線と様々な閉曲面 S_1, S_2, S_3

一方，閉曲面の外側にある点電荷の電気力線は，閉曲面に入り込んだ本数だけ外に出て行くので，正味の貫く本数としてはゼロである(図19.15の閉曲面 S_3)．また，閉曲面内に複数の点電荷が存在する場合には，それぞれの電荷がつくる電気力線の本数を足し合わせればよい．

こうして，閉曲面の内側に M 個の点電荷(それぞれの電気量を $q_1, q_2, \cdots, q_M$)があるとすると，閉曲面を貫く電気力線の本数 N は，閉曲面の内側の電荷総量 $Q = \sum_{i=1}^{M} q_i$ を用いて

$$N = \frac{Q}{\varepsilon_0} \tag{19.46}$$

と表される．この関係式を**ガウスの法則**という．

19.6.2 ガウスの法則(積分形)

● **1個の点電荷に対するガウスの法則**

上述のように，点電荷を球面で囲んだ際には，球面上の単位面積を貫く電気力線の本数(電気力線密度) n は定数(球面上で一様)である．したがって，球面全体を貫く電気力線の本数 N は，電気力線の密度 n に球の表面積を掛けて，

$$N = n \times (球の表面積) \tag{19.47}$$

となる．また，19.5節の『電気力線による電場の表現方法(3)』より，電気力線の密度 n は電場の強さ E に等しいので，

$$N = E \times (球の表面積) \tag{19.48}$$

と表される.

さらにいまの場合，電気力線は球面を垂直に貫くので，電場の強さ E は電場の球面に垂直な成分 E_n に等しく，上式は

$$N = E_n \times (球の表面積) = E_n \times \oint_{球面} dS = \oint_{球面} E_n\, dS \tag{19.49}$$

と表される．ここで，3 番目の等号においては，E_n が球面上で一定であることを用いた．また，○の付いた積分記号 $\oint_{球面}$ は，球面全体についての積分を意味する．

こうして，(19.49)式と(19.45)式より，ガウスの法則は

$$\oint_{球面} E_n\, dS = \frac{q}{\varepsilon_0} \tag{19.50}$$

と表される．

(19.50)式のガウスの法則は，閉曲面が球以外の形をしている場合（閉曲面 S とする）に一般化できて，

$$\oint_S E_n\, dS = \frac{q}{\varepsilon_0} \tag{19.51}$$

となることを証明することができる（第Ⅲ部末の演習問題 2）．ここで，積分記号 $\oint_S$ は，閉曲面全体についての積分を意味する．

また，E_n は電場 $\boldsymbol{E}$ の閉曲面 S に垂直な成分である．したがって，閉曲面に対して外向きの**法線ベクトル**（面に垂直な単位ベクトル）を $\boldsymbol{n}$ とすると，E_n は $E_n \equiv E\cos\theta = |\boldsymbol{E}| \times |\boldsymbol{n}| \times \cos\theta = \boldsymbol{E} \cdot \boldsymbol{n}$ で与えられるので，

$$\oint_S \boldsymbol{E} \cdot \boldsymbol{n}\, dS = \frac{q}{\varepsilon_0} \tag{19.52}$$

と表される（図 19.16(b)）．

● **複数の点電荷に対するガウスの法則**

閉曲面内に M 個の点電荷 $q_1, q_2, \cdots, q_M$ が存在する場合には，M 個の点電荷それぞれがつくる電場（$\boldsymbol{E}_1, \boldsymbol{E}_2, \cdots, \boldsymbol{E}_M$）の重ね合わせ $\boldsymbol{E} = \boldsymbol{E}_1 + \boldsymbol{E}_2 + \cdots + \boldsymbol{E}_M$ と，M 個の点電荷の電気力線の本数 $Q/\varepsilon_0 = (q_1 + q_2 + \cdots + q_M)/\varepsilon_0$（(19.46)式を参照）を用いて

$$\boxed{\oint_S \boldsymbol{E} \cdot \boldsymbol{n}\, dS = \frac{Q}{\varepsilon_0}} \tag{19.53}$$

と表される．これを積分形の**ガウスの法則**という．これ以後は，(19.53)式を単にガウスの法則とよぶことにする．

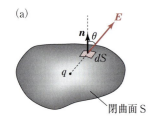
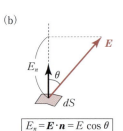

図 19.16 閉曲面 S の面積素 dS での電場 $\boldsymbol{E}$ と dS の法線ベクトル $\boldsymbol{n}$ との関係

● **連続的な電荷分布に対するガウスの法則**

電荷密度 $\rho(\boldsymbol{r})$ で電荷が連続的に分布している場合には，微小体積 dV 内の電荷が $\rho(\boldsymbol{r})dV$ で表され，閉曲面 S の内側にある電気量 Q は $\rho(\boldsymbol{r})dV$ を閉曲面 S で囲まれた領域の体積 V にわたって積分することで得られるので

$$Q = \int_V \rho(\boldsymbol{r})dV \tag{19.54}$$

となる．ここで，右辺の $\int_V$ は閉曲面 S で囲まれた領域の体積に関する積分（体積分）である．

(19.54)式を(19.53)式に代入することで，連続的な電荷分布に対するガウスの法則は

$$\boxed{\oint_S \boldsymbol{E}\cdot\boldsymbol{n}\,dS = \frac{1}{\varepsilon_0}\int_V \rho(\boldsymbol{r})dV} \tag{19.55}$$

となる．

(19.55)式のガウスの法則は，電磁気学の第1の原理であるクーロンの法則から導かれたものである．そこで改めて，(19.55)式の**ガウスの法則を電磁気学の第1の原理**とする．

電磁気学の第1の原理：電場に対するガウスの法則 [(19.55)式]

19.7 ガウスの法則の応用

電荷が対称的に分布している場合には，ガウスの法則を用いて簡単に電場を求めることができる．この節では，対称性の良い電荷分布の例として，(1)無限に広い平面上の一様な電荷分布，(2)無限に長い直線上の一様な電荷分布，(3)球対称な電荷分布，の3つの例題について考えてみよう．

〈例題 19.4〉 無限に広い平面に一様に分布する電荷がつくる電場

無限に広い xy 平面に，一様な電荷面密度 σ で電荷が分布している．このとき，平面から垂直に高さ h だけ離れた位置での電場を求めよ．

〈解〉 電荷分布の対称性から，電場は xy 平面に垂直であり，電場の強さは z に依存しないことがわかる．そこで，図 19.17 に示すように，xy 平面の上下の対称な位置（$z = h$ と $z = -h$）に面積 A の上面と下面をもつ円筒を考え，この円筒（閉曲面）に対してガウスの法則を適用する．

(19.55)式の左辺は

$$\oint_{円筒表面} \boldsymbol{E}\cdot\boldsymbol{n}\,dS = \underbrace{\int_{上面} \boldsymbol{E}\cdot\boldsymbol{n}\,dS}_{=EA} + \underbrace{\int_{下面} \boldsymbol{E}\cdot\boldsymbol{n}\,dS}_{=EA} + \underbrace{\int_{側面} \boldsymbol{E}\cdot\boldsymbol{n}\,dS}_{=0}$$
$$= 2EA \tag{19.56}$$

となる．ここで，右辺第1項と第2項の計算では，上面と下面では電場 $\boldsymbol{E}$ と法線ベクトル $\boldsymbol{n}$ は同じ向き（$\boldsymbol{E}\cdot\boldsymbol{n}=E$）であり，強さ E は上面と下面で等し

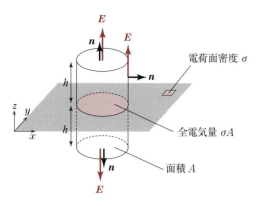

図 19.17 無限に広い平面に一様に分布する電荷と閉曲面(円筒)

いこと，および，$E=$ 一定であることを用いた．また，右辺第 3 項の計算では，側面では $\boldsymbol{E}$ と $\boldsymbol{n}$ が直交していること ($\boldsymbol{E}\cdot\boldsymbol{n}=0$) を用いた．

一方，円筒内部での全電気量が σA であること(図 19.17)から，(19.55)式の右辺は

$$\frac{1}{\varepsilon_0}\int_{\text{円筒内部}}\rho(\boldsymbol{r})\,dV = \frac{1}{\varepsilon_0}\sigma A \tag{19.57}$$

となるので，この式と(19.56)式を等しいとおくと

$$E = \frac{\sigma}{2\varepsilon_0} \tag{19.58}$$

が得られる．

この結果は(19.42)式と一致し，平面からの距離に依存せず一定である．　◆

〈例題 19.5〉無限に長い直線上に一様に分布する電荷がつくる電場

z 軸上に一様な電荷線密度 λ で電荷が分布している．このとき，z 軸から距離 R だけ離れた位置での電場を求めよ．

〈解〉 電荷分布の対称性から，電場は z 軸から放射状に拡がっている．そこで，図 19.18 に示すように，z 軸を中心軸とする円筒(高さ h，底面の半径 R)を考え，この円筒(閉曲面)に対してガウスの法則を適用する．

(19.55)式の左辺は，

$$\oint_{\text{円筒表面}}\boldsymbol{E}\cdot\boldsymbol{n}\,dS = \underbrace{\int_{\text{上面}}\boldsymbol{E}\cdot\boldsymbol{n}\,dS}_{=0} + \underbrace{\int_{\text{下面}}\boldsymbol{E}\cdot\boldsymbol{n}\,dS}_{=0} + \underbrace{\int_{\text{側面}}\boldsymbol{E}\cdot\boldsymbol{n}\,dS}_{=E\cdot 2\pi Rh}$$
$$= E\cdot 2\pi Rh \tag{19.59}$$

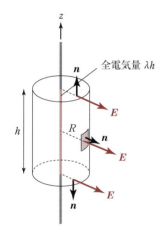

図 19.18 無限に長い直線上に一様に分布する電荷と閉曲面(円筒)

となる．ここで，右辺第 1 項と第 2 項の計算では，上面と下面での電場 $\boldsymbol{E}$ と法線ベクトル $\boldsymbol{n}$ は直交していること ($\boldsymbol{E}\cdot\boldsymbol{n}=0$) を用いた．また，右辺第 3 項の計算では，側面上では $\boldsymbol{E}$ と $\boldsymbol{n}$ の向きが等しく ($\boldsymbol{E}\cdot\boldsymbol{n}=E$)，電場の強さ E は側面で一定であること，および，円筒の側面積が $2\pi Rh$ であることを用いた．

一方，円筒内部での全電気量が λh であること(図 19.18)から，(19.55)式の右辺は，

$$\frac{1}{\varepsilon_0}\int_{\text{円筒内部}}\rho(\boldsymbol{r})\,dV = \frac{1}{\varepsilon_0}\lambda h \tag{19.60}$$

となるので，この式と(19.59)式を等しいとおくと

$$E = \frac{\lambda}{2\pi\varepsilon_0 R} \tag{19.61}$$

が得られる．

この結果は(19.32)式と一致し，電場の強さ E は z 軸からの距離 R に反比例することがわかる．　◆

〈例題 19.6〉半径 a の球に一様に分布する電荷がつくる電場

半径 a の球体に一様な電荷密度 ρ_0 で電荷が一様に分布している．このとき，球の中心から距離 r だけ離れた位置での電場を求めよ．

〈解〉 電荷分布の対称性から，電場は球の中心から放射状に拡がっている．そこで，図 19.19 の点線で示すように，帯電した球と中心を一致させた半径 r の球面を考え，この球面に対してガウスの法則を適用する．

(19.55)式の左辺は,

$$\oint_{球面} \bm{E} \cdot \bm{n}\, dS = E \cdot 4\pi r^2 \quad (19.62)$$

となる.ここで,球面上での電場 $\bm{E}$ と法線ベクトル $\bm{n}$ の向きは等しく($\bm{E} \cdot \bm{n} = E$),電場の強さ E は球面上で一定であることを用いた.

一方,(19.55)式の右辺は,半径 r が $r < a$ と $r \geq a$ の場合に対して,

$$\frac{1}{\varepsilon_0} \int_{球面内部} \rho(\bm{r})\, dV = \frac{1}{\varepsilon_0} \times \begin{cases} \dfrac{4}{3}\pi r^3 \rho_0 & (r < a) \\ \dfrac{4}{3}\pi a^3 \rho_0 & (r \geq a) \end{cases} \quad (19.63)$$

となるので,この式と(19.62)式を等しいとおくと

$$E = \begin{cases} \dfrac{\rho_0}{3\varepsilon_0} r & (r < a) \\ \dfrac{\rho_0}{3\varepsilon_0} \dfrac{a^3}{r^2} & (r \geq a) \end{cases} \quad (19.64)$$

が得られる.なお,電場の強さ E と球の中心からの距離 r との関係を図19.20 に示す.

また,球体に帯電した全電気量 Q は

$$Q = \rho_0 \times \frac{4}{3}\pi a^3 \quad (19.65)$$

であるから,Q を用いて(19.64)式を書き直すと

$$E = \begin{cases} \dfrac{Q}{4\pi\varepsilon_0 a^3} r & (r < a) \\ \dfrac{Q}{4\pi\varepsilon_0 r^2} & (r \geq a) \end{cases} \quad (19.66)$$

となる(図19.20).

(19.66)式からわかるように,$r \geq a$ の場合の電場の強さ E は球の半径 a に依存せず,電気量 Q の点電荷がつくる電場の強さと同じ値である.すなわち,球体の外部で電場(試験電荷にはたらく力)の測定を行っても,帯電した球体の大きさ(半径)を知ることはできない. ◆

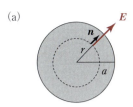
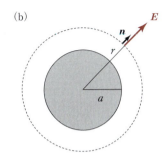

図 **19.19** 半径 a の球に一様に分布する電荷と半径 r の球面(閉曲面)
(a) $r < a$ の場合
(b) $r \geq a$ の場合

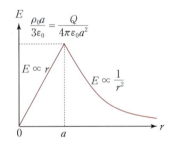

図 **19.20** 半径 a の球体に一様に分布する電荷がつくる電場の強さ

19.8 静電ポテンシャル

19.8.1 クーロン力のする仕事と保存力

原点に固定された電気量 q の点電荷から距離 r だけ離れた位置に電気量 q_0 の点電荷(試験電荷)を置くと,この試験電荷には(19.6)より

$$\bm{F} = \frac{q_0 q}{4\pi\varepsilon_0} \frac{1}{r^2} \bm{e}_r \quad (19.67)$$

のクーロン力がはたらく.ここで,$\bm{e}_r$ は r 方向の単位ベクトルである.

図19.21 に示すように,q_0 の試験電荷がクーロン力の作用を受けながら点A(= 原点から位置ベクトル $\bm{r}_\mathrm{A}$ の位置)から点B(= 原点から $\bm{r}_\mathrm{B}$ の位置)まで経路 C_1 を辿って移動したとする.位置ベクトル $\bm{r}$ にある試験電荷が $d\bm{s}$ だけ移動したと

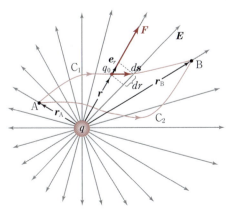

図 **19.21** クーロン力が点電荷にする仕事

き，クーロン力 $\boldsymbol{F}(\boldsymbol{r})$ がする微小な仕事 $dW = \boldsymbol{F} \cdot d\boldsymbol{s}$ は

$$dW = \boldsymbol{F} \cdot d\boldsymbol{s} = \frac{q_0 q}{4\pi\varepsilon_0} \frac{1}{r^2} \boldsymbol{e}_r \cdot d\boldsymbol{s} = \frac{q_0 q}{4\pi\varepsilon_0} \frac{1}{r^2} dr \quad (19.68)$$

と表される．ここで，$dr = \boldsymbol{e}_r \cdot d\boldsymbol{s}$ は r 方向の微小変化を表す（図19.21）．

したがって，点 A から点 B まで試験電荷を移動させた際に，クーロン力が電気量 q_0 の試験電荷にする仕事 W_{AB} は

$$W_{\mathrm{AB}} = \int_{r_{\mathrm{A}}}^{r_{\mathrm{B}}} dW = \int_{r_{\mathrm{A}}}^{r_{\mathrm{B}}} \frac{q_0 q}{4\pi\varepsilon_0} \frac{1}{r^2} dr = \frac{q_0 q}{4\pi\varepsilon_0} \left(\frac{1}{r_{\mathrm{A}}} - \frac{1}{r_{\mathrm{B}}} \right) \quad (19.69)$$

のように，点 A（始点）と点 B（終点）の原点からの距離（r_{A} と r_{B}）のみで決まり，途中の経路には依存しない．すなわち，(19.69)式の結果は経路 C_1 に限らず，点 A（始点）と点 B（終点）の間の任意の経路（例えば，図19.21 の経路 C_2）に対しても成り立つ．これは 8.2.1 項で述べた保存力の性質であるから，**クーロン力も保存力である**といえる．

なお，複数の点電荷が存在する場合（M 個とする）には，それらが試験電荷に及ぼす合力 $\boldsymbol{F}$ は，1 番目～M 番目の点電荷が試験電荷（電気量 q_0）に及ぼす力 $\boldsymbol{F}_1, \boldsymbol{F}_2, \cdots, \boldsymbol{F}_M$ の重ね合わせとして

$$\begin{aligned}\boldsymbol{F} &= \boldsymbol{F}_1 + \boldsymbol{F}_2 + \cdots + \boldsymbol{F}_M \\ &= q_0(\boldsymbol{E}_1 + \boldsymbol{E}_2 + \cdots + \boldsymbol{E}_M) = q_0 \boldsymbol{E} \quad (19.70)\end{aligned}$$

によって与えられる．ここで，$\boldsymbol{E}_i\,(i = 1, 2, \cdots, M)$ は，i 番目の電荷がつくる電場である．このとき，試験電荷が受ける力 $\boldsymbol{F}$ は中心力ではないが，保存力の和は保存力であるから，(19.70)式のクーロン力 $\boldsymbol{F} = q_0 \boldsymbol{E}$ も保存力である．

クーロン力は保存力である．

19.8.2 静電ポテンシャル（電位）

8.2 節で述べたように，保存力 $\boldsymbol{F}$ に対するポテンシャルエネルギー（位置エネルギー）は

$$U(\boldsymbol{r}) = -\int_{r_{\mathrm{P}}}^{r} \boldsymbol{F} \cdot d\boldsymbol{s} \quad (19.71)$$

と定義された．ここで，$\boldsymbol{r}_{\mathrm{P}}$ はポテンシャルエネルギーの基準点であり，その選び方は任意である．したがって，クーロン力の式 $\boldsymbol{F} = q_0 \boldsymbol{E}$ に対するポテンシャルエネルギー $U(\boldsymbol{r})$ は

$$U(\boldsymbol{r}) = -q_0 \int_{r_{\mathrm{P}}}^{r} \boldsymbol{E} \cdot d\boldsymbol{s} \quad (19.72)$$

と表すことができる．

いま，単位電荷（1 C）当たりのポテンシャルエネルギーを

$$\boxed{\phi(\boldsymbol{r}) \equiv \frac{U(\boldsymbol{r})}{q_0} = -\int_{r_P}^{r} \boldsymbol{E} \cdot d\boldsymbol{s}} \quad (19.73)$$

と定義し，これを**静電ポテンシャル**(または**電位**)とよぶ．本書で採用しているSI単位系では，静電ポテンシャルの単位は**ボルト**(V)であり，$1\,\mathrm{V} = 1\,\mathrm{J/C}$によって与えられる．

> 静電ポテンシャル(電位)：単位電荷(1C)のポテンシャル
> エネルギー(位置エネルギー)

なお，点Aと点Bでの静電ポテンシャル(電位)の差

$$V = \phi(\boldsymbol{r}_A) - \phi(\boldsymbol{r}_B) = \int_{r_A}^{r_B} \boldsymbol{E} \cdot d\boldsymbol{s} \quad (19.74)$$

を点Aと点Bの間の**電位差**(あるいは**電圧**)という．ここで，$\boldsymbol{r}_A$と$\boldsymbol{r}_B$はそれぞれ点Aと点Bの位置ベクトルである．

〈例題 19.7〉 点電荷による静電ポテンシャル

電気量qの点電荷による静電ポテンシャルを求めよ．ただし，静電ポテンシャルの基準点は点電荷から無限遠方とする．

〈解〉 電気量qの点電荷の位置を原点に選ぶとき，この点電荷のつくる電場$\boldsymbol{E}$は(19.67)式のクーロン力$\boldsymbol{F}$を試験電荷の電気量q_0で割ることで得られ($\boldsymbol{E} = \boldsymbol{F}/q_0$)，

$$\boldsymbol{E} = \frac{q}{4\pi\varepsilon_0} \frac{1}{r^2} \boldsymbol{e}_r \quad (19.75)$$

となる．ここで，$\boldsymbol{e}_r = \boldsymbol{r}/r$は$r$方向の単位ベクトルである．

この式を(19.73)式に代入すると，点電荷による静電ポテンシャル$\phi(\boldsymbol{r})$は

$$\begin{aligned}
\phi(\boldsymbol{r}) &= -\int_{r_P}^{r} \frac{q}{4\pi\varepsilon_0} \frac{1}{r^2} \boldsymbol{e}_r \cdot d\boldsymbol{s} \\
&= -\frac{q}{4\pi\varepsilon_0} \int_{r_P}^{r} \frac{1}{r^2} dr = \frac{q}{4\pi\varepsilon_0} \left[\frac{1}{r}\right]_{r_P}^{r} \\
&= \frac{q}{4\pi\varepsilon_0} \left(\frac{1}{r} - \frac{1}{r_P}\right) \\
&\xrightarrow[r_P = \infty]{} \frac{q}{4\pi\varepsilon_0} \frac{1}{r} \quad (19.76)
\end{aligned}$$

となる．ここで，2番目の等号に移る際に$dr = \boldsymbol{e}_r \cdot d\boldsymbol{s}$を用いたが，$dr$は$r$方向の微小変位である．また，最終行は，無限遠方を静電ポテンシャルの基準点に選んだ($r_P = \infty$)ことを表している．

(19.76)式の静電ポテンシャルの様子を図19.22に示す．　◆

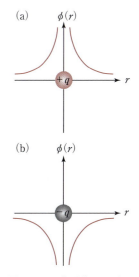

図 19.22 点電荷がつくる静電ポテンシャル
(a) 正電荷の場合
(b) 負電荷の場合

19.8.3 複数の点電荷がつくる静電ポテンシャル

それぞれの電気量が$q_1, q_2, \cdots, q_M$の点電荷がM個ある．i番目の点電荷が位置$\boldsymbol{r}$につくる電場を$\boldsymbol{E}_i(\boldsymbol{r})\,(i = 1, 2, \cdots, M)$とすると，$M$個の点電荷が位置$\boldsymbol{r}$につくる電場は，重ね合わせの原理より

$$\begin{aligned}
\boldsymbol{E}(\boldsymbol{r}) &= \boldsymbol{E}_1(\boldsymbol{r}) + \boldsymbol{E}_2(\boldsymbol{r}) + \cdots + \boldsymbol{E}_M(\boldsymbol{r}) \\
&= \sum_{i=1}^{M} \boldsymbol{E}_i(\boldsymbol{r}) \quad (19.77)
\end{aligned}$$

と表される．

(19.77)式を(19.73)式に代入すると，M 個の点電荷が位置 $\boldsymbol{r}$ につくる静電ポテンシャル $\phi(\boldsymbol{r})$ は

$$\phi(\boldsymbol{r}) = \phi_1(\boldsymbol{r}) + \phi_2(\boldsymbol{r}) + \cdots + \phi_M(\boldsymbol{r})$$

$$= \sum_{i=1}^{M} \phi_i(\boldsymbol{r}) \tag{19.78}$$

のように，i 番目の点電荷が $\boldsymbol{r}$ につくる静電ポテンシャル

$$\phi_i(\boldsymbol{r}) = -\int_{\boldsymbol{r}_\mathrm{P}}^{\boldsymbol{r}} \boldsymbol{E}_i(\boldsymbol{r}) \cdot d\boldsymbol{s} \tag{19.79}$$

の和によって与えられる．

位置 $\boldsymbol{r}_i$ にある i 番目の点電荷が位置 $\boldsymbol{r}$ につくる静電ポテンシャル $\phi_i(\boldsymbol{r})$ は，(19.76)式に $r = |\boldsymbol{r} - \boldsymbol{r}_i|$ と $q = q_i$ を代入して

$$\phi_i(\boldsymbol{r}) = \frac{q_i}{4\pi\varepsilon_0} \frac{1}{|\boldsymbol{r} - \boldsymbol{r}_i|} \tag{19.80}$$

であるから，これを(19.78)式に代入して

$$\phi(\boldsymbol{r}) = \frac{1}{4\pi\varepsilon_0} \sum_{i=1}^{M} \frac{q_i}{|\boldsymbol{r} - \boldsymbol{r}_i|} \tag{19.81}$$

と与えられる．ただし，静電ポテンシャルの基準点として無限遠方（$|\boldsymbol{r} - \boldsymbol{r}_i| = \infty$）を選んだ．

■ 〈例題 19.8〉電気双極子がつくる静電ポテンシャル ■

真空中に，$+q(>0)$ の正電荷と $-q(<0)$ の負電荷が距離 d だけ隔てて置かれた電気双極子がある（図 19.9(a)）．この電気双極子がつくる静電ポテンシャルを，電気双極子モーメント $\boldsymbol{p} = q\boldsymbol{d}$（$\boldsymbol{d}$ は負電荷から正電荷に向かうベクトル）を用いて表せ．

〈解〉2 つの点電荷の中点を座標原点に選び，正電荷の位置ベクトルを $\boldsymbol{r}_1 = \boldsymbol{d}/2$，負電荷の位置ベクトルを $\boldsymbol{r}_2 = -\boldsymbol{d}/2$ とする．(19.81)式において $\boldsymbol{r}_1$ と $\boldsymbol{r}_2$ にこれらを代入すると，

$$\phi(\boldsymbol{r}) = \frac{q}{4\pi\varepsilon_0}\left(\frac{1}{\left|\boldsymbol{r} - \dfrac{\boldsymbol{d}}{2}\right|} - \frac{1}{\left|\boldsymbol{r} + \dfrac{\boldsymbol{d}}{2}\right|}\right) \tag{19.82}$$

となる．ここで，

$$\left|\boldsymbol{r} \mp \frac{\boldsymbol{d}}{2}\right|^{-1} = \left\{\left(\boldsymbol{r} \mp \frac{\boldsymbol{d}}{2}\right) \cdot \left(\boldsymbol{r} \mp \frac{\boldsymbol{d}}{2}\right)\right\}^{-\frac{1}{2}}$$

$$= \left(\boldsymbol{r} \cdot \boldsymbol{r} \mp \boldsymbol{r} \cdot \boldsymbol{d} + \frac{\boldsymbol{d} \cdot \boldsymbol{d}}{4}\right)^{-\frac{1}{2}} = \left(r^2 \mp \boldsymbol{r} \cdot \boldsymbol{d} + \frac{d^2}{4}\right)^{-\frac{1}{2}}$$

$$= \frac{1}{r}\left\{1 \mp \frac{d}{r}\cos\theta + \frac{1}{4}\left(\frac{d}{r}\right)^2\right\}^{-\frac{1}{2}}$$

$$\approx \frac{1}{r}\left(1 \mp \frac{d}{r}\cos\theta\right)^{-\frac{1}{2}} \tag{19.83}$$

と式変形できる．なお，θ は $\boldsymbol{d}$ と $\boldsymbol{r}$ とのなす角である（図 19.9(b)）．また，(19.83)式では，$d/r \ll 1$ であることを考慮し，$\{\cdots\}$ 内の $(d/r)^2$ の項を無視した．

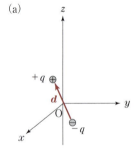

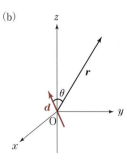

図 19.9 電気双極子
(a) 電気双極子モーメント $\boldsymbol{d}$
(b) $\boldsymbol{d}$ と位置ベクトル $\boldsymbol{r}$
（再掲）

さらに，近似式 $(1+x)^\alpha \approx 1 + \alpha x (x \ll 1)$ を利用すると，(19.83) 式は

$$\left| \boldsymbol{r} \mp \frac{\boldsymbol{d}}{2} \right|^{-1} \approx \frac{1}{r}\left(1 \pm \frac{d}{2r}\cos\theta\right)$$
$$= \frac{1}{r}\left(1 \pm \frac{\boldsymbol{r}\cdot\boldsymbol{d}}{2r^2}\right) \quad (19.84)$$

となるから，これを (19.82) 式に代入して

$$\phi(\boldsymbol{r}) = \frac{q}{4\pi\varepsilon_0}\left\{\frac{1}{r}\left(1+\frac{\boldsymbol{r}\cdot\boldsymbol{d}}{2r^2}\right) - \frac{1}{r}\left(1-\frac{\boldsymbol{r}\cdot\boldsymbol{d}}{2r^2}\right)\right\}$$
$$= \frac{q}{4\pi\varepsilon_0}\frac{\boldsymbol{r}\cdot\boldsymbol{d}}{r^3}$$

を得る．

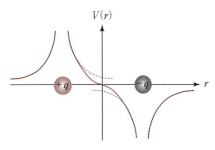

図 19.23 電気双極子がつくる静電ポテンシャル．点線は点電荷がつくる静電ポテンシャルを表す．

したがって，電気双極子モーメント $\boldsymbol{p} = q\boldsymbol{d}$ を用いて上式を書き直すと

$$\boxed{\phi(\boldsymbol{r}) = \frac{1}{4\pi\varepsilon_0}\frac{\boldsymbol{r}\cdot\boldsymbol{p}}{r^3}} \quad (19.85)$$

となる．図 19.23 に電気双極子がつくる静電ポテンシャルの様子を示す． ◆

19.8.4 静電ポテンシャルの勾配

第8章の 8.2.3 項の (8.28) 式で示したように，保存力 $\boldsymbol{F}$ はポテンシャルエネルギー $V(\boldsymbol{r})$ を用いて

$$\boldsymbol{F}(\boldsymbol{r}) = -\operatorname{grad} V(\boldsymbol{r}) \quad (19.86)$$

のように表される．ここで，grad $V(\boldsymbol{r})$ は

$$\operatorname{grad} V(\boldsymbol{r}) \equiv \left(\frac{\partial V}{\partial x}, \frac{\partial V}{\partial y}, \frac{\partial V}{\partial z}\right) \quad (19.87)$$

によって定義される「$V(\boldsymbol{r})$ の勾配 (gradient)」である．また，(19.86) 式のマイナス符号は，ポテンシャルエネルギーの高い方から低い方に向かって力が作用することを表す．

(19.86) 式に，クーロン力 $\boldsymbol{F}(\boldsymbol{r}) = q\boldsymbol{E}(\boldsymbol{r})$ と静電ポテンシャル $\phi(\boldsymbol{r})$ の定義 $V(\boldsymbol{r}) = q\phi(\boldsymbol{r})$ を代入すると，

$$\boxed{\boldsymbol{E}(\boldsymbol{r}) = -\operatorname{grad}\phi(\boldsymbol{r})} \quad (19.88)$$

が得られる．したがって，ポテンシャルエネルギー $\phi(\boldsymbol{r})$ が与えられているときには，この関係式を用いて電場 $\boldsymbol{E}(\boldsymbol{r})$ を求めることができる．

〈例題 19.9〉電気双極子がつくる電場

真空中に置かれた電気双極子がつくる静電ポテンシャルは，(19.22) 式のように

$$\phi(\boldsymbol{r}) = \frac{1}{4\pi\varepsilon_0}\frac{\boldsymbol{r}\cdot\boldsymbol{p}}{r^3} \quad (19.89)$$

として与えられる．ここで，$\boldsymbol{p}$ は電気双極子モーメントである．(19.88) 式を用いて，電気双極子がつくる電場 $\boldsymbol{E}(\boldsymbol{r})$ を求めよ．

〈解〉 (19.88)式より

$$E = -\operatorname{grad}\phi = \left(-\frac{\partial\phi}{\partial x}, -\frac{\partial\phi}{\partial y}, -\frac{\partial\phi}{\partial z}\right) \quad (19.90)$$

であるから，電場の x 成分 E_x は

$$\begin{aligned}E_x &= -\frac{\partial\phi}{\partial x} = -\frac{1}{4\pi\varepsilon_0}\frac{\partial}{\partial x}\left(\frac{\boldsymbol{r}\cdot\boldsymbol{p}}{r^3}\right) \\ &= \frac{-1}{4\pi\varepsilon_0}\left\{\frac{\frac{\partial(\boldsymbol{r}\cdot\boldsymbol{p})}{\partial x}\cdot r^3 - (\boldsymbol{r}\cdot\boldsymbol{p})\frac{\partial r^3}{\partial x}}{r^6}\right\} = \frac{-1}{4\pi\varepsilon_0}\left\{\frac{p_x r^3 - (\boldsymbol{r}\cdot\boldsymbol{p})\cdot 3xr}{r^6}\right\} \\ &= \frac{1}{4\pi\varepsilon_0}\left\{\frac{3(\boldsymbol{r}\cdot\boldsymbol{p})}{r^5}x - \frac{1}{r^3}p_x\right\} \end{aligned} \quad (19.91)$$

と計算される．ここで，3番目の等号では商の微分公式 $\{f(x)/g(x)\}' = (f'g - fg')/g^2$ を用い，4番目の等号では，

$$\frac{\partial(\boldsymbol{r}\cdot\boldsymbol{p})}{\partial x} = \frac{\partial}{\partial x}(xp_x + yp_y + zp_z) = p_x$$

$$\frac{\partial r^3}{\partial x} = \frac{\partial r}{\partial x}\frac{\partial r^3}{\partial r} = \frac{x}{r}\cdot 3r^2 = 3xr$$

を用いた．また，p_x は電気双極子モーメントの x 成分である．

電場の y 成分と z 成分についても同様に計算すると，

$$E_y = \frac{1}{4\pi\varepsilon_0}\left\{\frac{3(\boldsymbol{r}\cdot\boldsymbol{p})}{r^5}y - \frac{1}{r^3}p_y\right\} \quad (19.92)$$

$$E_z = \frac{1}{4\pi\varepsilon_0}\left\{\frac{3(\boldsymbol{r}\cdot\boldsymbol{p})}{r^5}z - \frac{1}{r^3}p_z\right\} \quad (19.93)$$

ここで，p_y と p_z はそれぞれ電気双極子モーメントの y 成分と z 成分である．

よって，電場 $\boldsymbol{E} = (E_x, E_y, E_z) = E_x\boldsymbol{e}_x + E_y\boldsymbol{e}_y + E_z\boldsymbol{e}_z$ は，

$$\boldsymbol{E} = \frac{1}{4\pi\varepsilon_0}\left\{\frac{3(\boldsymbol{r}\cdot\boldsymbol{p})}{r^5}\boldsymbol{r} - \frac{1}{r^3}\boldsymbol{p}\right\} \quad (19.94)$$

となり，(19.22)式と一致する． ◆

19.8.5 等電位面

第8章の8.2.4項で述べたように，保存力場のもとでポテンシャルエネルギー $V(\boldsymbol{r})$ が $V(\boldsymbol{r}) = $ 一定を満足するような面を**等ポテンシャル面**という．そして，保存力としてクーロン力を考える場合には，静電ポテンシャル $\phi(\boldsymbol{r}) = V(\boldsymbol{r})/q$ に対して，

$$\phi(\boldsymbol{r}) = 一定 \quad (19.95)$$

を満足する**等電位面**を定義することができる．

等ポテンシャル面上で質点を位置 $\boldsymbol{r}$ から $\boldsymbol{r} + \varDelta\boldsymbol{r}$ まで微小変位させても，質点に力ははたらかない（$\boldsymbol{F} = 0$）．したがって，その際の仕事も $dW = \boldsymbol{F}\cdot\varDelta\boldsymbol{r} = 0$ である．クーロン力 $\boldsymbol{F} = q\boldsymbol{E}$ に対しては，等電位面上において

$$\boxed{\boldsymbol{E}\cdot\varDelta\boldsymbol{r} = 0} \quad (19.96)$$

が成り立つので，**電場の向きは，等電位面に対して垂直で**，(19.88)式より，**ポテンシャルエネルギーが減少する向き**であることがわかる．

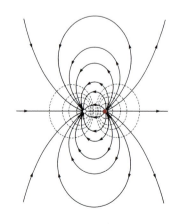

図19.24 電気双極子の周りの電場と電位（等電位面）の関係（●は正電荷，○は負電荷）

等電位面と電場の向き：電場の向きは，等電位面に対して垂直かつポテンシャルエネルギーが減少する向き

例として，図 19.24 に電気双極子の周りの電場と電位を示す．

19.9 導体

電流が良く流れる物質のことを**導体**とよぶ[6]．導体の典型例は，**金属**である．金属は自由に動くことのできる電子(**自由電子**)を無数にもち，この無数の自由電子が電流を担うため，電流が良く流れる．この節では，静電場の中に置かれた導体や帯電した導体の性質について述べる．

[6] 物質の分類の仕方として，電流の流れやすさによって分類する方法がある．この分類法では，電流の流れやすい方から順に，**導体**，**半導体**，**絶縁体**と分類される．

19.9.1 静電誘導

例えば図 19.25(a) に示すように，導体に右向きに一様な電場を印加すると，導体中の自由電子は電場からクーロン力を受けて左向きに移動し，導体の左端に溜まる．導体全体としては電気的に中性を保とうとするため，導体の右端には(左端の負電荷と同量の)正電荷が溜まる(図 19.25(b))．このように，外部の電場によって導体の表面に電荷が誘導される現象を**静電誘導**といい，誘導された電荷のことを**誘導電荷**という．

(a) 外部電場を印加した直後
(b) 誘導電荷による反電場
(c) 静電誘導

図 19.25 静電誘導

誘導電荷は，外部電場を打ち消すように導体内部に**反電場**をつくり，導体内部の電場を弱めようとする．そして，導体内部に電場が残る限り，導体内の自由電子は電場からクーロン力を受けて移動し続け，導体内部の電場が 0 になった時点で自由電子の移動は止まる(図 19.25(c))．

静電誘導が完了した静電気の状態では，導体内部の電場は 0 である．

(19.88)式に示したように，電場 E は電位 ϕ の勾配($E = -\mathrm{grad}\,\phi$) であるから，導体内部での電場が 0 ということは，導体内部が等電位 ($\phi = $ 一定) であることを意味する．また導体内部だけではなく，静電気の状態においては導体表面も等電位である．もし導体表面が等電位ではなく，導体表面に電位の勾配があれば，表面上を電流が流れることになり，もはや静電気ではなくなるからである．

静電気の状態では，導体全体は等電位($\phi = $ 一定)である．

(19.96)式で示したように，電場は等電位面に対して垂直である．

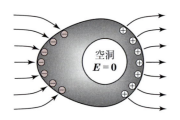

図 19.26 静電遮蔽(静電シールド). 外部電場は導体内部の空洞に侵入できない.

したがって，**導体表面(＝等電位面)では静電場は垂直**である．

● 静電遮蔽

電場の中に置かれた導体の内部に空洞がある場合，その空洞内に電荷がなければ，静電誘導の結果，**空洞内の電場は** 0 となり，空洞内部は導体と等電位となる．すなわち，導体内部の空洞は外部から印加した静電場の影響を受けない(図 19.26)．このように，空間を導体で囲うことで，外部電場の影響が遮られる現象を**静電遮蔽**(または**静電シールド**)という．

> **静電遮蔽**：静電場の中に置かれた導体内部の空洞は，外部電場の影響を受けない．

静電遮蔽は，実用面においても重要な現象である．身の回りの電子機器には様々な電子回路が組み込まれているが，静電気の影響を受けて回路が誤動作や故障することがある．これを防ぐためにも，静電遮蔽が用いられている．また，車に雷が落ちても車内の人への影響がほとんどないのも，その一例である．

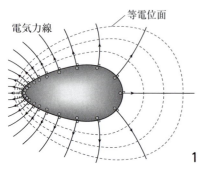

図 19.27 正に帯電した導体の周りの電気力線と等電位面

19.9.2 導体の帯電

電気的に中性な導体に外部から電荷を与える(帯電させる)と，電荷同士が反発し合い，**与えられた電荷はすべて導体表面に分布**する．このとき，**導体内部の電場は** 0 になり，**導体全体は等電位**になる．また，**導体表面での電場は導体表面に対して垂直**になる(図 19.27)．

――〈例題 19.10〉帯電した導体球のつくる静電ポテンシャル――

半径 a の導体球に電気量 Q の電荷が帯電しているとき，この導体球の静電ポテンシャル ϕ を求めよ．ただし，導体の中心から無限遠方を静電ポテンシャルの基準とする．

〈解〉 静電誘導の結果，帯電した電荷は導体表面に一様に分布するので，導体内部 ($r < a$) の電場は 0 である．一方，導体の外側 ($r \geq a$) での電場は，ガウスの法則より

$$\boldsymbol{E} = \frac{Q}{4\pi\varepsilon_0}\frac{1}{r^2}\boldsymbol{e}_r \quad (r \geq a) \tag{19.97}$$

である．ここで，$\boldsymbol{r}$ は導体の中心を原点とする位置ベクトルであり，$\boldsymbol{e}_r = \boldsymbol{r}/r$ は球の中心から動径方向の単位ベクトルである．

導体球の外側 ($r \geq a$) での静電ポテンシャルは，(19.73)式より

$$\phi = -\int_{r_P}^{r}\boldsymbol{E}\cdot d\boldsymbol{s} = -\frac{Q}{4\pi\varepsilon_0}\int_{r_P}^{r}\frac{1}{r^2}\boldsymbol{e}_r\cdot d\boldsymbol{s}$$

$$= -\frac{Q}{4\pi\varepsilon_0}\int_{\infty}^{r}\frac{1}{r^2}\,dr = \frac{Q}{4\pi\varepsilon_0 r} \quad (r \geq a) \tag{19.98}$$

となる．3 番目の等号では，$\boldsymbol{e}_r\cdot d\boldsymbol{s} = dr$ を用いた．

一方，導体球の内部 ($r < a$) での静電ポテンシャルは，

$$\phi = -\int_{\infty}^{r}E\,dr = -\int_{\infty}^{a}E\,dr - \int_{a}^{r}\underbrace{E}_{=0}\,dr$$

$$= -\frac{Q}{4\pi\varepsilon_0}\int_\infty^a \frac{1}{r^2}\,dr = \frac{Q}{4\pi\varepsilon_0 a} \quad (r<a) \quad (19.99)$$

となる．3番目の等号では，導体内部の電場が $0(E=0)$ であることを用いた．

(19.98)式と(19.99)式からわかるように，導体表面 $(r=a)$ と導体内部 $(r<a)$ は等電位であり，

$$\phi = \frac{Q}{4\pi\varepsilon_0 a} \quad (19.100)$$

となる． ◆

19.10 コンデンサーと静電容量

19.10.1 静電容量

帯電した物体の電荷量を増やすと，物体の静電エネルギーは上昇する．例えば，前節の(19.100)式からわかるように，帯電した導体球の静電エネルギー ϕ は帯電量 Q に比例して増加する．すなわち，$C=4\pi\varepsilon_0 a$ とおくと，

$$\phi = \frac{Q}{C} \quad (19.101)$$

の関係に従う．(19.101)式の比例関係は，球形以外の形状の導体に対しても成り立つ一般的な関係式で，係数 C は物体の**静電容量**（または**電気容量**）とよばれる．SI単位系では，静電容量の単位として F（**ファラッド**）が用いられる．なお，(19.101)式より $1\,\mathrm{F} = 1\,\mathrm{C/V}$ である．

導体の帯電量 Q を増していくと導体の静電エネルギー ϕ が大きくなり，導体に電荷を加えにくくなる．(19.101)式からわかるように，静電容量 C が大きい導体ほど静電エネルギー ϕ は小さくなるので，より多くの電荷を導体に蓄えるためには静電エネルギー ϕ の上昇を抑えながら電荷を蓄える必要がある．

〈例題 19.11〉**導体球の静電容量**

真空中に置かれた半径 $a=10\,\mathrm{cm}$ の導体球の静電容量 C を求めよ．

〈解〉 導体球の静電容量は $C=4\pi\varepsilon_0 a$ であるから，

$$C = 4\pi\varepsilon_0 a = 11.1 \times 10^{-12}\,\mathrm{F} = 11.1\,\mathrm{pF} \quad (19.102)$$

となる．ここで，pF（ピコファラッド）は $10^{-12}\,\mathrm{F}$ である． ◆

19.10.2 コンデンサー

導体にできるだけ多くの電荷を蓄えるためには，静電エネルギーの上昇を抑えながら電荷を蓄える工夫が必要である．そのような工夫がなされた素子として**コンデンサー**がある．コンデンサーは，2つの導体を向かい合わせて接近させ，導体間に電位差（電圧）を与えることで電荷を蓄える素子である．

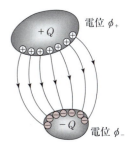

図 19.28 コンデンサーの概念図

コンデンサーを構成する2つの導体の電位差を $V = \phi_+ - \phi_-$ (ϕ_+ と ϕ_- は，それぞれ正と負に帯電した導体の静電ポテンシャル)，導体に蓄えられた電気量をそれぞれ $\pm Q$ とするとき，コンデンサーの帯電量 Q は電位差 V に比例し，

$$Q = CV \tag{19.103}$$

の関係が成り立つことが実験的に知られている．比例係数 C は，先に述べたコンデンサーの**静電容量**(あるいは**電気容量**)である．

(19.103)式からわかるように，コンデンサーの静電容量は，1Vの電位差をコンデンサーに印加した際にコンデンサーの電極に蓄えられる電気量に相当する．

> **コンデンサーの電気容量**：コンデンサーに1Vの電位差を印加した際に，コンデンサーの電極に蓄えられる電気量．

すなわち，**電気容量の大きなコンデンサーほど，小さな電位差で多くの電気量を蓄える**ことができる．

19.10.3 平行平板コンデンサー

2枚の導体の板を平行に向かい合わせたコンデンサーを**平行平板コンデンサー**という．

図19.29に示すように，平行平板コンデンサーを構成する導体板の間の距離を d とし，片方の導体板を正に帯電させ，他方を負に帯電させる．このとき，平行平板コンデンサーの静電容量を求めてみよう．ただし，導体板の面積は非常に大きく，導体板の端の影響は無視でき，導体板の表面には電荷が一様な電荷面密度 $\pm \sigma$ で分布しているとする．

図 19.29 平行平板コンデンサー

この平行平板コンデンサーがつくる電場は，図19.30に示すように，正と負に帯電したそれぞれの導体板(極板)がつくる電場を重ね合わせることによって得られる．電荷面密度 $\pm \sigma$ で一様に帯電した平板のつくる電場は(19.58)式で与えられるので，極板の間の電場の強さは(19.58)式の2倍となり，

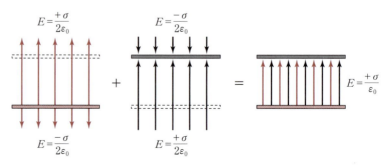

図 19.30 平行平板コンデンサーがつくる電場の様子．下の導体板は正に，上の導体板は負に帯電している．

$$E = \frac{\sigma}{\varepsilon_0} \tag{19.104}$$

となることがわかる．

いま，正に帯電した極板を $z = 0$ の xy 平面上に設置し，負に帯電した極板を $z = d$ の xy 平面上に設置する．このとき，(19.74)式において $d\bm{s} = \bm{e}_z\, dz$, $\bm{E} = (\sigma/\varepsilon_0)\bm{e}_z$, $\bm{r}_\mathrm{A} = (0,0,0)$, $\bm{r}_\mathrm{B} = (0,0,d)$ とすることで，極板間の電位差 V は

$$V = \int_0^d E\, dz = \frac{\sigma}{\varepsilon_0} d \tag{19.105}$$

のように計算される．

また，極板の面積を S，極板の帯電量を Q とすると，電荷面密度 σ は $\sigma = Q/S$ と表されるから，(19.105)の電位差 V は

$$V = \frac{d}{\varepsilon_0 S} Q \tag{19.106}$$

と表せる．したがって，(19.103)式と(19.106)式を比較することで，平行平板コンデンサーの静電容量 C は，

$$\boxed{C = \varepsilon_0 \frac{S}{d}} \tag{19.107}$$

となり，**平行平板コンデンサーの静電容量を大きくするためには，極板の面積 S を大きくし，極板間の距離 d を小さくすればよい**ことがわかる．

=== 〈例題 19.12〉 平行平板コンデンサーの静電容量 ===

平行平板コンデンサーの静電容量 $C_\mathrm{p} = \varepsilon_0 S/d$ と孤立した導体球の静電容量 $C_\mathrm{s} = 4\pi\varepsilon_0 a$（$a$ は導体球の半径）を比較するために，平行平板コンデンサーの極板の面積 S を導体球の表面積と同じ $S = 4\pi a$ とする．このときの C_p と C_s の比（$= C_\mathrm{p}/C_\mathrm{s}$）を求めよ．さらに，前の例題と同様に $a = 10\,\mathrm{cm}$ のとき，極板距離を $d = 0.1\,\mathrm{mm}$ とすると，C_p は C_s の何倍であるか求めよ．また，C_p の値を求めよ．

〈解〉 面積 $S = 4\pi a^2$ の平行平板コンデンサーの静電容量 C_p は，

$$C_\mathrm{p} = \varepsilon_0 \frac{S}{d} = 4\pi\varepsilon_0 a \frac{a}{d} \tag{19.108}$$

となる．一方，孤立した導体球の静電容量は，$C_\mathrm{s} = 4\pi\varepsilon_0 a$ であるから，

$$C_\mathrm{p} = C_\mathrm{s} \frac{a}{d}, \quad \text{すなわち} \quad \frac{C_\mathrm{p}}{C_\mathrm{s}} = \frac{a}{d} \tag{19.109}$$

となる．

したがって，$a = 10\,\mathrm{cm}$, $d = 0.1\,\mathrm{mm}$ のときには $C_\mathrm{p}/C_\mathrm{s} = a/d = 1000$，すなわち，$C_\mathrm{p}$ は C_s の 1000 倍である．また，前の例題で求めたように $C_\mathrm{s} = 11.1\,\mathrm{pF}$ であるから，$C_\mathrm{p} = 11.1\,\mathrm{nF}$ である． ◆

19.11 電場のエネルギー

19.11.1 コンデンサーに蓄えられるエネルギー

平行平板コンデンサーの2つの極板にそれぞれ電気量 $+Q$ と $-Q$ を帯電させるのに必要な仕事 W を考えてみよう．図 19.31 に示すように，それぞれの極板に電気量 $\pm q$ だけ帯電している状態において，負に帯電した極板側から微小な電気量 dq の電荷を，正に帯電した極板側に移動させる．（19.104）式より，面積 S の極板間には

$$E = \frac{q}{\varepsilon_0 S} \tag{19.110}$$

の電場が存在するので，この移動の際に，電気量 dq の電荷は電場 E からクーロン力 ($F = dq \times E$) を受ける．

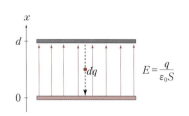

図 19.31 極板間を移動する電気量 dq の電荷（●）を移動させる様子

したがって，微小な電気量 dq の電荷を位置 $x = d$ から $x = 0$ まで極板間を移動させる際に，クーロン力に逆らって外力 $F_{外力} = E\,dq$ がする微小な仕事 $dW = F_{外力} \cdot d$ は，

$$dW = F_{外力} \cdot d = E\,dq \cdot d = \frac{qd}{\varepsilon_0 S}\,dq = \frac{q}{C}\,dq \tag{19.111}$$

となるので，$q = 0$ の状態から $q = Q$ の状態まで変化させるのに必要な仕事 W は，(19.111) 式を $q = 0$ から $q = Q$ まで積分して

$$W = \int_0^Q \frac{q}{C}\,dq = \frac{1}{2}\frac{Q^2}{C} \tag{19.112}$$

となる．この仕事は，コンデンサーにエネルギーとして蓄えられる．

このエネルギーはコンデンサーの**静電エネルギー**とよばれ，

$$\boxed{U = \frac{1}{2}\frac{Q^2}{C} = \frac{1}{2}CV^2 = \frac{1}{2}QV} \tag{19.113}$$

と表される．なお，2番目と3番目の等号においては，(19.103) 式の $Q = CV$ を用いて式変形を行った．

19.11.2 電場のエネルギー密度

静電エネルギー U は平行平板コンデンサーのどこに蓄えられているのであろうか．(19.113) 式の中に電荷 Q が現れることから，静電エネルギーは極板内の電荷が担っているとも考えることができるが，近接作用の考え方では，極板間の電場が静電エネルギーを担っていると考える．

近接作用の考えを明示的に表すために，(19.113) 式の平行平板コンデンサーに蓄えられた静電エネルギー U を次のように電場 E を用いて書き直してみよう．

$$U = \frac{1}{2}CV^2 = \frac{1}{2}\left(\varepsilon_0 \frac{S}{d}\right)(Ed)^2 = \frac{1}{2}\varepsilon_0 E^2 Sd \tag{19.114}$$

ここで，2番目の等号においては，平行平板コンデンサーの静電容量 $C = \varepsilon_0 S/d$ と電圧 $V = Ed$ の関係を用いた．また，(19.114)式中の Sd は極板間の体積を表すから，極板間の単位体積当たりのエネルギー（**電場のエネルギー密度**）u_E は，U を体積 Sd で割ることで，

$$u_E = \frac{1}{2}\varepsilon_0 E^2 \qquad (19.115)$$

と表される．

なお，平行平板コンデンサーの極板間では電場は一定であるが，(19.115)式の表式は，電場 $\boldsymbol{E}(\boldsymbol{r})$ が空間的に一様でない場合にも一般化でき，

$$\boxed{u_E(\boldsymbol{r}) = \frac{1}{2}\varepsilon_0 E^2(\boldsymbol{r})} \qquad (19.116)$$

と表すことができる[7]．

---

7) $E^2(\boldsymbol{r}) = \boldsymbol{E}(\boldsymbol{r}) \cdot \boldsymbol{E}(\boldsymbol{r})$ である．

Electromagnetism

第 20 章 静 磁 場

　前章までは，荷電粒子が静止している場合の空間(静電場)の性質について述べてきた．この章では，荷電粒子が動く場合，特に，無数の荷電粒子が一定の速度で流れている(定常電流が流れている)場合の空間(静磁場)の性質について述べる．

> キーワード：電流，オームの法則，磁場(磁界)，電束密度，
> 　　　　　　ビオ-サバールの法則，磁束密度に対するガウスの法則，
> 　　　　　　アンペールの法則
> 必要な数学：ベクトル積(ベクトルの外積)，ベクトル場の循環

20.1 電 流

● 電流の向きと大きさ

　電流とは，端的にいうと，荷電粒子が流れる**向き**と**大きさ**を表す物理量であり，電流の向きと大きさは次のように定められる．

> **電流の向き**：正電荷をもつ荷電粒子が移動する向きを正の向きとする[8]．
> **電流の大きさ**：単位時間当たりに，ある断面を通過する電気量

[8] 電流の担い手である荷電粒子が負電荷をもつ「電子」の場合には，電流の向きは電子が移動する向きと逆向きである．

　いま，時刻 t から時刻 $t + \Delta t$ までの Δt 秒間に，ある断面を合計で電気量 ΔQ の荷電粒子が通過したとすると，この Δt 秒間における電流の平均値 $\bar{I}$ は

$$\bar{I} = \frac{\Delta Q}{\Delta t} \tag{20.1}$$

によって与えられる．また，時刻 t (の瞬間)における電流 I は，$\Delta t \to 0$ の極限をとって，$I = \lim_{\Delta t \to 0} \dfrac{\Delta Q}{\Delta t}$，すなわち，微分の定義にならって

$$\boxed{I = \frac{dQ}{dt}} \tag{20.2}$$

のように定義される．

電流の単位

(20.2)式からもわかるように，電流の単位はC/sである．本書で採用しているSI単位系では，C/sをA(**アンペア**)と書き，A(=C/s)をSI単位系の基本単位の1つとする．なお，1Aは電気素量eを$e = 1.602176634 \times 10^{-19}$Cと定めることによって設定される．

電流の微視的表現

簡単のため，断面積Sの導線の中を流れる**定常電流**(向きや大きさが時間によって変化しない電流)について考える．

この導線に含まれる自由電子の密度(= 単位体積当たりの自由電子の数)をn，平均の速度を$\boldsymbol{v}$とすると，微小時間dtの間に断面を通過する電気量dQは，図20.1に示すように，長さが$v\,dt$で断面積がSの微小体積$dV = v\,dt\,S$に含まれる電気量に等しいから，

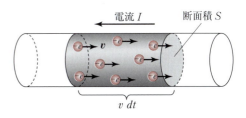

図20.1 微小時間dtの間に断面積Sの導線を平均の速度$\boldsymbol{v}$で移動する自由電子

$$dQ = (電荷密度) \times dV = -en \times v\,dt\,S \quad (20.3)$$

のように与えられる．したがって，この導線を流れる電流Iは，(20.3)式を(20.2)式に代入することで

$$\boxed{I = -envS} \quad (20.4)$$

となる．

20.2 オームの法則

電磁気学は，電荷や電流がつくる空間(電場や磁場)の性質に関する学問であるが，ここでは少しだけ寄り道をして，電流自身の性質について述べることにする．

20.2.1 オームの第1法則と第2法則

オームの第1法則

導線を流れる電流の大きさIは，導線の両端の電位差Vに比例するので，

$$\boxed{I = \frac{V}{R} \quad あるいは \quad V = RI} \quad (\text{オームの第1法則}) \quad (20.5)$$

が成り立つ．(20.5)式の比例係数Rは**電気抵抗**(または単に**抵抗**)とよばれ，電流の流れにくさを表す．(20.5)式からわかるように，**電気抵抗の単位はV/Aであり，SI単位系ではこれをΩ(オーム)と書く．**

オームの第2法則

導線の電気抵抗Rは，導線の長さLに比例し，断面積Sに反比例す

ゲオルク・ジーモン・オーム
(ドイツ，1789 - 1854)

表 20.1 物質の抵抗率

物　質	電気抵抗率 ($\times 10^{-8}\,\Omega\,\mathrm{m}$)	
	0℃	100℃
銀	1.47	2.08
銅	1.55	2.23
金	2.05	2.88
アルミニウム	2.50	3.55
鉄	8.90	14.70
ニクロム	107.30	108.30

るので，

$$R = \rho \frac{L}{S} \quad (\text{オームの第 2 法則}) \quad (20.6)$$

が成り立つ．(20.6)式の比例係数 ρ は**抵抗率**とよばれ，導線の材質や温度に依存する（表 20.1）．(20.6)式からわかるように，**抵抗率の単位は $\Omega\,\mathrm{m}$（オームメートル）**である．

なお，オームの法則は，導体に流れる電流が小さいときに良く成り立つ法則であり，電流が大きくなると発熱などの影響により成り立たなくなる．また半導体は，電流が小さい場合でもオームの法則が成り立たない典型例である．

20.2.2　オームの法則の微視的説明

オームの法則（第 1 法則と第 2 法則）は，もともとは実験的に得られた経験法則であるが，ここでは，導線の中の自由電子の運動を力学的に取り扱うことで，オームの法則を理論的に導き，その微視的解釈を与える[9]．

(20.4)式に示したように，断面積 S の導線の中を流れる電流の大きさは $I = envS$ によって与えられる．ここで，e は電気素量，n は単位体積当たりの自由電子の数，v は自由電子の平均の速度である．

導線の中の自由電子は，電場 E からクーロン力（$= eE$）を受ける一方，導線を構成する原子の原子核との衝突によって抵抗力を受ける．この抵抗力が，自由電子の速度 v に比例する（$= -\gamma v$；γ は粘性抵抗係数）と仮定すると，この自由電子に対するニュートンの運動方程式は

$$m\frac{dv}{dt} = eE - \gamma v \quad (20.7)$$

と表すことができる（図 20.2 を参照）．ここで，m は自由電子の質量である[10]．

(20.7)式を解いて得られる自由電子の平均の速度 v を(20.4)式に代入することで，導線を流れる電流 I の振る舞いを知ることができる．

定常状態においては，自由電子の平均の速度 v は一定，すなわち加速度はゼロ（$dv/dt = 0$）であるから，(20.7)式より自由電子の平均の速度 v は

$$v = \frac{eE}{\gamma} \quad (20.8)$$

となり，電場の大きさ E に比例することがわかる．また，電場の大きさ E は，導線の両端の電位差 V と導線の長さ L を用いて $E = V/L$ と表せるので，(20.8)式は

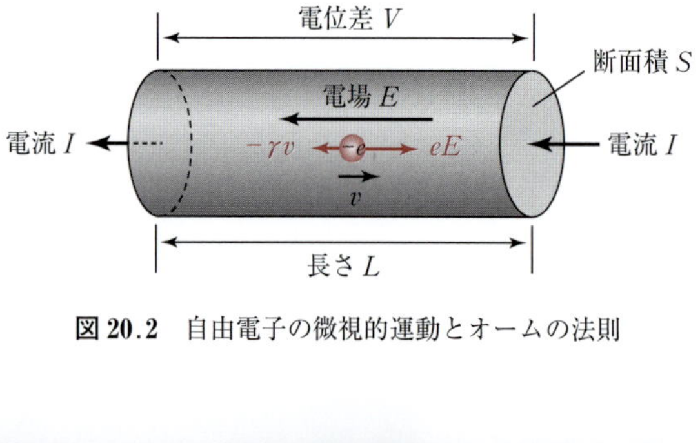

---

[9] オームの法則が力学的に導かれるということから，オームの法則は本質的に電磁気学に固有の法則ではないことが理解できるであろう．

[10] 正確には，真空中の電子の質量ではなく，導体中での自由電子の有効質量である．

図 20.2　自由電子の微視的運動とオームの法則

$$v = \frac{eV}{\gamma L} \tag{20.9}$$

と書くことができる．こうして，自由電子の平均の速度 v は電位差 V に比例することもわかる．

自由電子の平均の速度 v が(20.9)式によって与えられたので，導線を流れる電流の大きさ $I = envS$ は

$$I = \left(\frac{ne^2}{\gamma}\frac{S}{L}\right)V \tag{20.10}$$

となり，電流の大きさ I が電位差 V に比例すること（オームの第1法則）が導かれる．また，(20.5)式のオームの第1法則と(20.10)式を比べると，電気抵抗 R が

$$R = \frac{\gamma}{ne^2}\frac{L}{S} \tag{20.11}$$

のように与えられ，電気抵抗 R が導体の長さ L に比例して，導体の断面積 S に反比例すること（オームの第2法則）も導かれる．さらに，(20.6)式のオームの第2法則と(20.11)式を比べることで，導体の抵抗率 ρ が

$$\rho = \frac{\gamma}{ne^2} \tag{20.12}$$

によって与えられることがわかる．

導線の両端に電圧を印加した後，導線を流れる電流が定常電流に達するまでに要する時間の目安を**緩和時間**とよぶが，緩和時間は，抵抗係数 γ と電子の質量 m を用いて，$\tau = m/\gamma$ によって与えられる（第7章の7.2節を参照）．

― **〈例題 20.1〉銅の電気抵抗率** ―

0℃での銅の電気抵抗率は $\rho = 1.55 \times 10^{-8}\,\Omega\,\text{m}$ である（表20.1参照）．このとき，銅の抵抗係数 γ と緩和時間 τ を求めよ．ただし，電子の質量を $m = 9.11 \times 10^{-31}\,\text{kg}$，電気素量を $e = 1.60 \times 10^{-19}\,\text{C}$，銅の電子密度を $n = 8.46 \times 10^{28}\,\text{m}^{-3}$ とする．

〈解〉 (20.12)式より，銅の抵抗係数 γ は

$$\gamma = ne^2\rho = (8.46 \times 10^{28}) \times (1.60 \times 10^{-19})^2 \times (1.55 \times 10^{-8})$$
$$= 3.36 \times 10^{-17}\,\text{kg/s}$$

と計算される．また，緩和時間 $\tau = m/\gamma$ は

$$\tau = \frac{m}{\gamma} = \frac{9.11 \times 10^{-31}}{3.36 \times 10^{-17}} = 2.71 \times 10^{-14}\,\text{s} \tag{20.13}$$

となる． ◆

20.3 直線電流の間にはたらく力

電荷と電荷の間にはたらく力はクーロンによって詳細に研究され，静電気に関する「逆2乗則」としてまとめられた．一方，電流と電流の間にはたらく力についてはアンペールによって詳細に研究され，その性質が明らかとなった．

以下に，2本の平行な導線を流れる電流(直線電流)の間にはたらく力の性質についてまとめる．

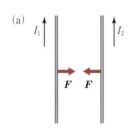

アンドリ=マリ・アンペール
(フランス，1775 - 1836)

--- 2本の平行な導線を流れる電流(直線電流)の間にはたらく力 ---

2本の導線1と導線2を距離 r だけ離して設置し，導線1には電流 I_1，導線2には電流 I_2 を流すものとする．このとき，長さ l の導線の間には

$$F = k_\mathrm{m} \frac{I_1 I_2}{r} l \qquad (k_\mathrm{m} \text{は比例係数}) \tag{20.14}$$

の力がはたらく．

この式から，力 F について次のことがいえる．

1. I_1 と I_2 に比例する．
2. I_1 と I_2 が同符号(電流が同じ向き)の場合には引力，I_1 と I_2 が異符号(電流が逆向き)の場合には斥力である(図20.3を参照)．
3. 導線間の距離 r に反比例する．
4. 平行に張られた導線の長さ l に比例する．

● **静電気力(クーロン力)との類似点と相違点**

2つの点電荷の間にはたらく静電気力(クーロン力)の場合には，2つの点電荷の電気量 q_1 と q_2 に比例する．一方，2本の直線電流の間にはたらく力の場合には，性質1のように，電流 I_1 と I_2 に比例する．このように，電流間にはたらく力はクーロン力と類似の性質をもつ．

しかしながら，性質2と性質3は，点電荷に対するクーロン力とは決定的に異なる．クーロン力の場合には，同符号の電荷の場合には斥力，異符号の電荷の場合には引力であるのに対して，性質2では，同符号の電流の場合には引力，異符号の電流の場合には斥力であり，全く反対の性質をもつ．

また，性質3からわかるように，力 F は導線間の距離 r を指定すると定まるという点でクーロン力と似ているが，クーロン力の場合には逆2乗則に従うのに対して，性質3は距離 r に比例している点でクーロン力と異なる．

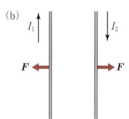

図 20.3 2本の平行な電流の間にはたらく力
(a) 同じ向きに流れる電流間にはたらく力
(b) 逆向きに流れる電流間にはたらく力

● **SI 単位系での比例係数の選び方**

本書で採用している SI 単位系では，(20.14)式の比例定数 k_m は

$$k_\mathrm{m} = \frac{\mu_0}{2\pi}$$
$$= 2 \times 10^{-7}\,\mathrm{m\,kg/(s^2\,A^2)} \tag{20.15}$$

と定められる．ここで，μ_0 は**真空の透磁率**とよばれ，その値は，

$$\mu_0 = 4\pi \times 10^{-7}\,\mathrm{m\,kg/(s^2\,A^2)} \tag{20.16}$$

である．

結局，SI 単位系では，直線電流 I_1 と I_2 が流れる長さ l の導線の間にはたらく力は，(20.15)式を(20.14)式に代入して

$$\boxed{F = \frac{\mu_0}{2\pi}\frac{I_1 I_2}{r}l} \tag{20.17}$$

と与えられる．

エルステッドの発見：電気と磁気の結び付き

　磁石が鉄を引き付けたり，磁針の N 極が常に北を向いたり，2 つの磁石の同極の間には斥力がはたらき，異極の間には引力がはたらく事実は，古くから人々の心を魅了し，また私たちの生活に役立てられてきた．18 世紀後半になると，磁気力について精密な測定が行われるようになり，静電気力の「逆 2 乗則」を発見したクーロンが，磁極の間にはたらく力も静電気の場合と同じように「逆 2 乗則」に従うことを発見した．しかしこの段階では，電気と磁気の間に何の関係性も見い出されていなかった．

　電気と磁気との関係は，1820 年にデンマークのエルステッドによって偶然に発見された．エルステッドは大学での講義において実験を行っているときに，電流が流れている導線の近くにたまたま置かれていた磁針が振れるのをみて，電気と磁気の間の関係に気づいたそうである．このエピソードの真偽はさておき，電気と磁気との関係を見出したエルステッドの発見は，瞬く間にヨーロッパ中に伝わり，アンペールらによって精密化され，電磁気学の発展へとつながった．

ハンス・クリスティアン・エルステッド
（デンマーク，1777 - 1851）

　物理学者であるエルステッドは，「マッチ売りの少女」や「人魚姫」で有名な童話作家・詩人であるアンデルセン（デンマーク，1805 - 1875）と交流があり，生涯にわたってアンデルセンの支援を惜しまなかったといわれている．一方，アンデルセンはエルステッドの功績を讃え，次のような詩をエルステッドに捧げている．

　　あなたの心に電光のような思想がひらめいたとき，
　　科学の王国は，その光の中に，
　　奇しくも美しいあなたの教えた真理の宝玉を啓示した．
　　かくて人びとはその美しさの前に頭をたれて，
　　あなたの方法によって造物主への道を求めた．
　　（出典：『新訳　ダンネマン　大自然科学史』安田徳太郎 訳・編，三省堂）

20.4 磁場と磁束密度

近接作用の考え方(場という考え方)に基づくと，クーロン力は，2つの点電荷が直接作用するのではなく，片方の点電荷が周囲の空間を歪ませることで場(電場)を生じさせ，その電場を介して他方の点電荷に力を及ぼす，と解釈できる．

2本の直線電流の間にはたらく力にも近接作用の考え方を適用させると，一方の電流が周囲の空間を歪ませて，その歪(= 場)を介して，他方の電流に力を及ぼすと考えることができる．ただし，前節で述べたように，2本の直線電流の間にはたらく力はクーロン力とは異なる性質をもつので，電流が空間中につくる場は，電場とは異なる場であると考えられる．このような，電流によってつくられる場を磁場(あるいは磁界)とよぶ．

● 直線電流の周りの磁場

第18章の図18.1に示したように，電流を流した導線の周りに砂鉄を撒くことで，直線電流の周りの磁場の様子を可視化することができる．図18.1(b)からわかるように，直線電流の周りには同心円状の磁場が発生する．以下では，この磁場について述べる．

(20.17)式に示したように，2本の直線電流の間にはたらく力 F は，

$$F = \frac{\mu_0}{2\pi} \frac{I_1 I_2}{r} l \tag{20.18}$$

で与えられる．いま，新しい物理量として，

$$B = \frac{\mu_0 I_1}{2\pi r} \tag{20.19}$$

を導入し，直線電流の間にはたらく力を

$$F = I_2 l B \tag{20.20}$$

のように変形しよう．ここで導入した物理量 B は，電流 I_1 が距離 r だけ離れた位置につくる磁束密度(の大きさ)とよばれる．または，B を単に磁場(の大きさ)とよぶこともある[11]．なお，(20.20)式の力は，直線電流に対するアンペール力とよばれるものであり，後ほど詳しく述べる．

また，磁束密度 B の向きは，電流の向きを右ネジが進む向きに設定したとき，右ネジが回転する向きとする(右ネジの法則)．なお，右手を握って親指を立てたとき，電流の向きを親指の向きに選ぶと，親指以外の4本の指を握る向きが磁束密度の回転の向きに一致することから，右ネジの法則は右手の法則ともよばれる．

右ネジの法則を考慮に入れて，(20.19)式の磁束密度をベクトル表記すると

11) 正確には，磁束密度 B と磁場 H の間には，$B = \mu_0 H$ の関係がある．

$$\boldsymbol{B} = \frac{\mu_0 I}{2\pi r}\boldsymbol{e}_\theta \qquad (20.21)$$

となる．$\boldsymbol{e}_\theta$ は，電流の向きを右ネジが進む向きに選んだとき，同心円の円周に沿って右ネジが回転する向きの単位ベクトルである．

磁束密度の単位は，(20.20)式からわかるように，N/(A m)であり，SI単位系では，これをT(**テスラ**)と書く．

ジョン・フレミング
(イギリス，1849 - 1945)

20.5 アンペール力とローレンツ力

20.5.1 アンペール力とフレミングの左手の法則

図20.4に示したように，磁束密度 $\boldsymbol{B}$ の磁場の中に置かれた電流 I_2 が受ける力 $\boldsymbol{F}$ の大きさは，(20.20)式で示したように $F = I_2 l B$ によって与えられ，その向きは，電流の向き($\boldsymbol{e}_z$の向き)と磁束密度の向き($\boldsymbol{e}_\theta$の向き)の両方に垂直な方向で，$\boldsymbol{e}_z$ と $\boldsymbol{e}_\theta$ のベクトル積 $\boldsymbol{e}_z \times \boldsymbol{e}_\theta$ の向きである．すなわち，力 $\boldsymbol{F}$ は

$$\boldsymbol{F} = I\boldsymbol{l} \times \boldsymbol{B} \qquad (20.22)$$

と表される．ここで，$\boldsymbol{l} = l\boldsymbol{e}_z$ および $\boldsymbol{B} = B\boldsymbol{e}_\theta$ である．

(20.22)式の電流と磁束密度と力の関係は，図20.4に示したように，電流の向きが左手の中指，磁束密度の向きが左手の人差し指，そして，力の向きが左手の親指に対応する．この対応関係を**フレミングの左手の法則**とよぶ．

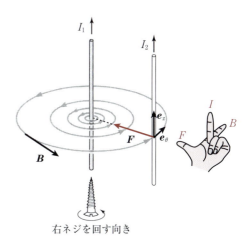

図20.4 直線電流がつくる磁束密度と右ネジの法則(右手の法則)とフレミングの左手の法則

図20.5(a)に示すように，電流の流れが直線的ではなく，曲がりくねっているような任意の形状をしており，電流と磁束密度が直交していないような場合には，導線の微小な直線部分 $d\boldsymbol{l}$ に(20.22)式を適用することで，$d\boldsymbol{l}$ にはたらく力を

$$\boxed{d\boldsymbol{F} = I\, d\boldsymbol{l} \times \boldsymbol{B}} \qquad (20.23)$$

と表すことができる．したがって，導線全体にはたらく力を求める際には，これを導線の形状にわたって積分すればよい．そして，この(20.23)式の力を**アンペール力**とよぶ．なお，電流素片 $I\, d\boldsymbol{l}$ に対しては，図20.5(b)に示すように，フレミングの左手の法則が成り立つ．

20.5.2 ローレンツ力

磁場中に置かれた電流が流れる導線には，(20.23)式のアンペール力がはたらくが，導線の中を流れる電流は自由電子(荷電粒子)によって運ばれるのであるから，ミクロの立場からみると，アンペール力の源は，運動する荷電粒子と磁束密度の相互作用であると考えられる．

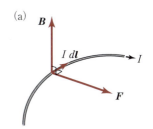

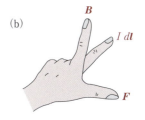

図20.5
(a) アンペール力
(b) フレミングの左手の法則

いま，自由電子の電気量を $q = -e$，導線内の自由電子の密度を n，自由電子の平均の速度を v とすると，断面積 S の導線を流れる電流 I は，(20.4)式より $I = qnvS$ と表される．これを(20.22)式に代入すると，

$$F = qvnSl \times B \tag{20.24}$$

となる．ここで，vl を vl と書き換えた．

(20.24)式の nSl は，導線の体積 Sl に含まれる自由電子の数であるから，(20.24)式を nSl で割ることで，1個の自由電子が磁束密度 B から受ける力 $F_L \equiv F/nSl$ が

$$\boxed{F_L = qv \times B} \tag{20.25}$$

によって与えられることがわかる．この力を**ローレンツ力**とよぶ．

ローレンツ力は，静止している荷電粒子にはたらく力とは本質的に異なる力である．したがって，電場 E と磁束密度 B の磁場が存在するとき，電気量 q の荷電粒子にはクーロン力（$=qE$）とローレンツ力（$=qv \times B$）の和として

$$\boxed{F = q(E + v \times B)} \tag{20.26}$$

の力がはたらくことになる[12]．

12) (20.26)式をローレンツ力とよぶ教科書もあるが，本書では，(20.25)式をローレンツ力とよぶことにする．

● **ローレンツ力のする仕事**

ローレンツ力 $F_L = qv \times B$ は，荷電粒子の速度 v に垂直（$F_L \perp v$，すなわち $F_L \cdot v = 0$）である．したがって，電気量 q の荷電粒子が磁束密度 B の磁場中を速度 v で微小な距離 Δr だけ移動したとき，磁束密度 B の磁場が荷電粒子にする仕事 ΔW_L は

$$\Delta W_L = F_L \cdot \Delta r = F_L \cdot v \, \Delta t = 0 \tag{20.27}$$

となり，**磁場は仕事をしない**ことがわかる．すなわち，第8章の8.3.1項の(8.37)式からわかるように，磁場中を運動する荷電粒子は軌道を曲げるが，**運動エネルギーは変化しない**．

<mark>ローレンツ力と仕事：ローレンツ力は仕事をしない．</mark>

ヘンドリック・ローレンツ
（オランダ，1853 – 1928）

20.6 ビオ – サバールの法則

19.4節で述べたように，電磁気学の第1の原理は，電荷と電場の関係を与える(19.14)式の「電場に対するクーロンの法則」（あるいは，それから導かれるガウスの法則）であった．この節では，電磁気学の第2の原理として，電流と磁束密度の関係を与える**ビオ – サバールの法則**について述べる．

● **ビオ – サバールの法則**

直線電流がつくる磁束密度は右ネジの法則に従い，(20.21)式によっ

ジャン=バティスト・ビオ
（フランス，1774 – 1862）

て与えられることを述べた．フランスの物理学者であるビオとサバールの2人は，巧みな実験を行うことで，任意の形状をした導線に流れる電流と磁束密度の関係を明らかにした．それによると，導線中の電流素片 $I\,d\boldsymbol{l}$ が，そこから測って $\boldsymbol{r}$ の位置につくる磁束密度 $d\boldsymbol{B}$ は

$$d\boldsymbol{B} = \frac{\mu_0}{4\pi} \frac{I\,d\boldsymbol{l} \times \boldsymbol{r}}{r^3} \tag{20.28}$$

と表されることがわかった．この式は発見者らの名にちなんでビオ-サバールの法則とよばれ，電磁気学の第2の原理として位置づけられている．

フェリックス・サバール
（フランス，1791 - 1841）

電磁気学の第2の原理：磁束密度に対するビオ-サバールの法則
[(20.28)式]

(20.28)式は電流素片がつくる磁束密度 $d\boldsymbol{B}$ であるが，導線全体がつくる磁束密度 $\boldsymbol{B}$ は，

$$\boldsymbol{B} = \frac{\mu_0 I}{4\pi} \int_C \frac{d\boldsymbol{l} \times \boldsymbol{r}}{r^3} \tag{20.29}$$

のように，(20.28)式を導線の形状 C にわたって積分することで得られる．

ビオ-サバールの法則が，(20.21)式の「右ネジの法則」の一般形になっていることは，以下の例題を解くことで理解できるであろう．

〈例題 20.2〉直線電流がつくる磁束密度

無限に長い直線電流 I が，電流から距離 R の点 P につくる磁束密度 $\boldsymbol{B}$ を求めよ．

〈解〉 図 20.6(a)のように，電流が流れている向きを z 軸に選び，点 P を位置ベクトル $\boldsymbol{r}_P = R\boldsymbol{e}_x$ で指定される x 軸上の点に選ぶ．このとき，z 軸上の位置ベクトル $\boldsymbol{r}_c = z\boldsymbol{e}_z$ で指定される電流素片から点 P に向かうベクトル $\boldsymbol{r}$ は $\boldsymbol{r} \equiv \boldsymbol{r}_P - \boldsymbol{r}_c = R\boldsymbol{e}_x - z\boldsymbol{e}_z$，その大きさは $|\boldsymbol{r}| = r = \sqrt{R^2 + z^2}$ と表される．また，電流素片は $I\,d\boldsymbol{l} = I\,dz\,\boldsymbol{e}_z$ と表され，

$$\begin{aligned} I\,d\boldsymbol{l} \times \boldsymbol{r} &= I\,dz\,\boldsymbol{e}_z \times (R\boldsymbol{e}_x - z\boldsymbol{e}_z) \\ &= IR\,dz\,\underbrace{(\boldsymbol{e}_z \times \boldsymbol{e}_x)}_{=\boldsymbol{e}_y} - Iz\,dz\,\underbrace{(\boldsymbol{e}_z \times \boldsymbol{e}_z)}_{=0} \\ &= IR\,dz\,\boldsymbol{e}_y \end{aligned} \tag{20.30}$$

となるので，これを(20.28)式のビオ-サバールの法則に代入することで，電流素片 $I\,d\boldsymbol{l}$ がつくる磁束密度 $d\boldsymbol{B}$ は

$$d\boldsymbol{B} = \frac{\mu_0 I}{4\pi} \frac{R}{(R^2 + z^2)^{3/2}} dz\,\boldsymbol{e}_y \tag{20.31}$$

となり，磁束密度 $d\boldsymbol{B}$ は y 成分のみ有限の値をもつ($dB_x = dB_z = 0$)．

電流の向き(z 軸の正の向き)を右ネジの進む向きとすると，点 P での $d\boldsymbol{B}$ の向き(y 軸の正の向き)は，右ネジの回転方向である．また，$d\boldsymbol{B}$ の大きさ $dB = |d\boldsymbol{B}|$ は

$$dB = \frac{\mu_0 I}{4\pi} \frac{R}{(R^2 + z^2)^{\frac{3}{2}}} dz \tag{20.32}$$

である．

したがって，(20.32)式を $z = -\infty$ から $z = +\infty$ まで積分すれば，直線

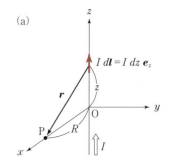

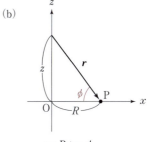

$z = R\tan\phi$

図 20.6 ビオ-サバールの法則による直線電流がつくる磁束密度の計算
(a) 電流素片 $I\,d\boldsymbol{l}$ と点 P との関係
(b) z と ϕ との関係

電流全体がつくる磁束密度の大きさ B を求めることができる．すなわち，

$$B = \frac{\mu_0 I}{4\pi} \int_{-\infty}^{\infty} \frac{R}{(R^2 + z^2)^{\frac{3}{2}}} dz \tag{20.33}$$

を計算すればよい．そこで，図20.6(b)に示すように，変数 z を $z = R\tan\phi$ のように変数変換 $(z \to \phi)$ すると，

$$dz = \frac{R}{\cos^2\phi} d\phi, \quad (R^2 + z^2)^{\frac{3}{2}} = \frac{R^3}{\cos^3\phi}$$

となり，積分範囲 $(-\infty \leq z \leq \infty)$ は $-\pi/2 \leq \phi \leq \pi/2$ となるので，(20.33)式は

$$B = \frac{\mu_0 I}{4\pi R} \int_{-\frac{\pi}{2}}^{\frac{\pi}{2}} \cos\phi \, d\phi = \frac{\mu_0 I}{2\pi R} \tag{20.34}$$

となる．したがって，右ネジの回転方向の単位ベクトルを $\boldsymbol{e}_\phi$ と書くと，直線電流がつくる磁束密度 $\boldsymbol{B}$ は

$$\boldsymbol{B} = \frac{\mu_0 I}{2\pi r} \boldsymbol{e}_\phi \tag{20.35}$$

となり，(20.21)式と一致する． ◆

=== 〈例題 20.3〉 円電流がつくる磁束密度 ===

半径 R の円周上を流れる電流 I がある．このとき，円の中心軸上の磁束密度を求めよ．

〈解〉 図20.7(a)に示すように，xy 平面上の原点 O を中心とする半径 R の円周上を，円電流が反時計回りに流れているとする．この円電流が中心軸上 (z 軸上) の距離 z に位置する点 P につくる磁束密度 $\boldsymbol{B}$ を計算する．

図20.7(a)に示すように，電流素片 $I\, d\boldsymbol{l}$ の位置から点 P に向かうベクトル $\boldsymbol{r}$ は，$\boldsymbol{r} = -R\cos\theta\, \boldsymbol{e}_x - R\sin\theta\, \boldsymbol{e}_y + z\boldsymbol{e}_z$ と表され，その大きさは $|\boldsymbol{r}| = r = \sqrt{R^2 + z^2}$ と表される．また，図20.7(b)に示すように，電流素片は $I\, d\boldsymbol{l} = -I\sin\theta\, dl\, \boldsymbol{e}_x + I\cos\theta\, dl\, \boldsymbol{e}_y$ と表される．ここで線素 dl は，半径が R，角度が $d\theta$ の円弧の長さであるから，$dl = R\, d\theta$ で与えられる．したがって，電流素片は $I\, d\boldsymbol{l} = -IR\sin\theta\, d\theta\, \boldsymbol{e}_x + IR\cos\theta\, d\theta\, \boldsymbol{e}_y$ と表され，

$$\begin{aligned} I\, d\boldsymbol{l} \times \boldsymbol{r} &= (IR\sin\theta\, d\theta\, \boldsymbol{e}_x + IR\cos\theta\, d\theta\, \boldsymbol{e}_y) \\ &\quad \times (-R\cos\theta\, \boldsymbol{e}_x - R\sin\theta\, \boldsymbol{e}_y + z\boldsymbol{e}_z) \\ &= IRz\cos\theta\, d\theta\, \boldsymbol{e}_x + IRz\sin\theta\, d\theta\, \boldsymbol{e}_y + IR^2 d\theta\, \boldsymbol{e}_z \end{aligned} \tag{20.36}$$

となる．ここで2番目の等号では $\boldsymbol{e}_x \times \boldsymbol{e}_x = \boldsymbol{e}_y \times \boldsymbol{e}_y = 0$, $\boldsymbol{e}_x \times \boldsymbol{e}_y = -\boldsymbol{e}_y \times \boldsymbol{e}_x = \boldsymbol{e}_z$, $\boldsymbol{e}_x \times \boldsymbol{e}_z = -\boldsymbol{e}_y$, $\boldsymbol{e}_y \times \boldsymbol{e}_z = \boldsymbol{e}_x$ を用いた．

(20.36)式を(20.28)式のビオ-サバールの法則に代入することで，電流素片 $I\, d\boldsymbol{l}$ がつくる磁束密度 $d\boldsymbol{B}$ は

$$d\boldsymbol{B} = \frac{\mu_0 I}{4\pi} \frac{Rz\cos\theta\, d\theta\, \boldsymbol{e}_x + Rz\sin\theta\, d\theta\, \boldsymbol{e}_y + R^2 d\theta\, \boldsymbol{e}_z}{(R^2 + z^2)^{\frac{3}{2}}} \tag{20.37}$$

となる．すなわち，$d\boldsymbol{B}$ の x, y, z 成分はそれぞれ

$$dB_x = \frac{\mu_0 I}{4\pi} \frac{Rz}{(R^2 + z^2)^{\frac{3}{2}}} \cos\theta\, d\theta \tag{20.38}$$

$$dB_y = \frac{\mu_0 I}{4\pi} \frac{Rz}{(R^2 + z^2)^{\frac{3}{2}}} \sin\theta\, d\theta \tag{20.39}$$

$$dB_z = \frac{\mu_0 I}{4\pi} \frac{R^2}{(R^2 + z^2)^{\frac{3}{2}}} d\theta \tag{20.40}$$

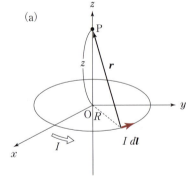
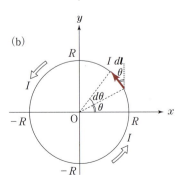

図 20.7 ビオ-サバールの法則による円電流がつくる磁束密度の計算
(a) 電流素片 $I\, d\boldsymbol{l}$ と点 P との関係
(b) 電流素片 $I\, d\boldsymbol{l}$ と偏角 θ の関係

である．

(20.38)式〜(20.40)式を $\theta = 0 \sim 2\pi$ の範囲で積分することで，円電流全体がつくる磁束密度 $\boldsymbol{B}$ を求めることができる．その結果，磁束密度の x 成分と y 成分は打ち消し合ってそれぞれゼロ（$B_x = B_y = 0$）となり，z 成分は

$$B_z = \frac{\mu_0 I}{2} \frac{R^2}{(R^2 + z^2)^{\frac{3}{2}}} \tag{20.41}$$

となる．この結果から，円の中心（原点 O）での磁束密度の大きさ B は

$$B = \frac{\mu_0 I}{2R} \tag{20.42}$$

となる． ◆

20.7 磁束密度に対するガウスの法則

この節では，ビオ–サバールの法則から導かれる静磁場の性質として，**磁束密度に対するガウスの法則**について述べる．

(20.28)式のビオ–サバールの法則によると，電流素片 $I\,d\boldsymbol{l}$ が位置 $\boldsymbol{r}$ で指定される点 P につくる磁束密度 $d\boldsymbol{B}$ は，電流素片 $I\,d\boldsymbol{l}$ と位置ベクトル $\boldsymbol{r}$ のベクトル積（$I\,d\boldsymbol{l} \times \boldsymbol{r}$）の方向，すなわち，電流素片 $I\,d\boldsymbol{l}$ に垂直な平面上のベクトルである（図 20.8(a)）．また，点 P から $d\boldsymbol{B}$ に沿って線をつないで描かれる**磁束線**の形状は，電流素片 $I\,d\boldsymbol{l}$ に垂直な円となる（図 20.8(a)）．なお，円の中心は電流素片 $I\,d\boldsymbol{l}$ を延長した直線上にある．

以上の説明からわかるように，電流素片 $I\,d\boldsymbol{l}$ のつくる磁束密度 $d\boldsymbol{B}$ を表す磁束線は電気力線とは異なり，始点も終点もない閉曲線（ループ）である．図 20.8(b) に閉曲面 S を貫く $d\boldsymbol{B}$ を表す磁束線を示す．この図からわかるように，$d\boldsymbol{B}$ を表す磁束線が閉曲線（ループ）を描くことから，閉曲面 S の外から内に貫いた（流入した）磁束線は，必ず内から外に S を貫く（流出する）．また，電流素片 $I\,d\boldsymbol{l}$ がつくる磁束密度 $d\boldsymbol{B}$ を電流全体について加え合わせた磁束密度 $\boldsymbol{B}$ もループを描くので，任意の閉曲面 S に流入する磁束線と流出する磁束線の数は等しく，磁束密度 $\boldsymbol{B}$ を閉曲面 S 上で面積分すると

$$\boxed{\oint_S \boldsymbol{B} \cdot \boldsymbol{n}\,dS = 0} \tag{20.43}$$

となることがわかる．ここで，$\boldsymbol{n}$ は閉曲面 S の表面に対して外向きの法線ベクトルである．これを**磁束密度に対するガウスの法則**とよぶ．

● 磁気単極子

19.5 節で述べたように，電気力線は正の電荷を始点とし，負の電荷を終点とするものであったが，本節で述べたように，磁束線には始点も終点も存在しない．一般に，このような始点も終点も存在しないループ状のベクトル場のことを**ソレノイダル場**という．

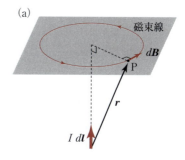

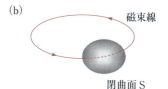

図 20.8
(a) 電流素片 $I\,d\boldsymbol{l}$ が位置ベクトル $\boldsymbol{r}$ で指定される点 P につくる磁束密度 $d\boldsymbol{B}$ と磁束線
(b) 閉曲面 S を貫く磁束線

磁束密度がソレノイダル場であるという事実は，磁束密度を生み出す源として，正の"磁荷"や負の"磁荷"といった**磁気モノポール**(**磁気単極子**)が**単独では存在しない**ことを意味する．

> ─ 磁気モノポールの非存在性 ─
> 磁束密度はソレノイダル場(ループ状のベクトル場)であり，磁気モノポールは単独では存在しない．

この事実は，(19.53)式の「電場 E に対するガウスの法則」と (20.43)式の「磁束密度 B に対するガウスの法則」を比較すると明確である．

$$\boxed{\oint_S E \cdot n \, dS = \frac{Q}{\varepsilon_0}} \iff \boxed{\oint_S B \cdot n \, dS = 0} \quad (20.44)$$

電場 E に対するガウスの法則の右辺には，E の源である電荷 Q が現れているが，磁束密度 B に対するガウスの法則の右辺はゼロである．すなわち，(20.43)式は，B の源である正の"磁荷"や負の"磁荷"といった磁気モノポールが単独では存在しないことを表している．

磁束密度の源：磁束密度の源は電流である．

20.8 アンペールの法則

この節では，ビオ–サバールの法則から導かれるもう1つの法則(**アンペールの法則**)について述べる．静電場のガウスの法則が，電荷と電場との関係を与える法則であったのに対して，アンペールの法則は，電流と磁束密度との関係を与える法則である．

20.8.1 アンペールの法則の導出

ここでは簡単のため，直線電流がつくる磁束密度を考えることにする．ビオ–サバールの法則によると，無限に長い直線電流 I がつくる磁束密度 B は，(20.35)式のように

$$B = \frac{\mu_0 I}{2\pi r} e_\phi \quad (20.45)$$

によって与えられる．ここで e_ϕ は，直線電流の向きを右ネジが進む向きに選んだ場合に，右ネジが回る向きの単位ベクトルである．

● 磁束密度 B の循環

(20.43)式の「磁束密度に対するガウスの法則」は磁束密度の**閉曲面上での面積分**に関する法則であったが，「アンペールの法則」は，以下で示すように，磁束密度の**閉曲線上での線積分**に関する法則である．

図20.9に示すような，閉曲線 C に沿っての磁束密度 B の接線方向

成分 $B_t \equiv \boldsymbol{B} \cdot \boldsymbol{t}$ の周回積分のことを $\boldsymbol{B}$ の**循環**とよび,

$$\text{(閉曲線 C 上での }\boldsymbol{B}\text{ の循環)} = \oint_{\mathrm{C}} \boldsymbol{B} \cdot \boldsymbol{t}\, ds \quad (20.46)$$

によって与えられる.ここで,ds は閉曲線上の線素,$\boldsymbol{t}$ は C の向きの単位ベクトル($|\boldsymbol{t}|=1$)であり,**接線ベクトル**とよばれる.以下では,上述の直線電流 I と磁束密度 $\boldsymbol{B}$ の循環の関係について述べる.

(a) 電流を囲まない閉曲線での $\boldsymbol{B}$ の循環

磁束密度 $\boldsymbol{B}$ の循環を計算するための閉曲線の例として,図 20.10 に示すような扇形の閉曲線 $\mathrm{C}_\text{扇}$ を考えることにしよう.この閉曲線 $\mathrm{C}_\text{扇}$ の内側を直線電流 I は貫いておらず,I は閉曲線の外(図 20.10 では原点で紙面に対して垂直上向き)にあるものとする.

閉曲線 $\mathrm{C}_\text{扇}$:a → b → c → d → a での $\boldsymbol{B}$ の循環は,

$$\oint_{\mathrm{C}_\text{扇}} \boldsymbol{B}\cdot\boldsymbol{t}\,ds = \int_{\widehat{\mathrm{ab}}}\boldsymbol{B}\cdot\boldsymbol{e}_r\,ds + \int_{\widehat{\mathrm{bc}}}\boldsymbol{B}\cdot\boldsymbol{e}_\phi\,ds + \int_{\widehat{\mathrm{cd}}}\boldsymbol{B}\cdot(-\boldsymbol{e}_r)\,ds + \int_{\widehat{\mathrm{da}}}\boldsymbol{B}\cdot(-\boldsymbol{e}_\phi)\,ds$$
(20.47)

と表される.ここで,$\boldsymbol{e}_r$ は動径方向の単位ベクトル,$\boldsymbol{e}_\phi$ は偏角 ϕ が増加する向きの単位ベクトルである.また,(20.47)式の右辺第 1 項(経路 a → b)と第 3 項(経路 c → d)の線積分は,$\boldsymbol{B}$ と $\boldsymbol{e}_r$ が直交しているので $\boldsymbol{B}\cdot\boldsymbol{e}_r = 0$ よりゼロとなり,$\boldsymbol{B}$ の循環は

$$\begin{aligned}
\oint_{\mathrm{C}_\text{扇}}\boldsymbol{B}\cdot\boldsymbol{t}\,ds &= \int_{\widehat{\mathrm{bc}}} \underbrace{\boldsymbol{B}\cdot\boldsymbol{e}_\phi}_{=\frac{\mu_0 I}{2\pi r_2}}\,ds - \int_{\widehat{\mathrm{da}}}\underbrace{\boldsymbol{B}\cdot\boldsymbol{e}_\phi}_{=\frac{\mu_0 I}{2\pi r_1}}\,ds\\
&= \frac{\mu_0 I}{2\pi r_2}\underbrace{\int_{\widehat{\mathrm{bc}}}ds}_{=r_2(\phi_c-\phi_b)} - \frac{\mu_0 I}{2\pi r_1}\underbrace{\int_{\widehat{\mathrm{da}}}ds}_{=r_1(\phi_d-\phi_a)}\\
&= \frac{\mu_0 I}{2\pi}(\phi_c-\phi_b) - \frac{\mu_0 I}{2\pi}(\phi_d-\phi_a) \quad (20.48)
\end{aligned}$$

となる.最初の等号の右辺では,(20.45)式を用いた.また,2 番目の等号の右辺では,弧 $\widehat{\mathrm{bc}}$ の長さが $r_2(\phi_c-\phi_b)$,弧 $\widehat{\mathrm{da}}$ の長さが $r_1(\phi_d-\phi_a)$ であることを用いた.ここで,$\phi_a, \phi_b, \phi_c, \phi_d$ はそれぞれ位置 a, b, c, d の偏角である.

さらに,位置 a と位置 b の偏角は等しく($\phi_a = \phi_b$),位置 c と位置 d の偏角も等しいこと($\phi_c = \phi_d$)を考慮すれば,(20.48)式は

$$\oint_{\mathrm{C}_\text{扇}}\boldsymbol{B}\cdot\boldsymbol{t}\,ds = 0 \quad (20.49)$$

となる.すなわち,電流を取り囲まない閉曲線 $\mathrm{C}_\text{扇}$ に対する磁束密度 $\boldsymbol{B}$ の循環はゼロである.実は,(20.49)式は扇形の場合だけでなく,電流を取り囲まない任意の形状の閉曲線に対しても成り立つ.以下では,このことを証明しよう.

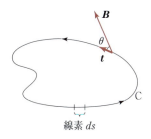

図 20.9 磁束密度 $\boldsymbol{B}$ の中の閉曲線 C.ds は C の線素であり,$\boldsymbol{t}$ は C の向きの単位ベクトル($|\boldsymbol{t}|=1$)である.また,$\boldsymbol{B}\cdot\boldsymbol{t} = B\cos\theta$($\theta$ は $\boldsymbol{B}$ と $\boldsymbol{t}$ のなす角)である.

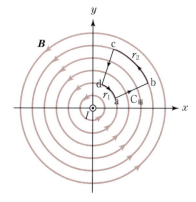

図 20.10 直線電流のつくる磁束密度と扇形の閉曲線 $\mathrm{C}_\text{扇}$.原点に描かれた記号 ⊙ は,紙面に垂直で,裏から表に向かって流れる電流 I を表す.

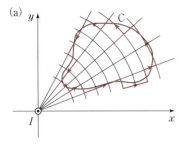

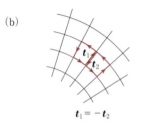

図 20.11 電流を取り囲まない任意の形状の閉曲線 C を微小な扇形で分割．原点に描かれた記号 ⊙ は，紙面に垂直で，裏から表に向かって流れる電流 I を表す．

図 20.11(a) に示すように，任意の閉曲線 C を含む xy 平面を微小な扇形に分割しよう．このとき，閉曲線 C は図 20.11(a) 中の赤茶色の線で示すような扇形の外周によって近似できる．なぜならば，図 20.11(b) に示すように，隣接する扇形の各辺の接線ベクトルは互いに反対向き ($\boldsymbol{t}_1 = -\boldsymbol{t}_2$) であるので，隣接する扇形の辺上では $\boldsymbol{B}\cdot\boldsymbol{t}_1$ と $\boldsymbol{B}\cdot\boldsymbol{t}_2$ は互いに打ち消し合い，循環への寄与はゼロとなるためである．

さらに，閉曲線 C の内側にある扇形の数を N 個とし，$N\to\infty$ の極限をとると，任意の閉曲線 C を無限小の扇形によって**厳密**に再現できる．したがって，閉曲線 C 上での磁束密度 $\boldsymbol{B}$ の循環は

$$\oint_{\mathrm{C}} \boldsymbol{B}\cdot\boldsymbol{t}\,ds = \lim_{N\to\infty}\sum_{n=1}^{N}\oint_{\mathrm{C}_{扇}^{(n)}} \boldsymbol{B}\cdot\boldsymbol{t}\,ds \tag{20.50}$$

のように，N 個の微小な扇形の閉曲線 $\mathrm{C}_{扇}^{(n)}\,(n=1,2,\cdots,N)$ の和として与えられる．また，すべての $\mathrm{C}_{扇}^{(n)}\,(n=1,2,\cdots,N)$ の内側には電流が貫いていないので，すべての $\mathrm{C}_{扇}^{(n)}$ に対して (20.49) 式が成り立つ．こうして，任意の形状の閉曲線 C に対して

$$\oint_{\mathrm{C}} \boldsymbol{B}\cdot\boldsymbol{t}\,ds = 0 \tag{20.51}$$

が成り立つことが証明された．

(b) 電流を囲む閉曲線での $\boldsymbol{B}$ の循環

(20.51) 式で証明したように，電流が貫かない閉曲線での磁束密度 $\boldsymbol{B}$ の循環はゼロである．それでは，閉曲線が電流を取り囲む場合には，磁束密度の循環はどうなるのであろうか．この問いについて，以下で考えることにしよう．

いま，図 20.12 に示すように，直線電流を中心として半径 r の円を考え，この円周上に沿って (20.45) 式の $\boldsymbol{B}$ の周回積分 (循環) を計算してみよう．

半径 r の円形の閉曲線 $\mathrm{C}_{円}$ 上での磁束密度 $\boldsymbol{B}$ の循環は

$$\begin{aligned}\oint_{\mathrm{C}_{円}} \boldsymbol{B}\cdot\boldsymbol{t}\,ds &= \int_0^{2\pi} \frac{\mu_0 I}{2\pi r}\boldsymbol{e}_\phi\cdot\boldsymbol{e}_\phi\, r\,d\phi \\ &= \frac{\mu_0 I}{2\pi}\int_0^{2\pi}d\phi = \frac{\mu_0 I}{2\pi}\cdot 2\pi \\ &= \mu_0 I \end{aligned} \tag{20.52}$$

のように計算される．最初の等号で，(20.46) 式，$\boldsymbol{t}=\boldsymbol{e}_\phi$，ならびに，円弧の長さ $ds = r\,d\phi$ (ϕ は x 軸からの偏角) を用いた．また，2 番目の等式に移る際に $\boldsymbol{e}_\phi\cdot\boldsymbol{e}_\phi = 1$ を用いた．

(20.52) 式の結果は，円周上での $\boldsymbol{B}$ の循環が，円を貫く電流 I に比例すること ($=\mu_0 I$) を表している．実は，この結論は，円の場合だけでなく任意の形状の閉曲線に対しても成り立つ．以下では，これにつ

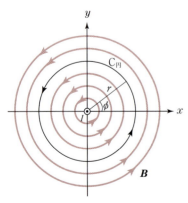

図 20.12 直線電流のつくる磁束密度と円形の閉曲線 $\mathrm{C}_{円}$．原点に描かれた記号 ⊙ は，紙面に垂直で，裏から表に向かって流れる電流 I を表す．

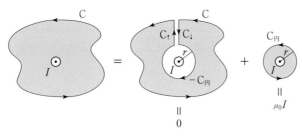

図 20.13 電流を取り囲む任意の閉曲線での磁束密度の周回積分. 記号⊙は, 紙面に垂直で, 裏から表に向かって流れる電流 I を表す.

いて証明しよう.

図 20.13 に示すように, 電流 I を取り囲む任意の形状の閉曲線 C を考え, この閉曲線 C での $\boldsymbol{B}$ の循環を

$$\oint_C \boldsymbol{B} \cdot \boldsymbol{t}\, ds = \left(\int_C \boldsymbol{B} \cdot \boldsymbol{t}\, ds + \int_{C_\uparrow} \boldsymbol{B} \cdot \boldsymbol{t}\, ds + \int_{C_\downarrow} \boldsymbol{B} \cdot \boldsymbol{t}\, ds - \int_{C_円} \boldsymbol{B} \cdot \boldsymbol{t}\, ds \right)$$
$$+ \int_{C_円} \boldsymbol{B} \cdot \boldsymbol{t}\, ds \qquad (20.53)$$

のように分解しよう. ここで, $C_\uparrow$ と $C_\downarrow$ との間の距離が無限小の極限において, 経路 $C_\uparrow$ と経路 $C_\downarrow$ での $\boldsymbol{B}$ の循環の間には,

$$\int_{C_\uparrow} \boldsymbol{B} \cdot \boldsymbol{t}\, ds + \int_{C_\downarrow} \boldsymbol{B} \cdot \boldsymbol{t}\, ds = 0 \qquad (20.54)$$

の関係があることを用いた.

(20.53) 式の右辺の括弧の経路は電流を取り囲んでいないので, (20.51) 式で示したように, ゼロである. 一方, (20.53) 式の右辺の最終項は, 電流 I を取り囲む半径 r の円周上での $\boldsymbol{B}$ の循環であるので, (20.52) 式で示したように, $\mu_0 I$ である. したがって, (20.53) 式は,

$$\oint_C \boldsymbol{B} \cdot \boldsymbol{t}\, ds = \mu_0 I \qquad (20.55)$$

となる. ここで, I は閉曲線 C の内側を貫く電流であり, その向きは, 閉曲線 C の向きを右ネジが回る向きに選んだときに, 右ネジが進む向きを正の向きとした.

20.8.2 アンペールの法則

(20.51) 式と (20.55) 式をまとめて書くと

$$\oint_C \boldsymbol{B} \cdot \boldsymbol{t}\, ds = \begin{cases} \mu_0 I & (\text{閉曲線 C を電流が貫く場合}) \\ 0 & (\text{閉曲線 C を電流が貫かない場合}) \end{cases} \qquad (20.56)$$

となる. この関係式をアンペールの法則とよぶ.

以上の説明では, 1 本の直線電流についてアンペールの法則の証明を

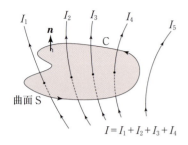

図 20.14 閉曲線 C を縁とする曲面 S を貫く電流 (I_1, I_2, I_3, I_4) と貫かない電流 (I_5). n は, 曲面 S に垂直な法線ベクトルであり, その向きは C の向きに右ネジを回したときに, 右ネジが進む向き.

行ったが, ここでは, 複数の電流が存在する場合にアンペールの法則を拡張する. 証明は省略するが, 閉曲線 C の内側を N 本の電流 $I_1, I_2, \cdots, I_N$ が貫いている場合には, (20.56)式の右辺の電流 I を

$$I = I_1 + I_2 + \cdots + I_N = \sum_{k=1}^{N} I_k \tag{20.57}$$

とすればよい(図 20.14 を参照).

また, 電流が空間に連続的に分布している場合(例えば, 有限の太さの導線の中を流れる電流の場合)には, (20.56)式の右辺の電流 I を

$$I = \int_S \boldsymbol{i} \cdot \boldsymbol{n}\, dS \tag{20.58}$$

のように, 電流密度 $\boldsymbol{i}$ を閉曲線 C を縁とする面 S で面積分すればよい. ここで $\boldsymbol{n}$ は, 面 S に垂直な単位ベクトル(法線ベクトル)であり, その向きは, C の向きに右ネジを回したときに, 右ネジが進む向きとする(図 20.14).

20.9 アンペールの法則の応用

　静電場を求める際に, クーロンの法則を用いるよりもガウスの法則を用いる方が簡便である例を述べた(20.7節を参照). 同様に, 磁束密度を求める際には, ビオ-サバールの法則よりもアンペールの法則を用いる方が簡便なことがある. この節では, 対称的に分布した電流の例として, (1)無限に長い円柱状の導線を流れる一様な電流, (2)ソレノイドコイルを流れる電流, の2つの例題について考えよう.

―〈例題 20.4〉**無限に長い円柱を流れる電流がつくる磁束密度**―

　真空中に置かれた半径 R の無限に長い円柱状の導線に, 一様に電流 I が流れているとき, 導線の内側($r \leq R$)と外側($r > R$)での磁束密度 $\boldsymbol{B}$ を求めよ. なお, この導線の透磁率 μ は $\mu \approx \mu_0$ とする.

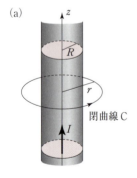

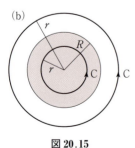

図 20.15
(a) 半径 R の円柱状の導線に流れる電流 I
(b) 2つの円形の閉曲線 C

〈解〉 図 20.15(a)に示すように, 円柱の中心を z 軸に選び, 電流が流れている向きを z 軸の正の向きとする. $r \leq R$ では電流 I は一様なので, 電流密度 $\boldsymbol{i}$ は I を導線の断面積 πR^2 で割ることで得られる. 一方, $r > R$ の位置には, 電流は流れていない($I=0$)ので電流密度もゼロ($\boldsymbol{i}=0$)である. したがって,

$$\boldsymbol{i} = \begin{cases} \dfrac{I}{\pi R^2} \boldsymbol{e}_z & (r \leq R) \\ 0 & (r > R) \end{cases} \tag{20.59}$$

となる.

　いま, (20.56)式のアンペールの法則を適用するための閉曲線 C として, 図 20.15(b)に示すように, z 軸から測って半径 r の円を考えることにする. このとき, アンペールの法則の右辺は,

$$\mu_0 \int_S \boldsymbol{i} \cdot \boldsymbol{e}_z \, dS = \begin{cases} \dfrac{\mu_0 I}{\pi R^2} \int_{\text{半径}r\text{の円}} dS = \dfrac{\mu_0 I}{\pi R^2} \cdot \pi r^2 = \mu_0 I \dfrac{r^2}{R^2} & (r \leq R) \\ \dfrac{\mu_0 I}{\pi R^2} \int_{\text{半径}R\text{の円}} dS = \dfrac{\mu_0 I}{\pi R^2} \cdot \pi R^2 = \mu_0 I & (r > R) \end{cases} \quad (20.60)$$

となる.電流分布の対称性から,磁束密度 $\boldsymbol{B}$ は z 軸からの距離 r のみに依存するので,$\boldsymbol{B} = B(r)\boldsymbol{e}_\phi$ と書くことができる.したがって,アンペールの法則の左辺(= 磁束密度 $\boldsymbol{B}$ の循環)は,

$$\oint_C \boldsymbol{B} \cdot \boldsymbol{t} \, ds = \oint_{\text{円周}} \boldsymbol{B} \cdot \boldsymbol{e}_\phi \, ds$$
$$= B(r) \oint_{\text{円周}} ds = B(r) \cdot 2\pi r \quad (20.61)$$

となる.

したがって,アンペールの法則より,(20.60)式 = (20.61)式であるから

$$B(r) = \begin{cases} \mu_0 I \dfrac{r}{2\pi R^2} & (r \leq R) \\ \dfrac{\mu_0 I}{2\pi r} & (r > R) \end{cases} \quad (20.62)$$

となる.図 20.16 に,半径 R の円柱状の導線に流れる電流 I がつくる磁束密度 $\boldsymbol{B}$ の大きさを図示する. ◆

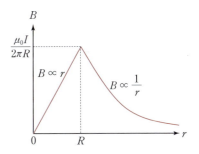

図 20.16 半径 R の円柱状の導線に流れる電流 I がつくる磁束密度 $\boldsymbol{B}$ の大きさ

〈例題 20.5〉ソレノイドコイルがつくる磁束密度

導線をらせん状に巻き,十分に長い円筒状にしたコイルをソレノイドコイルという.いま,単位長さ当たりの巻数 n,半径 R のソレノイドコイルが真空中に置かれており,ソレノイドコイルには電流 I が流れているとする.このソレノイドコイルの内部と外部の磁束密度を求めよ.

〈解〉 図 20.17 に示したように,ソレノイドコイルの内側(外側)の任意の点 P(点 Q)に注目する.点 P(点 Q)から等しい距離にある 2 つの電流素片がつくる磁束密度の和は,ソレノイドコイルの軸に平行である.

これらの電流素片を無限に長いソレノイドコイル全体にわたって足し合わせると,ソレノイドコイルがつくる磁束密度 $\boldsymbol{B}$ になるが,$\boldsymbol{B}$ はソレノイドコイルの軸に平行(この図では,x 軸に対して右向き方向),すなわち,

$$\boldsymbol{B} = B(r)\boldsymbol{e}_x \quad (20.63)$$

と表すことができる.ここで $B(r)$ は,ソレノイドコイルの中心軸に対して垂直方向に距離 r だけ離れた位置での磁束密度の大きさ,$\boldsymbol{e}_x$ はソレノイドコイルの中心軸(x 軸とする)に沿った単位ベクトルである.以下では,ソレノイドコイルの内側と外側の磁束密度の大きさ $B(r)$ を,アンペールの法則を用いて求めよう.

まず,(20.56)式のアンペールの法則を適用するための閉曲線 C として,図 20.18 に示す長方形 abcd を考えることにする.辺 $\overline{\text{ab}}$ はソレノイドコイルの中心軸上($r=0$)にあり,長さは L とする.辺 $\overline{\text{bc}}$ と辺 $\overline{\text{da}}$ の長さ r はソレノイドコイルの半径 R よりも短いものとする.このとき,アンペールの法則の左辺(= $\boldsymbol{B}$ の循環)は,

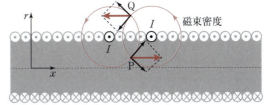

図 20.17 ソレノイドコイルの断面図.記号 ⊙(記号 ⊗)は,紙面に垂直で,裏から表(表から裏)に向かって流れる電流 I を表す.

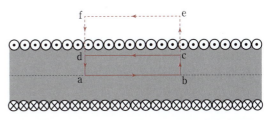

図 20.18 ソレノイドコイルがつくる磁束密度と閉曲線 C.記号 ⊙(記号 ⊗)は,紙面に垂直で,裏から表(表から裏)に向かって流れる電流 I を表す.

$$\oint_C \boldsymbol{B} \cdot \boldsymbol{t}\, ds = \int_{\overline{ab}} \boldsymbol{B} \cdot \boldsymbol{e}_x\, dx + \int_{\overline{bc}} \underbrace{\boldsymbol{B} \cdot \boldsymbol{e}_r}_{=0\,(\because\, \boldsymbol{e}_x \cdot \boldsymbol{e}_r = 0)}\, dr$$

$$+ \int_{\overline{cd}} \boldsymbol{B} \cdot (-\boldsymbol{e}_x)\, dx + \int_{\overline{ba}} \underbrace{\boldsymbol{B} \cdot (-\boldsymbol{e}_r)}_{=0\,(\because\, \boldsymbol{e}_x \cdot \boldsymbol{e}_r = 0)}\, dr$$

$$= B(0) \underbrace{\int_{\overline{ab}} dx}_{=L} - B(r) \underbrace{\int_{\overline{cd}} dx}_{=L}$$

$$= [B(0) - B(r)]\, L \qquad (r < R) \tag{20.64}$$

となる．

この場合，長方形 abcd の内側を電流は貫いていないので，アンペールの法則の右辺はゼロである．したがって，アンペールの法則より，$[B(0) - B(r)]L = 0$ であるから，

$$B(r) = B(0) \tag{20.65}$$

となる．この結果は，ソレノイドコイルの内側 $(r < R)$ では磁束密度の大きさ $B(r)$ は，場所によらず一定であることを意味する．

次に，閉曲線 C として，図 20.18 に示す長方形 abef を考えよう．このとき，アンペールの法則の左辺（$= \boldsymbol{B}$ の循環）は，(20.64) 式と同様の計算を行うことで，

$$\oint_C \boldsymbol{B} \cdot \boldsymbol{t}\, ds = [B(0) - B(r)]\, L \qquad (r \leq R) \tag{20.66}$$

となる．

この場合，長方形 abef の内側には nIL の電流が貫いているので，アンペールの法則の右辺は $\mu_0 nIL$ である．したがって，アンペールの法則より，$[B(0) - B(r)]L = \mu_0 nIL$ であるから，

$$B(0) - B(r) = \mu_0 nI \tag{20.67}$$

となる．

この式の右辺には r が含まれていないので，ソレノイドコイルの外側 $(r > R)$ で r を変化させても変わらない．すなわち，ソレノイドコイルの外側でも磁束密度 $B(r)$ は一定であり，コイルの内部と外部の磁束密度の差が (20.67) 式で与えられる．また，$r \to \infty$ では磁束密度はゼロ $(B(\infty) = 0)$ となるので，コイルの外側 $(r > R)$ では $B(r) = 0$ である．したがって，(20.67) 式に $B(r) = 0$ を代入することで $B(0) = \mu_0 nI$ が得られるので，(20.65) 式より，コイルの内側 $(r \leq R)$ では $B(r) = \mu_0 nI$ となる．

以上をまとめると，半径 R の無限に長いソレノイドコイルがつくる磁束密度の大きさは

$$B(r) = \begin{cases} \mu_0 nI & (r < R) \\ 0 & (r \geq R) \end{cases} \tag{20.68}$$

となる． ◆

Electromagnetism
第 21 章
電磁誘導

電流が磁場をつくるのであれば，逆に，磁場から電流をつくり出すこともできるのではないか．これを立証するために，ファラデーは数多くの実験を重ね，1831 年に**電磁誘導**を発見した．電磁誘導は，モーターや発電機，電磁調理器，変圧器，非接触 IC カードなど，私たちの生活の様々な場面で応用されている．この章では，電磁誘導とそれを支配する法則について述べる．

> キーワード：**電磁誘導**，**ファラデーの電磁誘導の法則**，**レンツの法則**，**自己インダクタンス**，**相互インダクタンス**

21.1 電磁誘導の発見

電流が磁場をつくるのであれば，逆に，磁場から電流をつくり出すことはできないだろうか．この逆説的な考え方，すなわち，電流を磁場によって誘導する現象（**電磁誘導**）を立証するために，ファラデーは様々な実験を行った．以下では，ファラデーが行った数ある電磁誘導の実験の中から典型的な 2 つの実験を紹介する．

21.1.1 電磁誘導の実験

[1] 2 つのコイルを用いた電磁誘導の実験

図 21.1 に示すような，輪状の鉄芯に絶縁被覆した導線を巻いてつくった 2 つのコイル A とコイル B を準備する[13]．コイル A に電流を流して磁場を発生させると，磁束線は鉄芯を通ってコイル B を通過するが，ファラデーは，その際にコイル B を流れる電流を検出しようとした．しかしながら，予想に反して，**コイル A に定常電流が流れている間は，コイル B に電流が流れることはなかった**．

並の人間であれば，この段階で諦めて「磁場は電流をつくらない」と結論づけるところであろうが，ファラデーは，この実験の最中に起こった些細な変化を見逃さなかった．その些細な変化と

13) 鉄芯は，磁束を強めるために用いられたものであり，電磁誘導の本質とは無関係である．

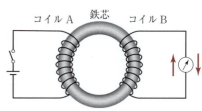

図 21.1 輪状の鉄芯に巻いた 2 つのコイルを用いた実験

は，以下の 2 点である．

[1]-1 コイル A を含む回路のスイッチを入れた瞬間と切った瞬間だけ，コイル B に取り付けた電流計の針がわずかに振れる．

[1]-2 スイッチオンの瞬間とオフの瞬間とで，針が逆向きに触れる．

結果 [1]-1 は，**コイル B の断面を貫く磁束線の総数（= 磁束）が時間変化したときに，コイル B に起電力が生じて電流が流れる**ことを意味する．すなわち，コイルの断面を貫く**磁束が時間変化するときに電磁誘導が生じる**[14]．

ここで**起電力**とは，電位を上げる能力のことであり，単位はボルト (V) である．電磁誘導によって生じる起電力のことを**誘導起電力**とよび，誘導起電力によって生じる電流を**誘導電流**とよぶ．

> **誘導起電力**：電磁誘導によって生じる起電力
> **誘導電流**：誘導起電力によって生じる電流

結果 [1]-2 は，スイッチを入れてコイル B を貫く磁束が増加するときと，スイッチを切ってコイル B を貫く磁束が減少するときとで，誘導電流の向きが反対，すなわち，誘導起電力の符号が反対であることを意味する．「誘導電流の向き」と「誘導起電力の符号」については，この後の実験 [2] で詳しく述べる．

● 磁 束

実験 [2] の説明に移る前に，コイルの断面を貫く磁束について詳しく述べる．コイルの断面を貫く**磁束**は

$$\Phi = \oint_S \boldsymbol{B} \cdot \boldsymbol{n} \, dS \tag{21.1}$$

のように，コイルの断面 S に対して磁束密度 $\boldsymbol{B}$ を面積分することによって与えられる．これを，面 S を貫く磁束とよぶ．ここで，$\boldsymbol{n}$ は面 S（いまの場合はコイル B の断面）の法線ベクトルであり，その向きは閉曲線（面 S の縁）の向きを右ネジが回る向きに選んだときに，右ネジが進む向きである．磁束密度 $\boldsymbol{B}$ の単位が T（テスラ）であるから，磁束の単位は T m^2 である．SI 単位系では，これを Wb（ウェーバ）と書く．

> **磁束**：面 S を貫く磁束線の本数．単位は Wb（ウェーバ）．

(21.1) 式の面 S の選び方は任意である．すなわち，閉曲線 C の形状が決まっても，C を縁とする曲面は 1 つに定まらない．例えば，図 21.2 に描いたように，S_1 と S_2 はいずれも同じ閉曲線 C を縁とする曲面である．それでは，(21.1) 式を用いて磁束を求める際には，どの曲面を選べばよいだろうか．

14) 電磁誘導は，ヘンリー (1797-1878) によっても独立に発見された．

ジョセフ・ヘンリー
（アメリカ，1797 - 1878）

ヴィルヘルム・エドゥアルト・ウェーバ
（ドイツ，1804 - 1891）

答えを先にいうと，C を縁とする曲面であれば，どれを選んでも構わない．すなわち，どのように曲面を選んでも，それを貫く磁束線の本数（= 磁束）は等しい．以下では，このことを(20.43)式の「磁束密度に対するガウスの法則」を用いて証明しよう．

いま，曲面 S_1 と曲面 S_2 から成る閉曲面 $S_{1+2} = S_1 + S_2$ に対する磁束密度 $\boldsymbol{B}$ の面積分は

$$\oint_{S_{1+2}} \boldsymbol{B} \cdot \boldsymbol{n} \, dS = \int_{S_1} \boldsymbol{B} \cdot \boldsymbol{n} \, dS + \int_{S_2} \boldsymbol{B} \cdot \boldsymbol{n} \, dS \quad (21.2)$$

と表される．ここで，$\boldsymbol{n}$ は閉曲面 S_{1+2} に対して外向きの法線ベクトルである．この閉曲面 S_{1+2} に対して(20.43)式の「磁束密度に対するガウスの法則」を適用すると，

$$\int_{S_1} \boldsymbol{B} \cdot \boldsymbol{n} \, dS + \int_{S_2} \boldsymbol{B} \cdot \boldsymbol{n} \, dS = 0 \quad (21.3)$$

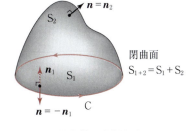

図 21.2 閉曲線 C を縁とする 2 つの曲面 S_1 と S_2．S_{1+2} は S_1 と S_2 から成る閉曲面

となる．図 21.2 に示したように，閉曲面 S_{1+2} の法線ベクトル $\boldsymbol{n}$ は，曲面 1 と曲面 2 の法線ベクトル $\boldsymbol{n}_1$ と $\boldsymbol{n}_2$ とそれぞれ $\boldsymbol{n} = -\boldsymbol{n}_1$ と $\boldsymbol{n} = \boldsymbol{n}_2$ の関係にあるから，

$$\int_{S_1} \boldsymbol{B} \cdot \boldsymbol{n}_1 \, dS = \int_{S_2} \boldsymbol{B} \cdot \boldsymbol{n}_2 \, dS \quad (21.4)$$

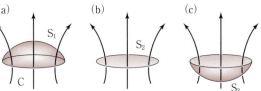

図 21.3 同じ閉曲線 C を縁とする曲面 S_1, S_2, S_3 を貫く磁束線

を得る．

このように，曲面 S_1 と S_2 を貫く磁束線の数（= 磁束）は等しい（図 21.3 を参照）．

[2] 磁石とコイルを用いた電磁誘導の実験

コイルの断面を貫く磁束 Φ が時間変化すると電磁誘導が起こるのであれば，図 21.4 のように，コイルに磁石を近づけたり，遠ざけたりすることで，コイルに電流（誘導電流）を流すことができることになる．

ファラデーは，コイルの断面を磁束が貫くように磁石を静止して置いてみたが，このとき，コイルに電流が流れることはなかった．そこで今度は，コイルに磁石を近づけたり，遠ざけたりすることで，コイルの断面を貫く磁束密度を変化させる実験を行ったところ，以下の 3 つの結果が得られた．

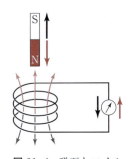

図 21.4 磁石とコイルを用いた実験

[2]-1 磁石を近づけたり，遠ざけたりしたときだけ，電流計の針が振れた．

[2]-2 磁石をゆっくりとコイルに近づけたときよりも，速く近づけたときの方が，電流計の針は大きく振れた．

[2]-3 磁石を近づけた瞬間と遠ざけた瞬間とで，針が逆向きに振れた．

結果 [2]-1 は，コイルの断面を貫く磁束 Φ が時間変化したときに電磁誘導が起こっていることを意味する．

結果 [2]-2 をより詳細に調べると，誘導電流 I は磁束の時間変化の大きさに比例する($I \propto d\Phi/dt$)ことがわかった．また，コイルの電気抵抗を R とすると，オームの法則 $V = RI$ より，誘導起電力 V も磁束の時間変化の大きさに比例する($V = RI \propto d\Phi/dt$)．

結果 [2]-3 は，磁石を近づけたときと遠ざけたときとで「誘導電流の向き(誘導起電力の符号)」が反対であることを意味する．これは，実験 [1] の結果([1]-2)と同じ現象である．「誘導電流の向き(誘導起電力の符号)」については，レンツによって詳細に調べられた．

21.1.2 レンツの法則

図 21.5(a) に，磁石をコイルに近づけた際の誘導電流と外部の磁束の増加を打ち消すような向きの磁束(**反作用磁束**)の様子を示す．磁石をコイルに近づけると，コイルを貫く磁束 Φ は増加する($d\Phi/dt > 0$)．このときコイルには，磁束の増加を阻止するように誘導電流(誘導起電力)が生じる．すなわち，この場合には，誘導電流は反作用磁束を発生させる．

一方，図 21.5(b) に示すように，磁石をコイルから遠ざけると，コイルを貫く磁束 Φ は減少する($d\Phi/dt < 0$)．このときコイルには，磁束の減少を阻止するように誘導電流(誘導起電力)が生じる．すなわち，この場合には，誘導電流は外部の磁束の減少を補うような向きに反作用磁束を発生させる．

誘導起電力の向きに関するこの性質を**レンツの法則**とよぶ．

> **レンツの法則**：誘導起電力は，外部の磁束の増加(減少)を妨げる向きに生じる．

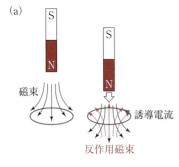
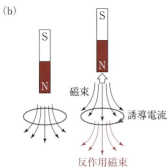

図 21.5 誘導起電力の向き(レンツの法則)
(a) 磁石を近づける場合
(b) 磁石を遠ざける場合

ハインリヒ・レンツ
(エストニア，1804 - 1865)

21.2 ファラデーの電磁誘導の法則

21.2.1 電磁気学の第 3 の原理

電磁誘導の法則をまとめると，以下のようになる．

---**電磁誘導の法則**---
(1) 誘導起電力の大きさは，コイルの断面を貫く外部の磁束の単位時間当たりの変化量に比例する．
(2) 誘導起電力の向きは，コイルの断面を貫く外部の磁束の増加(減少)を妨げる向きに生じる(レンツの法則)．

したがって，(1)と(2)をまとめて数式で書くと，誘導起電力 V は

$$V = -k\frac{d\Phi}{dt} \quad (21.5)$$

と表される．ここで，Φ はコイルの断面を貫く磁束である．また，比例係数 k は無次元の定数であり，本書で採用している SI 単位系では，1 巻のコイルに対して $k = 1$ となる．すなわち，**ファラデーの電磁誘導の法則**は

$$\boxed{V = -\frac{d\Phi}{dt} = -\frac{d}{dt}\int_S \boldsymbol{B}\cdot\boldsymbol{n}\,dS} \quad (21.6)$$

と表される．ここで，マイナスの符号は誘導起電力が磁束の変化を妨げる向きにはたらくこと(レンツの法則)を表す．また，2 番目の等号では，(21.1)式を用いた．ファラデーの電磁誘導の法則は，**電磁気学の第 3 の原理**である．

─〈例題 21.1〉**誘導起電力の単位**─────────

磁束の時間変化 $d\Phi/dt$ の単位を SI 単位系で表すと，V(ボルト)となることを確かめよ．

〈解〉 磁束 Φ の単位は Wb = T m^2 であり，T(テスラ)は T = N/(A m) であるから，Wb = N m/A となる．したがって，$d\Phi/dt$ の単位は，Wb/s = (N m/A)/s = N m/C = J/C = V となる． ◆

─〈例題 21.2〉**円形コイルに発生する誘導起電力**─────

一様な磁束密度 $\boldsymbol{B}$ の磁場中に，半径 R の円形のコイルが $\boldsymbol{B}$ に垂直に置かれている．磁束密度が $\boldsymbol{B} = \boldsymbol{b}t$ のように時間 t に比例するとき，この導線に生じる誘導起電力 V を求めよ．

〈解〉 半径 R の円形コイルを貫く磁束の大きさ Φ は，Φ = 磁束密度 × 円の面積 = $bt \times \pi R^2 = \pi R^2 bt$ であるから，(21.6)式より $V = \pi R^2 b$ である．ここで，b は $\boldsymbol{b}$ の大きさ($b = |\boldsymbol{b}|$)である． ◆

21.2.2 誘導電場

電磁誘導によってコイルに電流が流れるということは，コイルを構成する導線内の電子が力を受けたことを意味する．すなわち，電磁誘導によって導線内に電場 $\boldsymbol{E}^{(\mathrm{i})}$ が発生し，この電場から力($= -e\boldsymbol{E}^{(\mathrm{i})}$)を受けて電流が流れたと考えることができる[15]．電磁誘導によって発生した電場 $\boldsymbol{E}^{(\mathrm{i})}$ を**誘導電場**とよぶ．

こうして，1 巻のコイルの内部に発生する誘導起電力 V は，誘導電場 $\boldsymbol{E}$ を用いて

$$V = \oint_C \boldsymbol{E}^{(\mathrm{i})}\cdot\boldsymbol{t}\,ds \quad (21.7)$$

ニコラ・テスラ
(オーストリア，1856-1943)

[15] 誘導電場 $\boldsymbol{E}^{(\mathrm{i})}$ の (i) は，induction(= 誘導)の頭文字を表す．

と表される．ここで，Cはコイルに沿った閉曲線，tは閉曲線Cの向きの単位ベクトル（$|t|=1$），dsはCの線素で，$\oint_C$はコイルに沿って1周する線積分である．

(21.6)式と(21.7)式は同じ誘導起電力を表すので，両者は等しい．したがって，ファラデーの電磁誘導の法則は

$$\oint_C \boldsymbol{E}^{(\mathrm{i})} \cdot \boldsymbol{t}\, ds = -\frac{d}{dt}\int_S \boldsymbol{B} \cdot \boldsymbol{n}\, dS \tag{21.8}$$

と表される．ここまでの説明でわかるように，Cは1巻のコイルに沿った経路，Sはコイルを縁とする面である．ところが，ファラデーは次に述べるような大胆な拡張を行うことで，(21.8)式を一般化した．

ファラデーは，磁場が時間変化した場合には，そこにコイルがあろうとなかろうと，空間に誘導電場が発生すると考えた．そして，そこにコイルを置けば，誘導電場から力を受けて誘導電流が流れると考えた．このように考えると，**(21.8)式の左辺のCは任意の形に選ぶことができ，右辺のSは任意の経路Cを縁とする面になる**．

● **静電場と誘導電場**

19.8.1項で述べたように，静電場 $\boldsymbol{E}^{(\mathrm{s})}$ によるクーロン力（$\boldsymbol{F}=q\boldsymbol{E}^{(\mathrm{s})}$）は保存力であるので，(4.73)式のように静電ポテンシャルを定義することができた[16]．いい換えると，静電場 $\boldsymbol{E}^{(\mathrm{s})}$ を閉曲線C上で周回積分すると，保存力の性質上，必ず

$$\oint_C \boldsymbol{E}^{(\mathrm{s})} \cdot \boldsymbol{t}\, ds = 0 \tag{21.9}$$

となる．

一方，誘導電場 $\boldsymbol{E}^{(\mathrm{i})}$ を閉曲線C上で周回積分すると，(21.8)式より

$$\oint_C \boldsymbol{E}^{(\mathrm{i})} \cdot \boldsymbol{t}\, ds = -\frac{d}{dt}\int_S \boldsymbol{B} \cdot \boldsymbol{n}\, dS \tag{21.10}$$

のように有限の値となり，しかも，その値は経路Cの選び方に依存する．つまり，**誘導電場は（静電場と違って）電位を定義することはできない**[17]．

上で述べたように，静電場 $\boldsymbol{E}^{(\mathrm{s})}$ は周回積分に寄与しない（周回積分するとゼロになってしまう）のだから，(21.10)式の左辺の $\boldsymbol{E}^{(\mathrm{i})}$ を全電場 $\boldsymbol{E} = \boldsymbol{E}^{(\mathrm{s})} + \boldsymbol{E}^{(\mathrm{i})}$ に置き換えて，

$$\boxed{\oint_C \boldsymbol{E} \cdot \boldsymbol{t}\, ds = -\frac{d}{dt}\int_S \boldsymbol{B} \cdot \boldsymbol{n}\, dS} \tag{21.11}$$

と拡張する（このようにしても，(21.10)式と変わらない）．この式は，微分形における**ファラデーの電磁誘導の法則**の最終形である．また，(21.11)式のファラデーの電磁誘導の法則は，(21.10)式の拡張版といえる．

電磁気学の第3の原理：ファラデーの電磁誘導の法則 [(21.11)式]

---

[16] 静電場 $\boldsymbol{E}^{(\mathrm{s})}$ の(s)は，static（＝静）の頭文字を表す．

[17] 19.5節で述べたように，電気力線は正電荷から出発して負電荷で終端すると定められている．誘導電場 $\boldsymbol{E}^{(\mathrm{i})}$ は磁束密度 $\boldsymbol{B}$ の変化によって生じ，電荷は存在しないので，$\boldsymbol{E}^{(\mathrm{i})}$ を表す電気力線は始点も終点もない閉曲線となる．この閉曲線上でどこが電位が高くてどこが低いかを決めることはできないため，$\boldsymbol{E}^{(\mathrm{i})}$ に対して電位を定義することはできない．

21.3 閉回路の形状が変化する場合の電磁誘導

前節までは，磁束は時間変化するが，コイル（閉回路）の形状は変化しないと暗黙の仮定をしていた．ファラデーの電磁誘導の法則は，閉回路の形状が時間的に変化することで，その結果として，閉回路の内側を貫く磁束が時間変化する場合にも適用できる．

この節では，閉回路の形状が時間変化する簡単な例として，図 21.6 のような，磁場中を運動する導体棒を含む閉回路に対して，ファラデーの電磁誘導の法則を適用する．

図 21.6 のように，一様かつ時間変化しない磁束密度 B の磁場に対して垂直に置かれた 2 本のレール AB と CD が距離 L を隔てて平行に置かれている．そして，この 2 本のレールの上を，導体棒 PQ が一定の速さ v で右向きに移動しているとする．

この閉回路で囲まれた平面の面積は，Δt 秒の間に $\Delta S = L \times v \Delta t$ だけ増加するので，Δt 秒間にこの平面を貫く磁束の変化量 $\Delta \Phi$ は，$\Delta \Phi = B \Delta S = BLv \Delta t$ である．したがって，(21.6)式のファラデーの電磁誘導の法則より

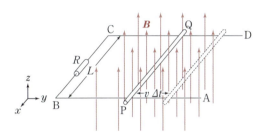

図 21.6 一様な磁束密度 B の中に置かれた閉回路

$$
\begin{aligned}
V &= -\frac{d\Phi}{dt} \\
&= -\lim_{\Delta t \to 0} \frac{\Delta \Phi}{\Delta t} \\
&= -vBL \quad (21.12)
\end{aligned}
$$

を得る．ここで，誘導起電力の向きは導体棒に沿って Q→P の向きである．なお，(21.12)式の起電力 V によって生じる誘導電流 I は，オームの法則より，$I = V/R = -BLv/R$ である（R は閉回路につながれた抵抗）．

● **ローレンツ力と誘導起電力**

時間変化しない磁場中を導体が動く場合の電磁誘導は，ローレンツ力によって説明することができる．ここでも，図 21.6 の回路を例に挙げて説明しよう．

図 21.7 に示すように，導体棒の中の電子には，x 軸の負の向きにローレンツ力 $\boldsymbol{F}_\mathrm{L} = -e\boldsymbol{v} \times \boldsymbol{B} = -evB\boldsymbol{e}_x$ がはたらく．導体棒の中の電子にローレンツ力がはたらいた結果として，点 Q 付近には負電荷がたまり，点 P 付近には正電荷がたまる．したがって，P→Q の方向に電場が生じることになり，この電場は**ホール電場**とよばれる．このホール電場 $\boldsymbol{E}_\mathrm{H}$ によるクーロン力 $\boldsymbol{F}_\mathrm{H} = -e\boldsymbol{E}_\mathrm{H}$ とローレンツ力 $\boldsymbol{F}_\mathrm{L} = -e\boldsymbol{v} \times \boldsymbol{B}$

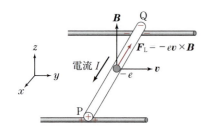

図 21.7 磁束密度 B の磁場の中を運動する導体棒の中の電子にはたらく力

がつり合った $(F_H + E_L = 0)$ とき，すなわち，

$$E_H = -v \times B \tag{21.13}$$

のとき，導体棒の中の電子の移動は止まる．このとき，導体棒の両端の間 (PQ 間) に $V = E_H L = vLB$ の起電力が生じ，この起電力が回路全体に電流を流す．

この結果は，ファラデーの電磁誘導の法則より得られた (21.12) 式と一致している．

● **誘導電場の正体**

図 21.6 の回路を，導体棒と同じ速度 v で動く座標系から観測すると，電子は静止してみえる．したがって，この観測者からみると，電子にはローレンツ力ははたらいておらず，静止した電子に電場 (誘導電場) がはたらいているようにみえる．

観測の仕方によって物体にはたらく力が変更されることはないので，誘導電場 $E^{(i)}$ による力 $F^{(i)} = -eE^{(i)}$ とローレンツ力 $F_L = -ev \times B$ は等しい．したがって，いまの場合，誘導電場 $E^{(i)}$ は

$$E^{(i)} = v \times B = vBe_x \tag{21.14}$$

によって与えられる．

=== **〈例題 21.3〉 交流発電機** ===

図 21.8 に示すように，磁束密度 B の一様な磁場の中を，磁場と垂直な軸 (z 軸) の周りを長方形のコイル (各辺の長さが a, b) が角速度 ω で回転している．このコイルに生じる誘導起電力を求めよ．

〈解〉 コイルで囲まれた面の法線ベクトル n と磁束密度 B のなす角 θ は，$\theta = \omega t + \alpha$ と書くことができる．α は，初期時刻 $t = 0$ でのコイルの角度である．このコイルを貫く磁束 Φ は，コイルで囲まれた面積を $S = ab$ とすると，

$$\Phi = \int_{長方形} B \cdot n \, dS = B\cos\theta \underbrace{\int_{長方形} dS}_{= ab = S}$$

$$= BS\cos\theta = BS\cos(\omega t + \alpha) \tag{21.15}$$

である．したがって，コイルに生じる誘導起電力 V は，(21.6) 式のファラデーの電磁誘導の法則より

$$V = -\frac{d\Phi}{dt} = BS\omega\sin(\omega t + \alpha) \tag{21.16}$$

となる．

この式からわかるように，このコイルには，周波数 $f = \omega/2\pi$ で周期的に時間変化する起電力 (交流電圧) が発生しており，図 21.8(a) の装置が交流発電機になっていることがわかる．また，コイルの断面積 S と角速度 ω に比例して誘導起電力 V は大きくなる． ◆

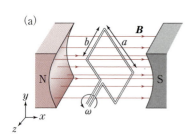

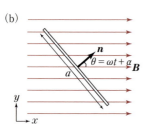

図 21.8
(a) 発電機の模式図
(b) xy 平面からみた磁束密度 B とコイルの様子

21.4 自己誘導

21.4.1 自己誘導と相互誘導

ファラデーの電磁誘導の法則

$$V = -\frac{d\Phi}{dt} \tag{21.17}$$

は，右辺の Φ が何から発生したかということとは無関係に成り立つ．つまり，磁石がつくる Φ であろうが，閉回路自身がつくる Φ であろうが関係なく，とにかく，閉回路で囲まれた面を貫く Φ が時間変化さえすれば，(21.17)式に従って誘導起電力 V が生じる．

ある閉回路 C に電流が流れたときに，閉回路 C 自身に誘導起電力が生じる現象を**自己誘導**という．一方，他の閉回路がつくる磁場が，閉回路 C で囲まれた面を通過した際に，閉回路 C に誘導起電力が生じる現象を**相互誘導**という．

この節では自己誘導について述べ，21.6 節で誘導起電力について述べる．

21.4.2 自己インダクタンス

静磁場に対するアンペールの法則によると，1 巻きのコイルに定常電流 I が流れたときに，電流 I のつくる磁束密度の大きさ B は I に比例し，

$$\Phi = kI \quad (k \text{ は比例定数}) \tag{21.18}$$

と表される．この結論は，静磁場に対するアンペールの法則の帰結であるから，電流 I が時間変化する場合(交流や過渡現象など)には，一般に成り立たない．

しかし，電流の時間変化が十分にゆっくりな場合には，(21.18)式を近似的に

$$\Phi(t) = k I(t) \quad (k \text{ は比例定数}) \tag{21.19}$$

のように，時間に依存する形に拡張することができる．このような近似が成り立つ時間依存電流のことを**準定常電流**という．逆に，このような近似が成り立たない場合のアンペールの法則の拡張については，22.2 節で述べる．

巻数 N のソレノイドコイルの自己誘導起電力

$$V = -N\frac{d\Phi}{dt} \tag{21.20}$$

について考えよう．このソレノイドコイルに準定常電流 $I(t)$ を流したときに生じる自己誘導起電力 V は，(21.19)式を(21.20)式に代入して，

$$\boxed{V = -L\frac{dI}{dt}} \tag{21.21}$$

と表される．ここで，$L(=kN)$ は**自己インダクタンス**とよばれ，その単位は H (ヘンリー) である．

― 〈例題 21.4〉ソレノイドコイルの自己インダクタンス ―

断面積 S，長さ l，単位長さ当たりの巻き数 n のソレノイドコイルが真空中に置かれている．コイルの長さは直径に比べて十分に長く，コイルの内側の磁束密度は一様であるものとする．このコイルの自己インダクタンス L を求めよ．

〈解〉ソレノイドコイルの内側の磁束密度の大きさ B は，(20.68) 式より $B = n\mu_0 I$ によって与えられるから，コイルの内側の磁束は $\Phi = BS = n\mu_0 IS$ である．したがって，$N(=nl)$ 回巻きのコイルの自己誘電起電力 V は

$$V = -N\frac{d\Phi}{dt} = -nl\left(n\mu_0\frac{dI}{dt}S\right) = -\mu_0 n^2 lS\frac{dI}{dt} \quad (21.22)$$

となる．したがって，ソレノイドコイルの自己インダクタンス L は

$$L = \mu_0 n^2 lS \quad (21.23)$$

のように，単位長さ当たりの巻き数 n の 2 乗，コイルの長さ l，コイルの断面積 S に比例する． ◆

21.5 磁場のエネルギー

21.5.1 コイルに蓄えられるエネルギー

自己インダクタンス L のコイルに電源をつないで電流を流すと，電流源は自己誘導起電力に逆らって仕事をする．

コイルを流れる電流が i のとき，dt 秒間に電流を di だけ増加させたとすると，その際に電流源がする仕事 dW は

$$dW = -iV\,dt = -i \times \left(-L\frac{di}{dt}\right)dt = Li\,di \quad (21.24)$$

である．したがって，時刻 $t = 0$ において $i = 0$ の状態から徐々に電流を増加させ，時刻 $t = T$ において電流値が I に達したとすると，このときに必要な仕事 W は

$$W = \int_0^W dW = \int_0^I Li\,di = \frac{1}{2}LI^2 \quad (21.25)$$

であり，これがエネルギーとしてコイルに蓄えられる．

すなわち，自己インダクタンス L のコイルに電流 I が流れているときには，コイルに

$$U_M = \frac{1}{2}LI^2 \quad (21.26)$$

の磁気エネルギーが蓄えられる．

21.5.2 磁束密度のエネルギー密度

磁気エネルギー U_M はコイルのどこに蓄えられているのであろうか．

(21.26)式の中に電流 I が現れることから，磁気エネルギーはコイルを流れる電流が担っていると考えることができるが，近接作用の考え方では，コイルで囲まれた空間の磁束密度 $\boldsymbol{B}$ が磁気エネルギーを担っていると考える．

近接作用の考えを明示的に表すために，(21.26)式のコイルに蓄えられた磁気エネルギー U_M を次のように磁束密度 $\boldsymbol{B}$ の大きさ B を用いて書き直そう．

$$U_M = \frac{1}{2}LI^2 = \frac{1}{2}\mu_0 n^2 lS \cdot \left(\frac{B}{n\mu_0}\right)^2 = \frac{1}{2\mu_0}B^2 lS \quad (21.27)$$

ここで，2番目の等号において，(21.23)式のコイルの自己インダクタンスと $L = \mu_0 n^2 lS$ とソレノイドコイルに流れる電流と磁束密度の関係 $I = B/n\mu_0$ を用いた．また，(21.27)式中の lS は，長さ l のソレノイドコイルの内側の体積であるから，単位体積当たりのエネルギー(磁気のエネルギー密度) u_M は，U_M を体積 lS で割ることで，

$$u_M = \frac{1}{2\mu_0}B^2 \quad (21.28)$$

となる．

コイルの内側では磁束密度は一様であるが，(21.28)式の表式は，磁束密度 $\boldsymbol{B}$ が空間的に一様でない場合に一般化でき，

$$\boxed{u_M(\boldsymbol{r}) = \frac{1}{2\mu_0}B^2(\boldsymbol{r})} \quad (21.29)$$

と表される．

21.6 相互誘導

21.6.1 相互インダクタンス

ファラデーの実験 [1] のように，2つのコイル 1 とコイル 2 が固定されて配置されているとき，コイル 1 を流れる電流 I_1 を変化させると，コイル 1 には電流 I_1 に比例する磁束密度の磁場が生じる．この磁場の一部はコイル 2 を貫くが，コイル 2 を貫く磁束 Φ_2 も I_1 に比例し，

$$\Phi_2 = M_{21}I_1 \quad (21.30)$$

と表される．ここで，係数 M_{21} は，コイル 1 とコイル 2 の **相互インダクタンス** とよぶ．相互インダクタンスの単位は，自己インダクタンスと同じく H(ヘンリー)である．

I_1 が準定常電流とみなせる場合には，Φ_2 の変化によってコイル 2 に

$$\boxed{V_2 = -\frac{d\Phi_2}{dt} = -M_{21}\frac{dI_1}{dt}} \quad (21.31)$$

の起電力が生じる．この現象を **相互誘導** とよび，V_2 を **相互誘導起電力**

という.

逆に,コイル2の電流 I_2 を変化させた場合には,コイル1に

$$V_1 = -\frac{d\Phi_1}{dt} = -M_{12}\frac{dI_2}{dt} \qquad (21.32)$$

の相互誘導起電力が生じる.ここで,M_{21} はコイル2とコイル1の相互インダクタンスである.

21.6.2 相互インダクタンスの相反関係

相互インダクタンス M_{12} と M_{21} は,2つのコイルの形状と配置によって定まる量であり,コイル1の電流を変化させた場合(M_{21})も,コイル2の電流を変化させた場合(M_{12})も同じであり,

$$M_{12} = M_{21} \qquad (21.33)$$

の関係(**相反関係**)が成り立つ.

==== 〈例題 21.5〉相互インダクタンス ====

真空中に置かれた断面積 S の円筒に,導線を巻き数 N_1 で巻いたコイル1と,巻き数 N_2 で巻いたコイル2がある.いずれのコイルも同じ長さ l として,コイル1とコイル2の相互インダクタンス M_{21} ならびにコイル2とコイル1の相互インダクタンス M_{12} を求め,両者が等しいことを示せ.

〈解〉 図21.9(a)に示すように,コイル1のスイッチを入れて,コイル1に電流 I_1 を流す.このとき,コイルの内側の磁束密度の大きさは,(20.68)式より $B = n\mu_0 I$ であるから,コイル1の断面を貫く磁束 Φ_1 は

$$\Phi_1 = BS = n_1\mu_0 I_1 S \qquad (21.34)$$

である.いま,コイル2の断面を貫く磁束 Φ_2 は Φ_1 と等しく,$\Phi_2 = \Phi_1 = n_1\mu_0 IS$ であるから,コイル2に生じる相互誘導起電力 V_2 は,

$$V_2 = -n_2 l\frac{d\Phi_2}{dt} = -n_2 l\frac{d\Phi_1}{dt} = -\mu_0 n_1 n_2 lS\frac{dI_1}{dt} \qquad (21.35)$$

となる.この式と(21.32)式とを比較して,相互インダクタンス M_{21} は

$$M_{21} = -\mu_0 n_1 n_2 lS \qquad (21.36)$$

であることがわかる.

一方,図21.9(b)に示すように,コイル2のスイッチを入れて,コイル2に電流を流す.このとき,M_{21} を求めたときと同様に,相互インダクタンス M_{12} を求めると

$$M_{12} = -\mu_0 n_2 n_1 lS \qquad (21.37)$$

を得る.

よって,相互インダクタンスの相反関係 $M_{12} = M_{21}$ を示すことができた.◆

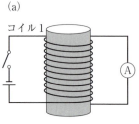

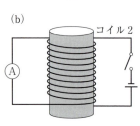

図 21.9 2つのコイル1とコイル2による相互誘導(円筒内部は真空)

Electromagnetism

第 22 章
マクスウェルの変位電流の法則

ファラデーの電磁誘導の法則によると，変動する磁場はその周辺に電場を生み出す．そこでマクスウェルは，電磁誘導とは逆に，変動する電場がその周辺に磁場を生み出すのではないかと考えた．さらに，ある場所での電場の変化が周辺に磁場を生み出し，その磁場の変化が周辺に電場を生み出すのであれば，電場と磁場が次々と空間中を波として伝わると考え，この波を**電磁波**と名付けた．

> キーワード：**伝導電流**，**変位電流**，**アンペール‐マクスウェルの法則**，**電磁波**

22.1 アンペールの法則の再考

ファラデーの電磁誘導の法則によると，変動する磁場はその周辺に電場を生み出す．それでは逆に，変動する電場はその周辺に磁場を生み出すだろうか．このことを調べるために，マクスウェルは，アンペールの法則を再考することにした．

もともと(20.56)式のアンペールの法則は，定常電流がつくる静磁場に対する法則であるが，時間変動する準定常電流に対して，

$$\oint_C \boldsymbol{B}(\boldsymbol{r}, t) \cdot \boldsymbol{t}\, ds = \mu_0 \oint_S \boldsymbol{i}_c(\boldsymbol{r}, t) \cdot \boldsymbol{n}\, dS$$
$$= \mu_0 I_c(t) \tag{22.1}$$

のように拡張できる(21.4節を参照)．ここで，$I_c(t)$と$\boldsymbol{i}_c(\boldsymbol{r}, t)$はそれぞれ，閉曲線Cを縁とする面Sを貫く電流と位置$\boldsymbol{r}$における単位面積当たりの電流密度である[18]．しかしながら，(22.1)式には電場の時間変化($\partial \boldsymbol{E}/\partial t$)に関する項は含まれておらず，時間変動する電場が磁場を生み出すメカニズムは内在していない．

以上のことから，次の2つの可能性が考えられる．**第1の可能性**は「時間変動する電場が磁場を生み出すことはない」，**第2の可能性**は「(22.1)式で示したアンペールの法則の拡張は不完全であり，さらなる

[18] I_cと$\boldsymbol{i}_c$の添字のcは，それらが荷電粒子の伝導(conduction)による電流と電流密度であることを明示するために付けた．

拡張が必要」というものである．マクスウェルは，おおよそ以下のような考察を行うことで，第2の可能性が正しいこと，すなわち，アンペールの法則は不完全であり，さらに拡張する必要があることを主張した．

22.2 変位電流とアンペール‒マクスウェルの法則

アンペールの法則が不完全であることを示す簡単な例として，図22.1のような，平行平板コンデンサーに電荷を蓄える（充電する）場合について考える．

まず，図22.1(a)に示すように，導線を囲うように閉曲線Cを選び，Cを縁とする曲面として導線が貫くような曲面S_1をとれば，(22.1)式の右辺は有限の値($=\mu_0 I_c(t)$)となる．一方，図22.1(b)に示すように，一方の極板を囲うような曲面S_2をとると，曲面S_2には電流は貫いていないので，(22.1)式の右辺はゼロとなる．

このように，曲面の取り方(S_1とS_2)によって結果に矛盾が生じるということは，(22.1)式のアンペールの法則が不完全であることを意味する．そこでマクスウェルは，この矛盾を解消するためにアンペールの法則を以下に示すように拡張した．

● 変位電流とアンペールの法則の拡張

コンデンサーを充電している最中は極板間には電流は流れないが，極板には電荷$Q(t)$が蓄えられ続け，極板間の電場$E(t)$は増え続けている．したがって，図22.1の曲面S_1とS_2を合わせた閉曲面S_1+S_2に対して，(19.53)式のガウスの法則を適用すると，

$$\oint_{S_1+S_2} \boldsymbol{E}(\boldsymbol{r},t) \cdot \boldsymbol{n}\, dS = \frac{Q(t)}{\varepsilon_0} \tag{22.2}$$

となる．ここで，閉曲面S_1+S_2に対して外向きの法線ベクトル$\boldsymbol{n}$は，図22.1(c)に示すように，曲面S_1の法線ベクトル$\boldsymbol{n}_1$とは逆向き($\boldsymbol{n}=-\boldsymbol{n}_1$)で，曲面$S_2$の法線ベクトル$\boldsymbol{n}_2$と同じ向き($\boldsymbol{n}=\boldsymbol{n}_2$)である．

(22.2)式の左辺を曲面S_1とS_2に分けると，S_1は極板間を通らないため電場$E(t)$は貫いていないので，

$$\oint_{S_1+S_2} \boldsymbol{E}(\boldsymbol{r},t) \cdot \boldsymbol{n}\, dS = \underbrace{\int_{S_1} \boldsymbol{E}(\boldsymbol{r},t) \cdot \boldsymbol{n}\, dS}_{=0} + \int_{S_2} \boldsymbol{E}(\boldsymbol{r},t) \cdot \boldsymbol{n}\, dS$$

$$= \int_{S_2} \boldsymbol{E}(\boldsymbol{r},t) \cdot \boldsymbol{n}\, dS \tag{22.3}$$

となるから，結局，(22.2)式は

$$\int_{S_2} \boldsymbol{E}(\boldsymbol{r},t) \cdot \boldsymbol{n}\, dS = \frac{Q(t)}{\varepsilon_0} \tag{22.4}$$

と表される．この式より，コンデンサーに帯電した電荷$Q(t)$の時間変

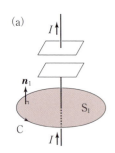
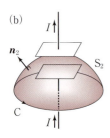
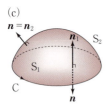

図22.1 充電中の平行平板コンデンサーに適応したアンペールの法則の様子
(a) 面S_1を導線が貫く場合
(b) 面S_2がコンデンサーの一方の極板を囲う場合
(c) 面S_1と面S_2から成る閉曲面S_1+S_2

化は

$$\frac{dQ(t)}{dt} = \varepsilon_0 \frac{d}{dt}\int_{S_2} \boldsymbol{E}(\boldsymbol{r},t) \cdot \boldsymbol{n}\, dS$$
$$= \varepsilon_0 \int_{S_2} \frac{\partial \boldsymbol{E}(\boldsymbol{r},t)}{\partial t} \cdot \boldsymbol{n}\, dS \qquad (22.5)$$

と表される[19].

なお，1番目の等号では，電場 $\boldsymbol{E}(\boldsymbol{r},t)$ を曲面 S_2 で積分したもの（時間 t のみの関数）を時間微分するので全微分（$= d/dt$）であるが，2番目の等号では，時間微分と面積分の順番を入れ替え，位置 $\boldsymbol{r}$ と時間 t の関数である電場 $\boldsymbol{E}(\boldsymbol{r},t)$ を時間微分するので偏微分（$= \partial/\partial t$）となる．

また，極板につながれた導線を流れる電流 $I_c(t)$ は，電流の定義により (22.5) 式の $dQ(t)/dt$ に等しいので，

$$I_c(t) = \frac{dQ(t)}{dt} = \varepsilon_0 \int_{S_2} \frac{\partial \boldsymbol{E}(\boldsymbol{r},t)}{\partial t} \cdot \boldsymbol{n}\, dS \qquad (22.6)$$

と表される．この式の右辺は，極板の電荷 $Q(t)$ の時間変化を表すが，マクスウェルは，この量の物理的な意味付けに対して，以下に述べるような大きな論理の飛躍を行った．

極板間には電子の流れによる電流（**伝導電流**）は存在しないが，(22.6) 式の右辺のような，電場の時間変化に起因する電流が存在すると考え，この電流を**変位電流**と名付けた．すなわち，マクスウェルは

$$\boxed{I_d(t) \equiv \varepsilon_0 \int_S \frac{\partial \boldsymbol{E}}{\partial t} \cdot \boldsymbol{n}\, dS} \qquad (22.7)$$

によって定義される変位電流 I_d が極板間に存在し，「変位電流 I_d は，伝導電流 I_c と同じように，磁束密度 $\boldsymbol{B}$ をつくる」という大胆な仮説を立てたのである．このマクスウェルの仮説を**マクスウェルの変位電流の法則**とよび，これを本書では**電磁気学の第4の原理**とする．

マクスウェルの変位電流の法則（電磁気学の第4の原理）を考慮に入れると，(22.1) 式のアンペールの法則は，右辺に変位電流の項が追加され，

$$\boxed{\oint_C \boldsymbol{B} \cdot \boldsymbol{t}\, ds = \mu_0 \int_S \left(\boldsymbol{i}_c + \varepsilon_0 \frac{\partial \boldsymbol{E}}{\partial t}\right) \cdot \boldsymbol{n}\, dS} \qquad (22.8)$$

のように拡張される．(22.8) 式の拡張されたアンペールの法則を，**アンペール–マクスウェルの法則**とよぶ．ここで，右辺の第1項の $\boldsymbol{i}_c$ は**伝導電流密度**とよばれ，右辺の第2項の

$$\boldsymbol{i}_d \equiv \varepsilon_0 \frac{\partial \boldsymbol{E}}{\partial t} \qquad (22.9)$$

は**変位電流密度**とよばれる．

(22.8) 式のようにアンペールの法則を拡張することで，図 22.1(a) と (b) の曲面の取り方の違いによる矛盾は次のように解決される．

図 22.1(a) の場合には，曲面 S_1 を通る**伝導電流**（(22.8) 式の右辺第1

---

[19] もともと (19.53) 式のガウスの法則は静電場に対する法則であるが，ここで，時間変動する電場にガウスの法則を拡張した．

項)が経路CでのBの循環((22.8)式の左辺)と等しく，図22.1(b)の場合には，S_2を通る**変位電流**((22.8)式の右辺第2項)が経路CでのBの循環と等しくなる．

(22.8)式のアンペール-マクスウェルの法則によれば，電場Eの時間変化(すなわち変位電流)が磁束密度Bの磁場を生み出すことを表しており，これはまさにファラデーの電磁誘導の法則(磁場の時間変化が電場を生み出す法則)と対をなす法則である．

電磁気学の第4の原理：マクスウェルの変位電流の法則　[(22.7)式]

22.3　マクスウェルによる電磁波の予言

前項で述べたマクスウェルの論法には明らかな飛躍があり，マクスウェルの変位電流の法則(電磁気学の第4の原理)は，この段階では仮説にすぎない．この仮説が正しいかどうかは，そこから導かれる結論を実験的に検証する以外にない．つまり，変位電流がつくる磁場を検出すればよいわけであるが，コンデンサーの充電や放電の際にコンデンサーの極板間の変位電流がつくる磁束密度は小さすぎて，当時はもちろん，現在でも検出が困難である．そこでマクスウェルは，変位電流を直接観測するのではなく，以下で述べるような，変位電流によって生じる現象に目を向けた．

もしマクスウェルが立てた仮説のように変位電流が存在するならば，変動する電場Eはその周辺に磁束密度Bを発生させる．Bが発生するということは，Bが変化することなので，電磁誘導の法則に従って，今度はその周辺にEを発生させることになる．Eが発生するということは，変位電流が発生することなので，マクスウェルの変位電流の法則に従って，Bが発生する．このように，EとBとが互いに相手を発生させながら，次々と空間中を波として伝わっていくことになる(図22.2)．

1871年にマクスウェルは，この電場Eと磁場Bの波の存在を予言

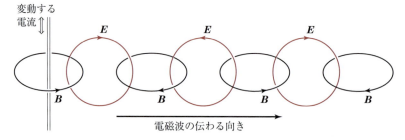

図 22.2　電場と磁場とが相互に発生しながら，次々と空間中を波(電磁波)として伝わっていく様子の概念図

し，それを**電磁波**と名付けた．この電磁波を観測できれば，マクスウェルの変位電流の法則（電磁気学の第4の原理）は仮説ではなく真実となるわけである．今日，電磁波は誰もがよく知る存在であるが，マクスウェルの時代には，電磁波の存在を裏付ける実験的な証拠はなく，その検証は当時の科学界の大きな問題の1つであった．実際，1879年にはベルリン科学アカデミーがこの問題に懸賞を出したほどである．そして，電磁波の存在を実証し，懸賞を勝ち取ったのは，ドイツの物理学者ヘルツであった．また，マクスウェルやヘルツによる電磁波の発見は，今日の高度な通信技術の発展へとつながった．

次の章では，電磁波の存在を電磁気学の原理から数学的に導出し，その性質を述べることにしよう．

第 23 章
マクスウェル方程式と電磁波

Electromagnetism

　この章では，これまでに述べてきた電磁気学の4つの原理を**マクスウェル方程式**として整理する．さらに，前章の最後で定性的に述べた**電磁波**を，マクスウェル方程式から数学的に導出し，電磁波の伝播速度が光の速度と一致することを示し，「光」が電磁波の一種であること述べる．

> **キーワード**：マクスウェル方程式，電磁波，ポインティングベクトル
> **必要な数学**：2階の偏微分方程式

23.1　電磁気学の4つの原理とマクスウェル方程式

　第Ⅲ部ではここまで，電気と磁気に関する最小限の実験事実を拠り所に，電磁気の現象を以下の4つの原理にまとめ上げてきた．

　　第1の原理：電場に対するガウスの法則　［(19.55)式］
　　第2の原理：磁束密度に対するビオ−サバールの法則　［(20.28)式］
　　第3の原理：ファラデーの電磁誘導の法則　［(21.11)式］
　　第4の原理：マクスウェルの変位電流の法則　［(22.7)式］

　電磁気学の原理は，この4つですべてであり，あらゆる電磁気の現象はこれらの原理によって説明することができる．第2の原理であるビオ−サバールの法則からは，(20.43)式の磁束密度に対するガウスの法則と(20.56)式のアンペールの法則が導かれ，このうちアンペールの法

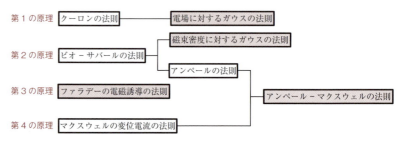

図 23.1　電磁気学における4つの原理

則は，第4の原理と融合することで，(22.9)式のアンペール-マクスウェルの法則へと拡張された(図23.1).

以上より，この4つの原理は，以下の4つの方程式によって表される．

電場に対するガウスの法則

$$\oint_S \boldsymbol{E}(\boldsymbol{r},t) \cdot \boldsymbol{n}\, dS = \frac{1}{\varepsilon_0} \int_V \rho(\boldsymbol{r},t)\, dV \qquad (23.1)$$

磁束密度に対するガウスの法則

$$\oint_S \boldsymbol{B}(\boldsymbol{r},t) \cdot \boldsymbol{n}\, dS = 0 \qquad (23.2)$$

ファラデーの電磁誘導の法則

$$\oint_C \boldsymbol{E}(\boldsymbol{r},t) \cdot \boldsymbol{t}\, ds = -\int_S \frac{\partial \boldsymbol{B}(\boldsymbol{r},t)}{\partial t} \cdot \boldsymbol{n}\, dS \qquad (23.3)$$

アンペール-マクスウェルの法則

$$\oint_C \boldsymbol{B}(\boldsymbol{r},t) \cdot \boldsymbol{t}\, ds = \mu_0 \int_S \left\{ \boldsymbol{i}_c(\boldsymbol{r},t) + \varepsilon_0 \frac{\partial \boldsymbol{E}(\boldsymbol{r},t)}{\partial t} \right\} \cdot \boldsymbol{n}\, dS \qquad (23.4)$$

これら4つの方程式をまとめて，真空中のマクスウェル方程式とよぶ(図23.1を参照)．(23.1)式と(23.2)式は，もともとは静電場と静磁場に対する法則であったが，それらを時間変動する電場と磁場(磁束密度)の場合に拡張したものである．

実は，マクスウェルが電磁気学を体系化した著書「電気磁気論(1873年)」では，まだ，(23.1)式〜(23.4)式の形まで理論体系を整理しきれておらず，多くの研究者たちはマクスウェルの理論を解読するのに苦労していたそうである．マクスウェルの理論を精査し，(23.1)式〜(23.4)式の形に整理したのはヘルツである．ヘルツによってまとめ上げられたマクスウェル方程式は，広く世間に受け入れられ，統計力学の創始者であるボルツマンは「神の創った芸術品」と称したそうである．

23.2 電磁波

23.2.1 自由空間のマクスウェル方程式

電荷も伝導電流も存在しない空間($\rho=0$, $\boldsymbol{i}_c=\boldsymbol{0}$)を自由空間とよぶ．以下では，自由空間での電場と磁束密度の性質について，マクスウェル方程式を用いて述べることにする．

自由空間に対する，(23.1)式〜(23.4)式のマクスウェル方程式は $\rho=0$, $\boldsymbol{i}_c=\boldsymbol{0}$ より

電場に対するガウスの法則

$$\oint_S \boldsymbol{E}(\boldsymbol{r},t) \cdot \boldsymbol{n}\, dS = 0 \qquad (23.5)$$

磁束密度に対するガウスの法則

$$\oint_S \boldsymbol{B}(\boldsymbol{r}, t) \cdot \boldsymbol{n}\, dS = 0 \tag{23.6}$$

ファラデーの電磁誘導の法則

$$\oint_C \boldsymbol{E}(\boldsymbol{r}, t) \cdot \boldsymbol{t}\, ds = -\int_S \frac{\partial \boldsymbol{B}(\boldsymbol{r}, t)}{\partial t} \cdot \boldsymbol{n}\, dS \tag{23.7}$$

アンペール-マクスウェルの法則

$$\oint_C \boldsymbol{B}(\boldsymbol{r}, t) \cdot \boldsymbol{t}\, ds = \frac{1}{c^2} \int_S \frac{\partial \boldsymbol{E}(\boldsymbol{r}, t)}{\partial t} \cdot \boldsymbol{n}\, dS \tag{23.8}$$

となる．これらの式の重要な点は，電荷も伝導電流も存在しない自由空間でも $\boldsymbol{E}$ と $\boldsymbol{B}$ が存在することを表していることである．また，(23.8) 式において

$$c \equiv \frac{1}{\sqrt{\varepsilon_0 \mu_0}} \tag{23.9}$$

と定義した．c の物理的な意味については後ほど述べることにする．

23.2.2 電場と磁束密度の波動方程式

ここでは簡単のため，**電場も磁束密度も xy 平面内で一定の場合**，すなわち，電場と磁場はいずれも x, y に依存せず，空間に関しては z のみの関数 $\boldsymbol{E}(z, t)$, $\boldsymbol{B}(z, t)$ で表される場合について考えることにしよう．

このとき，図 23.2 に示すような微小体積 $\Delta V = \Delta x\, \Delta y\, \Delta z$ に対して，(23.5) 式と (23.6) 式を適用すると，それぞれの式から

電場に対するガウスの法則

$$\frac{\partial E_z(z, t)}{\partial z} = 0 \tag{23.10}$$

磁束密度に対するガウスの法則

$$\frac{\partial B_z(z, t)}{\partial z} = 0 \tag{23.11}$$

が得られる（以下の〈例題 23.1〉を参照）．この結果，電場と磁束密度の z 成分（E_z と B_z）はいずれも z に依存しないことがわかる．すなわち，

$$E_z = E_z(t), \qquad B_z = B_z(t) \tag{23.12}$$

と表せる．

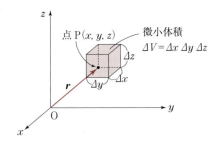

図 23.2 位置 $\boldsymbol{r} = (x, y, z)$ の点 P にある微小体積 $\Delta V = \Delta x\, \Delta y\, \Delta z$ を囲う閉曲面

=〈例題 23.1〉 xy 平面で一様な電場と磁束密度に対するガウスの法則 =

自由空間の xy 平面で一様な電場と磁束密度に対して，(23.10) 式と (23.11) 式が成り立つことを示せ．

〈解〉 図 23.2 に描いた立方体の閉曲面 S に，(23.5) 式の「電場に対するガウスの法則」を適用することで，(23.10) 式を導出する．電場は xy 平面で一様であるので，$\boldsymbol{E}(x + \Delta x, y, z, t) = \boldsymbol{E}(x, y + \Delta y, z, t) = \boldsymbol{E}(x, y, z, t)$ を利用し

て，(23.5)式の左辺を計算すると，

$$
\begin{aligned}
\oint_S \boldsymbol{E} \cdot \boldsymbol{n}\, dS &= \{\underbrace{E_x(x+\Delta x, y, z, t)}_{=E_x(x,y,z,t)} - E_x(x,y,z,t)\}\Delta y\,\Delta z \\
&\quad + \{\underbrace{E_y(x, y+\Delta y, z, t)}_{=E_y(x,y,z,t)} - E_y(x,y,z,t)\}\Delta z\,\Delta x \\
&\quad + \{E_z(x, y, z+\Delta z, t) - E_z(x,y,z,t)\}\Delta x\,\Delta y \\
&= \{E_z(x, y, z+\Delta z, t) - E_z(x,y,z,t)\}\Delta x\,\Delta y \\
&= \frac{E_z(x, y, z+\Delta z, t) - E_z(x,y,z,t)}{\Delta z}\Delta V \quad (23.13)
\end{aligned}
$$

となる．最初の等号の右辺第1項は yz 平面に平行な2つの面，第2項は zx 平面に平行な2つの面，第3項は xy 平面に平行な2つの面で積分した結果である．

(23.13)式では電場の z 成分を $E_z(x,y,z,t)$ と表したが，E_z は x, y に依存しないので，これ以後，$E_z(z,t)$ と書くことにする．ここで，$\Delta V = \Delta x\, \Delta y\, \Delta z$ は微小な体積なので，$\Delta z \to 0$ の極限をとると，

$$\oint_S \boldsymbol{E} \cdot \boldsymbol{n}\, ds \;\to\; \frac{\partial E_z(z,t)}{\partial z}\Delta V \quad (23.14)$$

となる．したがって，(23.5)式より，

$$\frac{\partial E_z(z,t)}{\partial z} = 0 \quad (23.15)$$

となり，(23.10)が導かれた．

同様の計算を行うことで，(23.11)式も導くことができる（計算は省略）． ◆

次に，微小な閉曲線に対して(23.7)式と(23.4)式を適用することで，

ファラデーの電磁誘導の法則

$$\frac{\partial E_y(z,t)}{\partial z} = \frac{\partial B_x(z,t)}{\partial t}, \quad \frac{\partial E_x(z,t)}{\partial z} = -\frac{\partial B_y(z,t)}{\partial t}, \quad 0 = \frac{\partial B_z(t)}{\partial t} \quad (23.16)$$

アンペール–マクスウェルの法則

$$-\frac{\partial B_y(z,t)}{\partial z} = \frac{1}{c^2}\frac{\partial E_x(z,t)}{\partial t}, \quad \frac{\partial B_x(z,t)}{\partial z} = \frac{1}{c^2}\frac{\partial E_y(z,t)}{\partial t}, \quad 0 = \frac{\partial E_z(t)}{\partial t} \quad (23.17)$$

が得られるが，これらの式の導出は後ほど〈例題23.2〉で行うことにして，ここでは，これらの式を用いて電場と磁束密度の性質を調べていこう．

まず，(23.16)式の第3式と(23.17)式の第3式からわかるように，電場と磁場の z 成分（$E_z(t)$ と $B_z(t)$）はいずれも時間 t に依存しない定数である．したがって，時刻 $t=0$ において，$E_z(0)=0$ および $B_z(0)=0$ であるとすると，任意の時刻 t において

$$E_z(t) = 0, \quad B_z(t) = 0 \quad (23.18)$$

であることがわかる．

次に，残り4つの成分 E_x, E_y, B_x, B_y を順次決定していこう．このう

ち，E_x と B_y は (23.16) 式の第 2 式と (23.17) 式の第 1 式の連立方程式より得られる．

まずは E_x に注目し，(23.16) 式の第 2 式の両辺を z で微分すると

$$\frac{\partial^2 E_x(z,t)}{\partial z^2} = -\frac{\partial}{\partial t}\left(\frac{\partial B_y(z,t)}{\partial z}\right) \quad (23.19)$$

となる．右辺の計算で，時間 t と空間 z の微分する順序を交換した．そして，(23.19) 式の右辺に (23.17) 式の第 1 式を代入すると

$$\boxed{\frac{\partial^2 E_x(z,t)}{\partial z^2} = \frac{1}{c^2}\frac{\partial^2 E_x(z,t)}{\partial t^2}} \quad (23.20)$$

を得る．

(23.20) 式の左辺は空間座標 z の 2 階微分，右辺は時間 t の 2 階微分によって与えられている．このように，空間の 2 階微分と時間の 2 階微分が結び付いた偏微分方程式を**波動方程式**とよぶ．

(23.20) 式の導出と同様に，(23.17) 式の第 1 式の両辺を z で微分して得られる式に，(23.16) 式の第 2 式を代入すると

$$\boxed{\frac{\partial^2 B_y(z,t)}{\partial z^2} = \frac{1}{c^2}\frac{\partial^2 B_y(z,t)}{\partial t^2}} \quad (23.21)$$

が得られ，$B_y(z,t)$ も $E_x(z,t)$ と同様の波動方程式に従うことがわかる．

残りの E_y と B_x についても，(23.21) 式の第 1 式と (23.17) 式の第 2 式の連立方程式より，それぞれに対する波動方程式が得られる（計算は省略）．

=== 〈例題 23.2〉 xy 平面で一様な電場と磁束密度の時間発展方程式 ===

(23.16) の第 1 式と (23.17) の第 1 式を導出せよ．

〈解〉 最初に，(23.16) の第 1 式の導出を行うため，図 23.3 に示す yz 平面上の微小な長方形の閉曲線 C を考えよう．ここではまず，電場を $\boldsymbol{E} = \boldsymbol{E}(x,y,z,t)$ として，C に対して (23.7) 式の左辺を適用すると

$$\oint_C \boldsymbol{E}\cdot\boldsymbol{t}\,ds = \underbrace{\int_{\overline{PQ}} \boldsymbol{E}(x,y,z,t)\cdot\boldsymbol{e}_y\,dy}_{=E_y(x,y,z,t)\Delta y} + \underbrace{\int_{\overline{QR}} \boldsymbol{E}(x,y,z,t)\cdot\boldsymbol{e}_z\,dz}_{=E_z(x,y+\Delta y,z,t)\Delta z}$$

$$+ \underbrace{\int_{\overline{RS}} \boldsymbol{E}(x,y,z,t)\cdot(-\boldsymbol{e}_y)\,dy}_{=-E_y(x,y,z+\Delta z,t)} + \underbrace{\int_{\overline{SP}} \boldsymbol{E}(x,y,z,t)\cdot(-\boldsymbol{e}_z)\,dz}_{=-E_z(x,y,z,t)\Delta z}$$

$$= -[E_y(x,y,z+\Delta z,t) - E_y(x,y,z,t)]\Delta y$$
$$+ [E_z(x,y+\Delta y,z,t) - E_z(x,y,z,t)]\Delta z$$

$$= -\frac{E_y(x,y,z+\Delta z,t) - E_y(x,y,z,t)}{\Delta z}\Delta S$$
$$+ \frac{E_z(x,y+\Delta y,z,t) - E_z(x,y,z,t)}{\Delta y}\Delta S$$

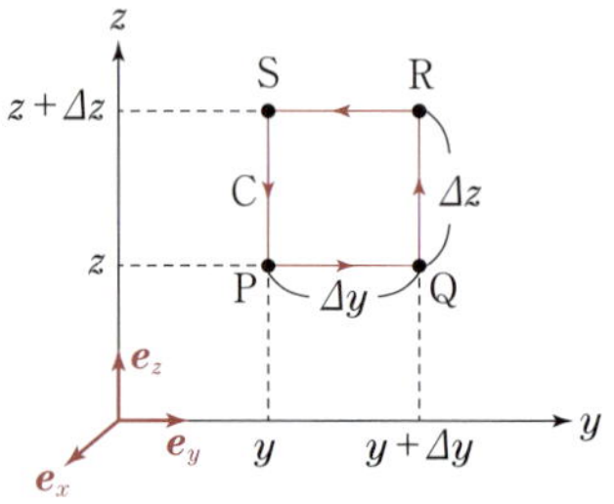

図 23.3 yz 平面上の点 P $=(x,y,z)$，点 Q $=(x,y+\Delta y,z)$，点 R $=(x,y+\Delta y,z+\Delta z)$，点 S $=(x,y,z+\Delta z)$ で囲まれた微小面積 $\Delta S = \Delta x\,\Delta z$．

となる．ここで，$\Delta S = \Delta y\,\Delta z$ は閉曲線 C で囲まれた長方形の面積であるが，微小な面積なので $\Delta y \to 0$，$\Delta z \to 0$ の極限をとると

$$\oint_C \boldsymbol{E}\cdot\boldsymbol{t}\,ds \to -\left(\frac{\partial E_y(z,t)}{\partial z} - \frac{\partial E_z(z,t)}{\partial y}\right)\Delta S \quad (23.22)$$

となる．

したがって，電場が xy 平面内で一定の場合には，(23.22)式の右辺第 2 項はゼロとなり，

$$\oint_C \boldsymbol{E} \cdot \boldsymbol{t} \, ds = -\frac{\partial E_y(z,t)}{\partial z} \, dS \tag{23.23}$$

となる．

次に，微小な面 $\Delta S = \Delta x \, \Delta z$ に対して(23.7)式の右辺を適用すると，

$$-\oint_S \frac{\partial \boldsymbol{B}(z,t)}{\partial t} \cdot \boldsymbol{n} \, dS = -\oint_{\Delta S} \frac{\partial \boldsymbol{B}(z,t)}{\partial t} \cdot \boldsymbol{e}_x \, dS$$

ここで，左辺の被積分関数 $\left(\dfrac{\partial \boldsymbol{B}(z,t)}{\partial t} \cdot \boldsymbol{e}_x = \dfrac{\partial B_x(z,t)}{\partial t}\right)$ を一定とみなすことができるくらい ΔS の小さい極限をとると，

$$-\oint_S \frac{\partial \boldsymbol{B}(z,t)}{\partial t} \cdot \boldsymbol{n} \, dS \; \rightarrow \; -\frac{\partial B_x(z,t)}{\partial t} \Delta S \tag{23.24}$$

となる．

(23.7)式より，(23.23)式と(23.24)式が等しいので，

$$\frac{\partial E_y(z,t)}{\partial z} = \frac{\partial B_x(z,t)}{\partial t} \tag{23.25}$$

のように，(23.16)式の第 1 式が得られる．

同様に，図 23.3 の閉曲線 C に(23.8)式を適用することで，(23.17)式の第 1 式が得られる（計算は省略）．

一方，(23.16)式の第 2 式(第 3 式)と(23.17)式の第 2 式(第 3 式)を導出するためには，zx 平面(xy 平面)に図 23.3 と同様の微小閉曲線を設定し，その微小閉曲線に対して，(23.7)式と(23.8)式を適用し，上で述べた手続きと同様の計算を行えばよい．計算は各自で取り組んでほしい．　◆

23.2.3　波動方程式の平面波解

ここでは簡単のため，$E_y(z,t) = 0, B_x(z,t) = 0$ の場合，すなわち，電場は x 成分 $E_x(z,t)$，磁束密度は y 成分 $B_y(z,t)$ のみをもつ場合について考えることにする[20]．$E_x(z,t)$ と $B_y(z,t)$ は，(23.20)式と(23.21)式に示したように

$$\frac{\partial^2 E_x(z,t)}{\partial z^2} = \frac{1}{c^2} \frac{\partial^2 E_x(z,t)}{\partial t^2} \tag{23.26}$$

$$\frac{\partial^2 B_y(z,t)}{\partial z^2} = \frac{1}{c^2} \frac{\partial^2 B_y(z,t)}{\partial t^2} \tag{23.27}$$

の波動方程式に従う．これらの微分方程式が波動方程式とよばれる理由は，もちろん，この方程式の解が「波の動き」を記述するからである．

(23.26)式と(23.27)式の波動方程式の一般解については第Ⅲ部末の演習問題 12 に譲ることにして，ここでは，図 23.4(a)に示すような，z 軸の正の向きに進む正弦波として

$$E_x(z,t) = E_0 \sin(kz - \omega t) \tag{23.28}$$

$$B_y(z,t) = B_0 \sin(kz - \omega t) \tag{23.29}$$

を考え，これらが波動方程式を満足しているかを調べてみることにしよう．ここで，E_0, B_0 は波の**振幅**，k は**波数**，ω は**角振動数**である．

(23.28)式の正弦波を(23.26)式の波動方程式に代入すると，角振動数

[20] $E_y \neq 0, B_x \neq 0$ の場合には，$E_y = B_x = 0$ となるように座標を取り直せばよい．

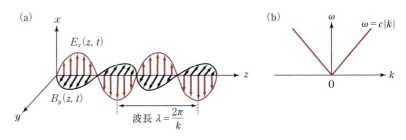

図 23.4
(a) z 軸に沿って正方向に伝播する電磁波
(b) 電磁波の分散関係

ω と波数 k の間に

$$\boxed{\omega = c|k|} \tag{23.30}$$

の関係があることがわかる (図 23.4(b))．同様に，(23.28)式を(23.26)式に代入しても(23.30)式の関係を得る．この関係式を**分散関係**といい，(23.30)式の分散関係を満足する正弦波は，(23.25)式の波動方程式を満足する．

> **分散関係：波の角周波数 ω と波数 k の間の関係**

=== 〈例題 23.3〉**電磁波の振幅** ===

電磁波の電場成分の振幅 E_0 と磁束密度の振幅 B_0 の間に，

$$\frac{E_0}{B_0} = c \tag{23.31}$$

の関係があることを示せ．ここで，c は $c \equiv 1/\sqrt{\varepsilon_0 \mu_0}$ である．

〈解〉 (23.16) の第 2 式に，$E_x(z,t) = E_0 \sin(kz - \omega t)$ と $B_y(z,t) = B_0 \sin(kz - \omega t)$ を代入することによって，(23.31)式を得ることができる． ◆

23.2.4　電磁波の速度と光の正体

(23.8)式で定義された定数 $c = 1/\sqrt{\varepsilon_0 \mu_0}$ の物理的な意味について，(23.28)式を用いて考えよう．図 23.5 に(23.28)式で与えられる電磁波の電場成分 $E_x(z,t)$ の時間変化の様子を示す．この図からわかるように，時刻 $t = 0$ において $z = Z_0$ にあった波面 P は，時間が Δt だけ経過すると，$z = Z_0 + c\Delta t$ の点 P′ に移動する．

すなわち，真空中での電磁波の等位相面の速度 v_{EM} は

$$v_{\text{EM}} = \lim_{\Delta t \to 0} \frac{(Z_0 + c\Delta t) - Z_0}{\Delta t}$$
$$= c \tag{23.32}$$

となる．すなわち，電磁波は速さ $c = 1/\sqrt{\varepsilon_0 \mu_0}$ で z 軸の正の向きに伝播していることがわかる．なお，伝播速度 c の値は

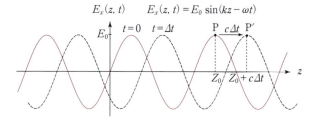

図 23.5 z 軸の正方向に速度 $c = \omega/k$ で伝播する電磁波の様子

$$c = \frac{1}{\sqrt{\varepsilon_0 \mu_0}} = 2.9979 \times 10^8 \text{ m/s} \quad (23.33)$$

である.

マクスウェルは，この伝播速度 c の値が当時測定されていた光の速さとほぼ一致することから，光の正体は電磁波であるという大胆な予言をした(1864 年).先に述べたように，マクスウェルの予言は，1888 年にヘルツによって実証された.

ここまで述べてきたように，電磁波は，電場 E と磁場(磁束密度 B)が連動し合って**真空中を光速度 c で伝播する**.また，**電磁波の電場成分 $E_x(z,t)$ と磁束密度成分 $B_y(z,t)$ はいずれも電磁波の伝播方向(z 方向)に対して垂直**であり，E と B は**互いに直交**している.そして，(23.17) 式に示したように，E と B はいずれも z 成分(電磁波の進行方向成分)がゼロ($E_z(z,t) = 0$, $B_y(z,t) = 0$)であるから，**電磁波は横波**である.

> 電磁波：E と B が連動しながら伝播する横波.真空中では光速度 c で伝播.

23.2.5 電磁波の分類

「光」とは，(狭義には)人が肉眼で感知できる電磁波のことであり，この意味を強調して可視光ともよばれる.肉眼で見える光には個人差があって曖昧なので，より定量的な定義として，$\lambda = 380$ nm ～ 780 nm の波長範囲の電磁波を可視光と定義する.

可視光よりも波長が長いものとしては，波長が 1 mm 程度以上のものを電波，それより短く 1 μm 程度までを赤外線とよぶ.また，可視光より波長が短いものとしては，数 nm までを紫外線，これと部分的に重複して 10 nm～1 pm の範囲を X 線，10 pm より波長の短いものを γ 線とよぶ（図 23.6）.

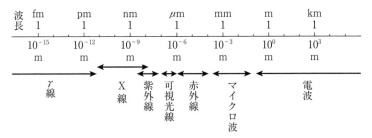

$1\,\mu\mathrm{m}$（マイクロメートル，ミクロン）$= 10^{-6}\,\mathrm{m}$, $1\,\mathrm{nm}$（ナノメートル）$= 10^{-9}\,\mathrm{m}$,
$1\,\mathrm{pm}$（ピコメートル）$= 10^{-12}\,\mathrm{m}$, $1\,\mathrm{fm}$（フェムトメートル）$= 10^{-15}\,\mathrm{m}$

図 23.6 電磁波の波長による分類

23.3 電磁波によるエネルギーの伝播

23.3.1 電磁波のエネルギー

19.12 節の (19.116) 式で示したように，電場 $\boldsymbol{E}$ の真空中には，単位体積当たり

$$u_\mathrm{E} = \frac{1}{2}\varepsilon_0 E^2 \tag{23.34}$$

のエネルギーが存在する．一方，21.5 節の (21.29) 式で示したように，磁束密度 $\boldsymbol{B}$ の磁場の真空中には，単位体積当たり

$$u_\mathrm{M} = \frac{1}{2\mu_0}B^2 \tag{23.35}$$

のエネルギーが存在する．

したがって，真空中を電磁波が伝播しているとき，単位体積当たりのエネルギー（エネルギー密度）は上の 2 つのエネルギーの和をとって

$$\boxed{u = u_\mathrm{E} + u_\mathrm{M} = \frac{1}{2}\varepsilon_0 E^2 + \frac{1}{2\mu_0}B^2} \tag{23.36}$$

となる．

23.3.2 ポインティングベクトル

真空中を電磁波が伝播しているとき，単位時間に単位面積を通過する電磁波のエネルギーの流れ S は，エネルギー密度 u に光速度 c を掛けて，

$$S = uc = \left(\frac{1}{2}\varepsilon_0 E^2 + \frac{1}{2\mu_0}B^2\right)c \tag{23.37}$$

と表される．いま，電磁波の電場と磁束密度がそれぞれ $\boldsymbol{E} = E_x \boldsymbol{e}_x$ と $\boldsymbol{B} = B_y \boldsymbol{e}_y$ で与えられる平面波であり，$E = |\boldsymbol{E}|$ と $B = |\boldsymbol{B}|$ がそれぞれ，

$$E = E_x = E_0 \sin(kz - \omega t) \tag{23.38}$$

$$B = B_y = B_0 \sin(kz - \omega t) = \frac{E_0}{c}\sin(kz - \omega t) \tag{23.39}$$

の基本波の場合には，これらの式を (23.37) 式に代入することで，エネ

ルギーの流れの密度 S は

$$S = \frac{1}{\mu_0 c} E_0^2 \sin^2(kz - \omega t) \qquad (23.40)$$

と表される．ここで式変形の際に，$c = 1/\sqrt{\varepsilon_0 \mu_0}$ を用いた．

また，(23.40)式を少し変形すると

$$S = \frac{1}{\mu_0} \times E_0 \sin(kz - \omega t) \times \frac{E_0}{c} \sin(kz - \omega t)$$

$$= \frac{1}{\mu_0} E_x B_y \qquad (23.41)$$

と書くことができる．2番目の等号では，(23.38)式と(23.39)式を用いた．

(23.41)式の右辺は，

$$\boxed{S = \frac{1}{\mu_0}(\boldsymbol{E} \times \boldsymbol{B})} \qquad (23.42)$$

で表されるベクトルの z 成分とみなすことができる（以下の〈例題 23.4〉を参照）．

また，磁束密度 $\boldsymbol{B}$ を $\boldsymbol{B} = \mu_0 \boldsymbol{H}$（ここで，$\boldsymbol{H}$ は磁場）と表すと，(23.42)式は簡潔に

$$\boxed{\boldsymbol{S} = \boldsymbol{E} \times \boldsymbol{H}} \qquad (23.43)$$

と表される．(23.42)式や(23.43)式のベクトル $\boldsymbol{S}$ は**ポインティングベクトル**とよばれ，これは，$\boldsymbol{E}$ と $\boldsymbol{B}$（または $\boldsymbol{H}$）が張る平面の単位面積を単位時間に通過する電磁波のエネルギーを表す（ポインティングベクトルの具体例としては，第Ⅲ部末の演習問題13を参照）．

> **ポインティングベクトル**：電磁波のエネルギーの流れの密度を表すベクトル

ジョン・ヘンリー・ポインティング
（イギリス，1852 - 1914）

〈例題 23.4〉 ポインティングベクトル

真空中を伝播する電磁波の電場と磁束密度が，それぞれ $\boldsymbol{E} = E_x \boldsymbol{e}_x$ と $\boldsymbol{B} = B_y \boldsymbol{e}_y$ で表されるとき，(23.42)式から(23.41)式を導け．

〈解〉 $\boldsymbol{E} = E_x \boldsymbol{e}_x$ と $\boldsymbol{B} = B_y \boldsymbol{e}_y$ を (23.42)式に代入すると

$$\boldsymbol{S} = \frac{1}{\mu_0}(\boldsymbol{E} \times \boldsymbol{B}) = \frac{1}{\mu_0}(E_x \boldsymbol{e}_x \times B_y \boldsymbol{e}_y) = \frac{1}{\mu_0} E_x B_y \boldsymbol{e}_z \qquad (23.44)$$

となる．ただし，$\boldsymbol{e}_x \times \boldsymbol{e}_y = \boldsymbol{e}_z$ を用いた．したがって，$\boldsymbol{S}$ は z 方向の正の向きであり，その大きさは(23.41)式で示した $S = (1/\mu_0) E_x B_y$ となる． ◆

23.4 エピローグ 〜光をめぐるその後の展開〜

ファラデー，マクスウェル，ヘルツらによって，「光」は「電磁波」の一種であることが明らかになった．この節では，彼ら以前と以後の「光」の研究について概観し，20世紀初頭に登場した新しい物理学である「量子力学」を紹介する．

クリスティアーン・ホイヘンス
（オランダ，1629 - 1695）

身の回りを見渡してみると，私たちの生活は様々な形で「光」の恩恵を受けていることがわかる．「光」は私たちの生活に欠かせない存在であり，そのため，「光」に関する研究や応用は古くから盛んに行われ，紀元前5～3世紀頃には，すでに光学の基礎が形成されたといわれている．

その一方で，そもそも「光とは何か？」という根本的な問いに対しては，20世紀の初頭まで，その答えは明らかでなかった．「光」の研究で有名な20世紀の物理学者アインシュタインは，次のような言葉を残している．

> 光こそ，私にとっては最大の問題でした．光の正体は，まったく謎めいているのです．

（NHKスペシャル：「アインシュタインロマン」第3回 光と闇の迷宮 ミクロの世界）

以下では，17世紀のニュートンやホイヘンスの時代から，「光とは何か？」という問いに対して先人たちが挑んできた約300年の道のりを概観しよう．

23.4.1 光の粒子説と波動説

ニュートンは著書「光学」（1704年）の中で，光の直進性や反射の性質を根拠に，「光は粒子である」と主張した（光の粒子説）．一方，ホイヘンスは著書「光についての論考」（1690年）の中で，光の回折[21]や干渉[22]などを根拠に，「光は波である」と主張した（光の波動説）．そして，この光が粒子であるか波であるかという問題は，最終決着が着くまでにその後300年もの時間を要する一大問題に発展することとなった．

18世紀には，ニュートンの権威により「光の粒子説」が優勢であったが，19世紀初頭にイギリスのヤングが行った実験（ヤングの実験，1807年）を境に，論争の風向きが一気に変わった．ヤングは，図23.7

21) 光が障害物の後ろに回り込む現象

22) 光が重なると強め合ったり弱め合ったりする現象

トーマス・ヤング
（イギリス，1773 - 1829）

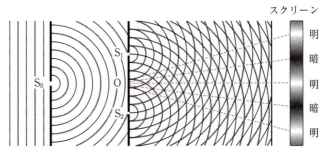

図 23.7 ヤングの実験．単スリット S_0 から出た単色光が2重スリット（S_1 と S_2）を通り抜け，スクリーン上に光の明暗の縞（干渉縞）が現れる様子．実線は波の山を表し，灰色の線は波の谷を表す．実線と実線または灰色の線と灰色の線の交点では光が強め合って明るくなり，実線と灰色の線の交点では光が弱め合って暗くなる．

のような装置を用いて，単スリット S_0 から出た単色光を2つのスリット(S_1とS_2)を通すことで，スリットの前方に置かれたスクリーンに干渉縞(明暗の縞模様)が現れることを示した．さらにヤングは，この実験を通して光の波長が $1\,\mu$m 以下であることなどを示し，「光の波動説」を強く後押しした．

その後，1864年にマクスウェルが電磁気学を完成させ，「光の電磁波説」を提唱し，1888年にヘルツが電磁波を実証すると，光の本性に関する論争は「光の波動説」に軍配が上がる形となった．

23.4.2 光電効果 〜光の電磁波説の限界〜

「光の波動説(電磁波説)」を実証したヘルツであるが，皮肉なことに，その実証実験を行っている最中に，波動説では説明の付かない現象に遭遇した(1887年)．ヘルツが遭遇した現象とは，金属板に電磁波(紫外線)を照射すると金属板が正に帯電すること，すなわち，光を照射すると金属板から負の荷電粒子が失われるという奇妙な現象である．

フィリップ・レーナルト
(ドイツ，1862-1947)

ヘルツの弟子であったドイツのレーナルトは，この実験をさらに押し進め，光を照射することによって金属板から飛び出す荷電粒子の比電荷(荷電粒子の質量と電荷の比)を測定し，それが電子であることを確認した．このように，光を照射することによって物体から電子が飛び出す現象を**光電効果**とよび，飛び出した電子を**光電子**とよぶ．

レーナルトの実験結果を図 23.8 に示すとともに，以下にその結果を整理する．

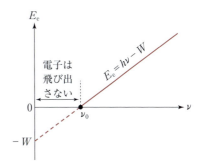

図 23.8 光電効果における光電子の運動エネルギー E_e と光の振動数 ν との関係 ($E_e = h\nu - W$)．ここで，$h = 6.626 \times 10^{-34}\,\mathrm{m^2\,kg/s}$(プランク定数)であり，$W$ は仕事関数とよばれる．

--- 光電効果の実験結果 ---

(1) 光電効果は，ある振動数 ν_0 以上の光を金属板に照射することで起こる．

(2) 光電子1個当たりの運動エネルギー E_e は，光の強度(= 明るさ)に依存せず，光の振動数 ν のみに依存する．

(3) 単位時間当たりの光電子の数は，光の振動数 ν に依存せず，光の強度のみに依存する．

マクスウェルの「光の電磁波説」では，(23.36)式に示したように，光のエネルギーは波の振幅の2乗に比例する．したがって，光の強度(振幅)を大きくすると放射される光電子のエネルギーは大きくなるはずであるが，これは上述の実験結果2と相容れない．また光の電磁波説では，どんなに振動数 ν の小さな光でも強度を大きくすれば電子は放出

されるはずであるが，これは実験結果1と矛盾する．さらに，光を波と考える限り，光のエネルギーは振動数 ν にも依存するので，実験結果3を説明するのは困難である．

以上のことから，マクスウェルの電磁気学の範囲では，光電効果の実験結果を説明することは極めて難しいことがわかった．そして，この問題は，20世紀初頭の物理学者たちの好奇心を大いに掻き立てたのである．

23.4.3 光量子仮説と量子力学の誕生

1905年にアインシュタインは，光電効果を説明するために

光は $h\nu$ のエネルギーをもった"粒子"の集まりである

と提唱した．これを**アインシュタインの光量子仮説**とよび，この光の"粒子"を**光子(光量子)**という．ここで比例定数 h は**プランク定数**とよばれ，その値は

$$h = 6.62607015 \times 10^{-34} \text{ m}^2\text{kg/s} \tag{23.45}$$

である．そして，光量子仮説によれば，振動数 ν の光子が N 個ある場合には，それらの全エネルギーは $Nh\nu$ となり，光の強度(＝明るさ)は光子の個数に比例することになる．

この光量子仮説を認めると，光電効果は次のように見事に説明できる．振動数 ν の光を金属に照射すると，金属内の電子が光のエネルギー $h\nu$ を吸収する．このとき，金属の内部から外部へ電子を放出するのに必要なエネルギー(**仕事関数**)より $h\nu$ の方が大きい($h\nu > W$)ならば，電子の運動エネルギー E_e はエネルギー保存則より，

$$E_\text{e} = h\nu - W \tag{23.46}$$

と表され，図23.8の結果をいとも簡単に説明できる．

また，光量子仮説の立場では，光電効果の実験結果1〜3を次のように説明できる．$\nu < \nu_0 = W/h$ のときには，電子が光子から受けとるエネルギー $h\nu$ が仕事関数 W より小さいので，どんなに強い光を照射しても電子は飛び出すことはできない(実験結果1)．さらに，光の強度は光子の個数に比例するので，飛び出す電子の数は光の強度に比例する(実験結果3)が，1個の光電子のもつ運動エネルギー E_e は，光の強度に依存しない(実験結果2)．

23.4.4 粒子性と波動性を兼ね備える光子 〜量子の世界〜

アインシュタインの光量子仮説によると，光は「光子」という"粒子"であるとされる．光量子仮説では，光の波動性(干渉効果)を実証したヤングの実験(図23.7)をどのように理解すればよいのだろうか．

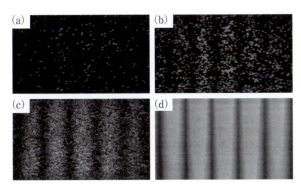

図 23.9 単一光子によるヤングの干渉実験(浜松ホトニクス株式会社 提供)

　20世紀の半ば頃には，光子1個1個を捉えることのできる超高感度な光検出器(光電子増倍管)が作製されるようになった．この光電子増倍管を用いて「ヤングの実験」の再実験を行った様子を，図 23.9 に示す．図 23.9 は，光子1個1個を次々と2重スリットに向かって打ち込み，スクリーン上に到達した光子を光電子増倍管で捉えた様子を撮影したスナップショットである．

　最初のうちは，ヤングの実験とは違って，スクリーン上に光子1個1個がランダムに到達しているようにみえるが(図 23.9(a))，時間が経過するとともに，光子が到達する頻度の高い場所と低い場所の濃淡がはっきりしてくる(図 23.9(b)→(c))．そして最終的に，この濃淡がヤングが観測した光の干渉縞と一致する(図 23.9(d))．このように，「光の量子仮説」の立場では，**光の干渉縞の濃淡は，光子がスクリーン上に到達する頻度**を表すことが明らかとなったのである．

　光子は1個，2個，3個と数えることができる点では粒子的な性質をもっているが，上述の2重スリットの実験のように，干渉効果を示すという意味では波動的な性質ももっている．光子のように，粒子性と波動性を兼ね備えたものを**量子**とよび，この量子の世界を扱う学問のことを**量子力学**という．量子力学についての詳細な説明は本書の範囲を越えているので，ここでは，アインシュタインの以下の言葉を紹介して終わりにする．

> 　光について，私はニュートン流の粒的な見方に帰ったのです．しかし，波とする理論の正しさも認めなければなりません．物理学の次の発展段階として，光を粒と波の異種融合したようなものとして解釈しなければならないのです．

(NHK スペシャル：「アインシュタインロマン」第3回 光と闇の迷宮 ミクロの世界)

23.4.5 最後に

　この第Ⅲ部を振り返ってみると，「電気」と「磁気」の性質について調べていくうちに，電磁波である「光」というものに辿り着き，「光とは何か？」と探求していくうちに，今度は「量子力学」という不思議な世界に辿り着いた．このように，新しい世界が切り拓かれるたびに凄まじい勢いで科学技術が発展し，私たちの生活を一変させてきた．電磁波の発見により無線通信技術が発展し，量子力学の発見によりトランジスタが発明され，コンピュータが出現した．今後，物理学（自然の理解）がさらに発展し，私たちの生活が豊かで快適なものになっていくことを楽しみにしつつ，筆を置くことにする．

第III部 【電磁気学】演習問題

1. **[連続的に分布する電荷がつくる電場]**　以下の小問(a), (b)に答えよ.
   (a) 真空中に置かれた半径 a の円環に, 電荷線密度 λ で電荷が一様に帯電している. 円環が張る面に垂直で, 円環の中心を通る直線上の高さ z での電場を求めよ.
   (b) 真空中に置かれた半径 a の球殻に, 電荷面密度 σ で電荷が一様に帯電している. 球殻の中心から動径方向に距離 r だけ離れた位置での電場を求めよ.

2. **[点電荷に対するガウスの法則]**　点電荷 q を囲む任意の形状の閉曲面 S に対して, (19.51)式が成り立つことを証明せよ.

3. **[静電場に対するガウスの法則の応用]**　以下の小問(a), (b)に答えよ.
   (a) 内径 a と外径 $b(>a)$ の2つの同芯球殻が真空中に置かれている. 内側の球殻には正の電荷面密度 σ, 外側の球殻には負の電荷密度 $-\sigma$ の電荷が, それぞれ一様に帯電しているとき, 同芯球殻の中心から動径方向に距離 r だけ離れた位置での電場を求めよ.
   (b) z 軸を中心軸とする半径 a の円柱が真空中に置かれている. 円柱は z 軸に沿って無限に長く, 電荷密度 ρ_0 で一様に帯電しているものとする. このとき, 円柱の中心軸から距離 r だけ離れた位置での電場を求めよ.

4. **[静電ポテンシャル]**　以下の小問(a), (b)に答えよ.
   (a) 真空中に置かれた半径 a の球に電荷密度 ρ で一様に電荷が帯電している. 球の中心から動径方向に距離 r だけ離れた位置での静電ポテンシャルを求めよ. ただし, 静電ポテンシャルは無限遠方でゼロである(基準位置を $r_P = \infty$ とする).
   (b) 真空中に置かれた直線状の細い導線に電荷線密度 λ で一様に電荷が帯電している. 導線上を z 軸として, z 軸から距離 r だけ離れた位置での静電ポテンシャルを求めよ. ただし, 静電ポテンシャルの基準位置を $r_P = 1$ とする.

5. **[コンデンサーの容量]**　次の2つのコンデンサーの電気容量を求めよ. ただし, いずれの場合も極板間は真空であるものとする.
   (a) 内径 a と外径 $b(>a)$ の同心球殻コンデンサーの電気容量 C を求めよ.
   (b) 長さが L であり, 内径 a と外径 $b(>a)$ の同軸円筒コンデンサーの電気容量 C を求めよ. ただし, 円筒は十分に長く, 端の影響はないものとする.

6. **[導線を流れる過渡電流]**　断面積 S, 長さ L, 電子密度 n の導体に電場 E を印加した際, 導線の中の電子の平均の速度 v は, (20.7)式の運動方程式に従う. 時刻 $t=0$ において $v=0$ とするとき, 電子の平均の速度 v を求めよ. さらに, この導体を流れる電流 $I(=envS)$ と電圧 $V(=EL)$ の間の関係を求めよ.

7. **[サイクロトロン運動]**　一様な磁場 B に垂直な平面を運動する質量 m, 電気量 q の荷電粒子がある. 磁束密度の向きを z 軸の正の向きに選び, $\boldsymbol{B} = B\boldsymbol{e}_z$ とする. 時刻 $t=0$ において, 原点 O から x 軸の正の向きに速度 $\boldsymbol{v} = v_0\boldsymbol{e}_x$ であるとき, 以下の小問に答えよ.

(a) 荷電粒子の運動方程式を書け．

(b) 荷電粒子の速度 v を求めよ．

(c) 荷電粒子の位置 r を求めよ．

(d) 荷電粒子の軌道を求め，その運動の特徴を述べよ．

8．[同軸ケーブルのつくる磁束密度]　内芯電極(半径 a の円柱)と外芯電極(半径 b の厚さを無視できる円筒)が同じ中心軸のケーブル(同軸ケーブル)について考える．内芯電極には電流 I，外芯電極には電流 $-I$ が流れているとき，電極間 $(a<r<b)$ の磁束密度 $\boldsymbol{B}$ をアンペールの法則を用いて求めよ．ただし，内芯電極と外芯電極の間は真空とする．

9．[トロイドコイルのつくる磁束密度]　図に示すような，半径 R の円を中心軸にした半径 a のコイル(トロイドコイル)がある．コイルの全巻き数は N であり，コイルには電流 I が流れている．$R \gg a$ として，円筒内部と円筒外部の磁束密度を求めよ．ただし，円筒内部と円筒外部はいずれも真空であるものとする．

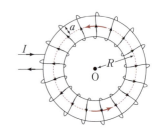

10．[一様な磁束密度の中を回転する導体棒に生じる誘導起電力]　z 軸の正の向きに一様な磁束密度 $\boldsymbol{B}=B\boldsymbol{e}_z$ の磁場が存在する．この磁場に垂直な平面(xy 平面)において，長さ L の導体棒の一端を原点 O として，原点 O を中心に棒を角速度 ω で回転させる．このとき，導体棒に生じる誘導起電力の大きさ V を求めよ．

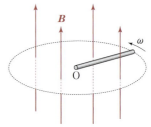

11．[単極誘導]　ファラデーの電磁誘導の法則では説明が困難な起電力の例として単極誘導がある．単極誘導に関する以下の小問に答えよ．

(a) [導体円板を回す場合]　図の(a)に示すように，z 軸の正の向きに一様な磁束密度 $\boldsymbol{B}=B\boldsymbol{e}_z$ の磁場の中で，半径 a の導体円板を中心軸(z 軸とする)の周りで反時計回りに一定の角速度 ω で回転させたところ，円板の中心と縁の間に起電力が生じた．この起電力を求めよ．

(b) [磁石を回す場合]　図の(b)に示すように，円板を固定して，磁石を z 軸の周りで時計回りに一定の角速度 ω で回転させたところ，今度は円板の中心と縁の間には起電力は生じなかった．この実験は，磁石に固定した座標系からみると，(a)の場合と同じ状況であるにも関わらず，起電力が生じない理由を述べよ．

12．[波動方程式の一般解]　(23.26)式の波動方程式の一般解が，$E_x(z,t)=f(z+ct)+g(z-ct)$ のダランベール解によって与えられることを示せ．ここで，$f(\xi)$ と $g(\zeta)$ はそれぞれ $\xi \equiv z+ct$ と $\zeta \equiv z-ct$ の任意の関数である．

13．[同軸ケーブルが運ぶポインティングベクトル]　内芯電極(半径 a の円柱)と外芯

電極(半径 b の厚さを無視できる円筒)が同じ中心軸のケーブル(同軸ケーブル)について考える．内芯電極と外芯電極の間には電圧 V が印加されており，内芯電極には電流 I，外芯電極には電流 $-I$ が流れているものとする．

(a) 内芯電極と外芯電極の間 $(a \leq r < b)$ の電場の大きさ $E(r)$ と電圧 V の関係を求めよ．

(b) $a \leq r < b$ での磁束密度の大きさ $B(r)$ を求めよ．

(c) $a \leq r < b$ でのポインティングベクトルの大きさ $S(r)$ を求めよ．

(d) ポインティングベクトル $S(r)$ を内芯電極と外芯電極の間の断面積で積分した値 P が，$P = IV$ となることを示せ．ただし，円筒は十分に長く，端の影響はないものとする．

14. [微分形のマクスウェル方程式] (23.1)式～(23.4)式の「積分形のマクスウェル方程式」に，以下に示すガウスの定理とストークスの定理を適用することで，微分形のマクスウェル方程式：

$$\nabla \cdot \boldsymbol{E}(\boldsymbol{r}, t) = \frac{\rho(\boldsymbol{r}, t)}{\varepsilon_0}$$

$$\nabla \cdot \boldsymbol{B}(\boldsymbol{r}, t) = 0$$

$$\nabla \times \boldsymbol{E}(\boldsymbol{r}, t) = -\frac{\partial \boldsymbol{B}(\boldsymbol{r}, t)}{\partial t}$$

$$\nabla \times \boldsymbol{B}(\boldsymbol{r}, t) = \mu_0 \left\{ \boldsymbol{i}_c(\boldsymbol{r}, t) + \varepsilon_0 \frac{\partial \boldsymbol{E}(\boldsymbol{r}, t)}{\partial t} \right\}$$

を導け．ただし，∇ は(8.26)式で導入したナブラである．

ガウスの定理

ベクトル場 $\boldsymbol{A}$ の閉曲面 S での面積分は，$\boldsymbol{A}$ の発散($= \nabla \cdot \boldsymbol{A}$)を閉曲面で囲まれた体積 V で体積分したものに等しく，すなわち，

$$\oint_S \boldsymbol{A} \cdot \boldsymbol{n} \, dS = \int_V \nabla \cdot \boldsymbol{A} \, dV$$

である．

ストークスの定理

ベクトル場 $\boldsymbol{A}$ の閉曲線 C に沿った周回積分は，$\boldsymbol{A}$ の回転($= \operatorname{rot} \boldsymbol{A}$)を C で囲まれる曲面 S で面積分したものに等しく，すなわち，

$$\oint_C \boldsymbol{A} \cdot \boldsymbol{t} \, ds = \int_S \nabla \times \boldsymbol{A} \, dS$$

である．

付　録

A． 物理学を学ぶための数学ミニマム

　ここでは，数学的な厳密さにはこだわらず，本書で物理学を学ぶ上で必要となる数学の要点を簡潔にまとめる．

A.1　テイラー展開および偏微分と全微分（完全微分）

1変数関数の導関数　　変数 x の関数 $f(x)$ の**導関数**は

$$\lim_{\Delta x \to 0} \frac{f(x+\Delta x)-f(x)}{\Delta x} = \frac{df}{dx} = f'(x) \tag{1}$$

によって定義される．同様に，$f'(x)$ の微分は

$$\lim_{\Delta x \to 0} \frac{f'(x+\Delta x)-f'(x)}{\Delta x} = \frac{df'}{dx} = f''(x) \tag{2}$$

となる．一般に，n 階導関数は $\dfrac{d^n f}{dx^n}$ または $f^{(n)}(x)$ のように表される．

1変数関数のテイラー展開　　関数 $f(x)$ を $x=x_0$ の周りでべき級数展開すると

$$\begin{aligned}
f(x) &= f(x_0) + \frac{1}{1!}f'(x_0)(x-x_0) + \frac{1}{2!}f''(x_0)(x-x_0)^2 + \cdots \\
&= \sum_{n=0}^{\infty} \frac{1}{n!}f^{(n)}(x_0)(x-x_0)^n
\end{aligned} \tag{3}$$

と表される．これを，$x=x_0$ の周りでの関数 $f(x)$ の**テイラー展開**という．特に，$x_0=0$ の周りでの展開を**マクローリン展開**という．

2変数関数の導関数　　2変数関数 $f(x,y)$ の導関数は，(1)式にならって

$$\lim_{\Delta x \to 0} \frac{f(x+\Delta x, y)-f(x,y)}{\Delta x} = \left(\frac{\partial f}{\partial x}\right)_y = f_x(x,y) \tag{4}$$

$$\lim_{\Delta y \to 0} \frac{f(x, y+\Delta y)-f(x,y)}{\Delta y} = \left(\frac{\partial f}{\partial x}\right)_x = f_y(x,y) \tag{5}$$

のように定義される．ここで，(4)式（ならびに(5)式）を関数 $f(x,y)$ の x（ならびに y）に関する**偏微分**という．

　同様に，$f_x(x,y)$ と $f_y(x,y)$ の微分（$f(x,y)$ の2次導関数）は

$$\frac{\partial}{\partial x}f_x(x,y) = \frac{\partial^2}{\partial x^2}f(x,y) = f_{xx}(x,y) \tag{6}$$

$$\frac{\partial}{\partial y}f_x(x,y) = \frac{\partial^2}{\partial y \partial x}f(x,y) = f_{xy}(x,y) \tag{7}$$

$$\frac{\partial}{\partial x}f_y(x,y) = \frac{\partial^2}{\partial x \partial y}f(x,y) = f_{yx}(x,y) \tag{8}$$

$$\frac{\partial}{\partial y}f_y(x,y) = \frac{\partial^2}{\partial y^2}f(x,y) = f_{yy}(x,y) \tag{9}$$

となる．f_{xy} と f_{yx} が連続であれば，$f_{xy}=f_{yx}$ が成り立つ．

2変数関数のテイラー展開　　2変数関数 $f(x,y)$ を $x=x_0$, $y=y_0$ の周りでテイラー展開すると

$$\begin{aligned}
f(x,y) &= f(x_0,y_0) + f_x(x_0,y_0)(x-x_0) + f_y(x_0,y_0)(y-y_0) \\
&\quad + \frac{1}{2!}\{f_{xx}(x_0,y_0)(x-x_0)^2 + 2f_{xy}(x_0,y_0)(x-x_0)(y-y_0) \\
&\quad + f_{yy}(x_0,y_0)(y-y_0)^2\} + \cdots
\end{aligned} \tag{10}$$

となる．ここで，f_{xy} と f_{yx} は連続であるとし，$f_{xy}=f_{yx}$ を用いた．

2変数関数の全微分　　2変数関数 $z=f(x,y)$ が偏微分可能なとき，x の変化を $\Delta x =$

$x - x_0$, y の変化を $\Delta y = y - y_0$ とすると，関数 z の変化 $\Delta z = f(x, y) - f(x_0, y_0)$ は，(10)式より $\Delta z = f_x(x_0, y_0)\Delta x + f_y(x_0, y_0)\Delta y + \cdots$ となる．Δz は，Δx と Δy が微小量の場合には，

$$dz = \left(\frac{\partial z}{\partial x}\right)_y dx + \left(\frac{\partial z}{\partial y}\right)_x dy \tag{11}$$

のように近似される．(11)式を $z = f(x, y)$ の**全微分**(**完全微分**ともよばれる)という．ここで，(4)式と(5)式より $f_x = (\partial z/\partial x)_y$, $f_y = (\partial z/\partial y)_x$ とした．

A.2　2階線形微分方程式

2階線形微分方程式　　変数 t の関数 x が満たす次の方程式

$$\frac{d^2 x}{dt^2} + P_1(t)\frac{dx}{dt} + P_2(t)x = Q(t) \tag{12}$$

を**2階線形微分方程式**という．ここで，$P_1(t)$, $P_2(t)$ そして $Q(t)$ は，いずれも t の関数である．特に，(12)式において，$Q(t) = 0$ の場合を**同次**(または**斉次**)であるといい，その場合の方程式，

$$\frac{d^2 x}{dt^2} + P_1(t)\frac{dx}{dt} + P_2(t)x = 0 \tag{13}$$

を**同次方程式**(または**斉次方程式**)という．((12)式の左辺は，x およびその1階と2階の導関数の1次の項のみ(同じ次数の項のみ)を含むので同次(斉次)であるが，右辺の $Q(t)$ は x の関数ではないので，$Q(t) \neq 0$ の場合の(12)式は非同次(非斉次)である．)

2階線形微分方程式の一般解と特殊解　　(13)式の同次方程式を満たす2つの独立な解を $x_1(t)$, $x_2(t)$ とするとき(2つの解 x_1 と x_2 が独立とは，$x_2/x_1 \neq 0$ を満たす場合)，(13)式の一般解 $x_c(t)$ は

$$x_c(t) = C_1 x_1(t) + C_2 x_2(t) \tag{14}$$

によって与えられる．ここで，C_1 と C_2 は任意の定数である．また，(12)式の非同次方程式の一般解 $x(t)$ は，

$$\begin{aligned} x(t) &= (\text{同次方程式の一般解}) + (\text{非同次方程式の特殊解}) \\ &= x_c(t) + x_p(t) \end{aligned} \tag{15}$$

によって与えられる．ここで，非同次方程式の特殊解 $x_p(t)$ とは，(12)式を満たす1つの解のこと，すなわち，(12)式の一般解における任意定数が特定の値をとったものである．

定数係数の同次方程式(斉次方程式)　　(13)式の同次方程式(斉次方程式)の $P_1(t)$ と $P_2(t)$ が定数の場合，すなわち，

$$\frac{d^2 x}{dt^2} + a\frac{dx}{dt} + bx = 0 \quad (a, b \text{ は定数}) \tag{16}$$

の場合，この方程式を**定数係数の同次方程式**(斉次方程式)とよぶ．この方程式の特殊解として，$x = e^{\lambda t}$ を仮定し，これを(16)式に代入して得られる2次方程式

$$\lambda^2 + a\lambda + b = 0 \tag{17}$$

を，(16)式の**特性方程式**という．

この特性方程式の解は以下の3つのケースに分類される．

(ⅰ)　$a^2 < 4b$ のとき，異なる2つの複素数の解($= \alpha \pm i\omega$)をもつ
(ⅱ)　$a^2 > 4b$ のとき，異なる2つの実数解($= \alpha, \beta$)をもつ
(ⅲ)　$a^2 = 4b$ のとき，重解($= \alpha$)をもつ

α, β, ω は，いずれも実数である．(ⅰ)〜(ⅲ)のケースに応じて，(17)式の一般解 $x_c(t)$ は，

(ⅰ)　$x_c(t) = e^{\alpha t}(C_1 \sin \omega t + C_2 \cos \omega t)$
(ⅱ)　$x_c(t) = C_1 e^{\alpha t} + C_2 e^{\beta t}$
(ⅲ)　$x_c(t) = (C_1 + C_2 t)e^{\alpha t}$

となる．ここで，C_1, C_2 は任意の定数である．

定数係数の非同次方程式(非斉次方程式)　　(13)式の同次方程式(斉次方程式)の $P_1(t)$ と $P_2(t)$ が定数かつ $Q(t) \neq 0$ の場合，すなわち，

$$\frac{d^2x}{dt^2} + a\frac{dx}{dt} + bx = Q(t) \qquad (a, b は定数) \tag{18}$$

の場合，この方程式を**定数係数の非同次方程式**（非斉次方程式）とよぶ．この方程式の解は(15)式のように $x(t) = x_\mathrm{c}(t) + x_\mathrm{p}(t)$ によって与えられるので，まずは，(17)式の同次方程式の一般解 $x_\mathrm{c}(t)$ を上述の方法で求め，次に，(18)式の非同次方程式の特殊解 x_p を求めるためには，表を参考に，$Q(t)$ の関数型に応じて特殊解 $x_\mathrm{p}(t)$ の関数型を予測し，それを(18)式に代入することで，未定係数を定めればよい．

表　非同次方程式の特殊解

$Q(t)$ の関数型	予想される特殊解の関数型
定数	定数
n 次式	n 次式
$Ae^{\alpha t}$	$Ce^{\alpha t}$
$A\sin\omega t$ または $A\cos\omega t$	$C_1\sin\omega t + C_2\cos\omega t$

※ $Q(t)$ がこの表にある関数の和で与えられる場合には，予想される特殊解も対応する関数型の和にすればよい．

A.3　ベクトルのスカラー積（内積）

スカラー積の定義　$\mathbf{0}$ でない2つのベクトル $\boldsymbol{A}$ と $\boldsymbol{B}$ に対して，$\boldsymbol{A}$ と $\boldsymbol{B}$ の**内積**は
$$\boldsymbol{A}\cdot\boldsymbol{B} = |\boldsymbol{A}||\boldsymbol{B}|\cos\theta = AB\cos\theta \tag{19}$$
によって定義される．ここで，$|\boldsymbol{A}| = A$ と $|\boldsymbol{B}| = B$ は，それぞれ $\boldsymbol{A}$ と $\boldsymbol{B}$ の大きさ（絶対値）であり，$0 \le \theta \le \pi$ は，$\boldsymbol{A}$ と $\boldsymbol{B}$ のなす角である．2つのベクトルの内積はスカラー（大きさのみをもつ量）であることから，内積は**スカラー積**ともよばれる．

スカラー積の性質　(19)式のスカラー積の定義から，ベクトル $\boldsymbol{A}$ の大きさ（絶対値）$|\boldsymbol{A}|$ は
$$|\boldsymbol{A}| = \sqrt{\boldsymbol{A}\cdot\boldsymbol{A}} \tag{20}$$
によって与えられることがわかる．また，$\boldsymbol{A}$ と $\boldsymbol{B}$ のなす角が $\theta = \pi/2$ のとき，すなわち，$\boldsymbol{A}$ と $\boldsymbol{B}$ とが**直交する**とき，(19)式より $\boldsymbol{A}\cdot\boldsymbol{B} = 0$ となる．
$$\boldsymbol{A}\perp\boldsymbol{B} \iff \boldsymbol{A}\cdot\boldsymbol{B} = 0 \tag{21}$$
ベクトルのスカラー積が満たす性質として以下のものがある．

(1)　交換則：　$\boldsymbol{A}\cdot\boldsymbol{B} = \boldsymbol{B}\cdot\boldsymbol{A}$
(2)　分配則：　$\boldsymbol{A}\cdot(\boldsymbol{B}+\boldsymbol{C}) = \boldsymbol{A}\cdot\boldsymbol{B} + \boldsymbol{A}\cdot\boldsymbol{C}$
(3)　結合則：　$(\lambda\boldsymbol{A})\cdot\boldsymbol{B} = \boldsymbol{A}\cdot(\lambda\boldsymbol{B}) = \lambda(\boldsymbol{A}\cdot\boldsymbol{B})$　　（λ は定数）

基底ベクトルとスカラー積　3次元のデカルト座標の x, y, z 軸にそれぞれ平行で大きさが1の単位ベクトル
$$\boldsymbol{e}_x = (1, 0, 0), \qquad \boldsymbol{e}_y = (0, 1, 0), \qquad \boldsymbol{e}_z = (0, 0, 1) \tag{22}$$
を3次元デカルト座標の**基底ベクトル**（または**基本ベクトル**）とよぶ．これら3つの基本ベクトルはそれぞれの大きさが1で，互いに直交しているので，
$$\boldsymbol{e}_x\cdot\boldsymbol{e}_x = 1, \qquad \boldsymbol{e}_x\cdot\boldsymbol{e}_y = 0, \qquad \boldsymbol{e}_x\cdot\boldsymbol{e}_z = 0 \tag{23}$$
$$\boldsymbol{e}_y\cdot\boldsymbol{e}_x = 0, \qquad \boldsymbol{e}_y\cdot\boldsymbol{e}_y = 1, \qquad \boldsymbol{e}_y\cdot\boldsymbol{e}_z = 0 \tag{24}$$
$$\boldsymbol{e}_z\cdot\boldsymbol{e}_x = 0, \qquad \boldsymbol{e}_z\cdot\boldsymbol{e}_y = 0, \qquad \boldsymbol{e}_z\cdot\boldsymbol{e}_z = 1 \tag{25}$$
が成り立つ．そこで，**クロネッカーのデルタ**とよばれる
$$\delta_{ij} \equiv \begin{cases} 1 & (i = j) \\ 0 & (i \neq j) \end{cases} \tag{26}$$
を導入すると，基本ベクトルのスカラー積は
$$\boldsymbol{e}_i\cdot\boldsymbol{e}_j = \delta_{ij} \qquad (i, j = x, y, z) \tag{27}$$
と表すことができる．

デカルト座標系の2つのベクトルのスカラー積　3次元デカルト座標での2つのベクトル $\boldsymbol{A} = A_x\boldsymbol{e}_x + A_y\boldsymbol{e}_y + A_z\boldsymbol{e}_z$ と $\boldsymbol{B} = B_x\boldsymbol{e}_x + B_y\boldsymbol{e}_y + B_z\boldsymbol{e}_z$ のスカラー積 $\boldsymbol{A}\cdot\boldsymbol{B}$ は，基底ベク

トルに対する(27)式の性質を用いて計算すると,
$$\boldsymbol{A} \cdot \boldsymbol{B} = A_x B_x + A_y B_y + A_z B_z \tag{28}$$
となる. したがって, ベクトル $\boldsymbol{A}$ の絶対値 $|\boldsymbol{A}|$ は,
$$|\boldsymbol{A}| = \sqrt{\boldsymbol{A} \cdot \boldsymbol{A}} = \sqrt{A_x^2 + A_y^2 + A_z^2} \tag{29}$$
となる. 最初の等号で(20)式を用い, 2番目の等号で(28)式を用いた.

A.4 ベクトル積(ベクトルの外積)

ベクトル積の定義　以下で示すように, 2つのベクトルの**外積**は(内積と違って)その結果がベクトルとなるように定義されるので, **ベクトル積**ともよばれる.

$\boldsymbol{0}$ でない2つのベクトル $\boldsymbol{A}$ と $\boldsymbol{B}$ のベクトル積を $\boldsymbol{A} \times \boldsymbol{B}$ と書くとき, その大きさ $|\boldsymbol{A} \times \boldsymbol{B}|$ は
$$|\boldsymbol{A} \times \boldsymbol{B}| = |\boldsymbol{A}||\boldsymbol{B}| \sin \theta = AB \sin \theta \tag{30}$$
によって定義される. (30)式は $\boldsymbol{A}$ と $\boldsymbol{B}$ を2辺とする平行四辺形の面積である.

一方, ベクトル積 $\boldsymbol{A} \times \boldsymbol{B}$ の向きは, $\boldsymbol{A}$ と $\boldsymbol{B}$ がつくる平面に垂直で, 右ネジを $\boldsymbol{A}$ から $\boldsymbol{B}$ に向かって回転させるときに, 右ネジが進む向きである. この定義からわかるように, $\boldsymbol{A}$ と $\boldsymbol{B}$ の掛け算の順序を逆にすると符号が変わり, 次の関係が成り立つ.
$$\boldsymbol{A} \times \boldsymbol{B} = -\boldsymbol{B} \times \boldsymbol{A} \tag{31}$$

基底ベクトルとベクトル積　(22)式で導入した3次元のデカルト座標の基底ベクトル $\boldsymbol{e}_x, \boldsymbol{e}_y, \boldsymbol{e}_z$ は次の関係を満たす.
$$\begin{cases} \boldsymbol{e}_x \times \boldsymbol{e}_x = \boldsymbol{0}, & \boldsymbol{e}_x \times \boldsymbol{e}_y = \boldsymbol{e}_z, & \boldsymbol{e}_x \times \boldsymbol{e}_z = -\boldsymbol{e}_y \\ \boldsymbol{e}_y \times \boldsymbol{e}_x = -\boldsymbol{e}_z, & \boldsymbol{e}_y \times \boldsymbol{e}_y = \boldsymbol{0}, & \boldsymbol{e}_y \times \boldsymbol{e}_z = \boldsymbol{e}_x \\ \boldsymbol{e}_z \times \boldsymbol{e}_x = \boldsymbol{e}_y, & \boldsymbol{e}_z \times \boldsymbol{e}_y = -\boldsymbol{e}_x, & \boldsymbol{e}_z \times \boldsymbol{e}_z = \boldsymbol{0} \end{cases} \tag{32}$$

デカルト座標系の2つのベクトルのベクトル積　3次元デカルト座標での2つベクトル $\boldsymbol{A} = A_x \boldsymbol{e}_x + A_y \boldsymbol{e}_y + A_z \boldsymbol{e}_z$ と $\boldsymbol{B} = B_x \boldsymbol{e}_x + B_y \boldsymbol{e}_y + B_z \boldsymbol{e}_z$ のベクトル積 $\boldsymbol{A} \times \boldsymbol{B}$ の各成分は, 基底ベクトルに対する(32)式の性質を用いて計算すると, 次のようになる.
$$(\boldsymbol{A} \times \boldsymbol{B})_x = A_y B_z - A_z B_y \tag{33}$$
$$(\boldsymbol{A} \times \boldsymbol{B})_y = A_z B_x - A_x B_z \tag{34}$$
$$(\boldsymbol{A} \times \boldsymbol{B})_z = A_x B_y - A_y B_x \tag{35}$$

B. 熱力学第2法則に関わる諸原理

B.1 クラウジウスの原理とトムソンの原理の等価性

17.3.1項で述べたクラウジウスの原理とトムソンの原理が等価であることを証明するためには, 次の2つの命題
  1. トムソンの原理が正しいならば, クラウジウスの原理は正しい.
  2. クラウジウスの原理が正しいならば, トムソンの原理は正しい.
を示せばよい. あるいは, これら2つの命題の対偶をとって,
  1. クラウジウスの原理が間違いならば, トムソンの原理は間違い.
  2. トムソンの原理が間違いならば, クラウジウスの原理は間違い.
を示してもよい. 以下では, 後者の証明を行う.

【命題1の証明】　「クラウジウスの原理が間違いならば, トムソンの原理は間違い」であることを証明するために, 「クラウジウスの原理に反する熱機関が存在するならば, トムソンの原理に反する熱機関が存在する」ことを示す.

図B.1(a)に示すように, 低熱源から高熱源に熱量 Q_2 を移動するだけで, 他に何の変化も残さない熱機関Ⓢ(= クラウジウスの原理に反する熱機関)を考える. これと同時に, 高熱源から熱量 Q_1 を受け取り, 外部に仕事 W を行い, 低熱源に熱量 Q_2 を放熱するようにカルノー機関Ⓒを運行させたとしよう.

いま, 熱機関Ⓢとカルノー機関Ⓒの2つを合わせた複合機関Ⓢ+Ⓒについて考える(図B.1(b)).

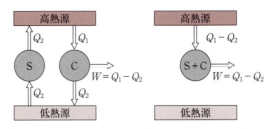

(a) クラウジウスの原理に反する熱機関Ⓢとカルノー機関Ⓒ

(b) トムソンの原理（ケルビン卿の原理）に反する複合機関Ⓢ+Ⓒ

図 B.1

このとき，複合機関Ⓢ+Ⓒは高熱源から $Q_1 - Q_2$ の熱量を受け取り，外部に仕事 W を行い，低熱源には放熱しない．これはトムソンの原理に反する．

以上より，「クラウジウスの原理に反する熱機関が存在するならば，トムソンの原理に反する熱機関が存在する」ことが示されたので，その対偶である「トムソンの原理が正しいならば，クラウジウスの原理は正しい」ことが証明された． (証明終了)

【命題2の証明】 「トムソンの原理が間違いならば，クラウジウスの原理は間違い」であることを証明するために，「トムソンの原理に反する熱機関が存在するならば，クラウジウスの原理に反する熱機関が存在する」ことを示す．

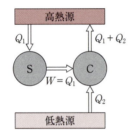 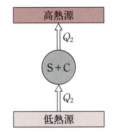

(a) トムソンの原理（ケルビン卿の原理）に反する熱機関Ⓢと逆カルノー機関Ⓒ

(b) クラウジウスの原理に反する複合機関Ⓢ+Ⓒ

図 B.2

図 B.2(a)に示すように，高熱源から熱量 Q_1 を受け取り，これをすべて仕事 W に変換するだけで，他に何の変化も残さない熱機関Ⓢ（＝トムソンの原理に反する熱機関）を考える．これと同時に，熱機関Ⓢのした仕事 W を利用して，低熱源から熱量 Q_2 を受け取り，高熱源に熱量 $Q_1 + Q_2$ を受け渡すようにカルノー機関Ⓒを逆サイクルさせたとしよう．

いま，熱機関Ⓢとカルノー機関Ⓒの2つを合わせた複合機関Ⓢ+Ⓒについて考える（図 B.2(b)）．このとき，複合機関Ⓢ+Ⓒは低熱源から Q_2 の熱量を受け取り，外部に仕事をすることなく，低熱源から受け取った熱量 Q_2 をそのまま高熱源に受け渡す．これはクラウジウスの原理に反する．

以上より，「トムソンの原理に反する熱機関が存在するならば，クラウジウスの原理に反する熱機関が存在する」ことが示されたので，その対偶である「クラウジウスの原理が正しいならば，トムソンの原理は正しい」ことが証明された． (証明終了)

命題1と命題2が証明されたので，**クラウジウスの原理とトムソンの原理（ケルビン卿の原理）は等価**である．

B.2 カルノーの定理の証明

17.3.2項で述べた「カルノーの定理」を証明する．

【証明】 1サイクルのうちに，温度 T_1 の高熱源から熱量 Q_1 を受け取り，外部に仕事 W を行い，温度 T_2 の低熱源に熱量 Q_2 を放熱する可逆機関Ⓡを考える．この可逆機関Ⓡを n 回逆サイクルで運行させたとき，Ⓡは外部から仕事 nW を受けて，低熱源から nQ_2 を受け取り，高熱源に熱量 nQ_1 を受け渡す（図 B.3(a)）．

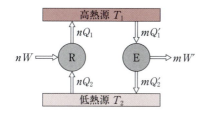
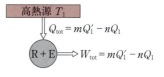

(a) n 回の逆サイクルを行う可逆機関Ⓡと m 回の順サイクルを行う任意の熱機関Ⓔ

(b) トムソンの原理（ケルビン卿の原理）に反する複合機関Ⓡ+Ⓔ

図 B.3

　また，上と同じ高熱源と低熱源の間で別の熱機関Ⓔを動作させることにする．なお，いまの段階ではⒺは可逆機関でも不可逆機関でもどちらでもよい．この熱機関Ⓔは，1 サイクルのうちに，高熱源から Q_1' の熱量を受け取り，外部に W' の仕事を行い，低熱源に Q_2' の熱量を放熱する．

　いま，図 B.3(a) に示すように，熱機関Ⓔを m サイクル運行させたときに，低熱源へ放出する熱量 mQ_2' が nQ_2（= 可逆機関Ⓡが n サイクルした際に低熱源から受け取る熱量）に等しく，

$$nQ_2 = mQ_2' \tag{36}$$

とする．このとき，ⓇとⒺの 2 つを合わせた複合機関Ⓡ+Ⓔは，高熱源から

$$Q_\text{tot} = mQ_1' - nQ_1 \tag{37}$$

の熱量を受け取り，低熱源に全く放熱することなく，外部に

$$W_\text{tot} = mQ_1' - nQ_1 \tag{38}$$

の仕事をすることになる（図 B.3(b)）．熱力学第 1 法則より $W_\text{tot} = Q_\text{tot}$ であるが，もし $Q_\text{tot} > 0$ であれば，Ⓡ+Ⓔはトムソンの原理（ケルビン卿の原理）に反する熱機関となってしまうので，それはあり得ない．したがって，

$$Q_\text{tot} = mQ_1' - nQ_1 \leq 0 \tag{39}$$

でなければならない．（外部からなされた仕事 W_tot をすべて熱 Q_tot に変換することは可能である．例えば，16.2 節のジュールの実験の結論である (16.4) 式がそれに当たる．）

　(36) 式と (39) 式より n と m を消去すると

$$\frac{Q_2}{Q_1} \leq \frac{Q_2'}{Q_1'} \tag{40}$$

の関係式を得られる．また一般に，熱機関の効率 η は (17.2) 式より

$$\eta \equiv \frac{W}{Q_1} = 1 - \frac{Q_2}{Q_1} \tag{41}$$

と与えられる（ここで，2 番目の等号に移る際に，熱力学第 1 法則 $W = Q_1 - Q_2$ を用いた）．したがって，可逆機関Ⓡの効率 $\eta_\text{R} = 1 - Q_2/Q_1$ と熱機関Ⓔの $\eta_\text{E} = 1 - Q_2'/Q_1'$ の間には，(40) 式より

$$\eta_\text{R} \geq \eta_\text{E} \tag{42}$$

の関係が成り立つ．

　カルノーの定理の証明の最終段階として，「(42) 式の等号が成り立つのは，熱機関Ⓔが可逆機関の場合」であることを証明する．そのために，熱機関Ⓔを可逆機関として，上の証明でのⓇとⒺを入れ替えて，上と同様の計算を行うことで，

$$\frac{Q_2}{Q_1} \geq \frac{Q_2'}{Q_1'} \tag{43}$$

が得られるから，ⓇとⒺの間には

$$\eta_\text{R} \leq \eta_\text{E} \tag{44}$$

の関係が成り立つ．すなわち，ⓇとⒺがいずれも可逆機関である場合には，(42) 式と (44) 式の両方が成り立つことになり，

$$\eta_\text{R} = \eta_\text{E} \quad (\text{ⓇとⒺがいずれも可逆機関の場合}) \tag{45}$$

でなければならない．

　以上をまとめると，ある可逆機関Ⓡの効率 η_R と任意の熱機関Ⓔの効率 η_E との間には

$$\boxed{\eta_\text{R} \geq \eta_\text{E} \quad (\text{等号はⒺが可逆機関の場合})} \tag{46}$$

の関係が成り立つ．こうして，カルノーの定理が証明された． （証明終了）

演習問題の略解

演習問題の略解の補足説明(PDF 版)を裳華房のホームページ(www.shokabo.co.jp)に掲載したので,必要に応じて参照してほしい(ダウンロード可).

第 I 部 【力学】

1. (a) $v(t) = v_0 + a_0 t$, $a(t) = a_0$
   (b) $v(t) = -A\omega \sin(\omega t + \delta)$
   $a(t) = -\omega^2 x(t)$
   (c) $v(t) = -\kappa x(t)$, $a(t) = -\kappa v(t)$
   (d) $v(t) = -\kappa x(t)$
   $\qquad - A\omega e^{-\kappa t} \sin(\omega t + \delta)$
   $a(t) = -\kappa v(t)$
   $\qquad + A\omega \kappa e^{-\kappa t} \sin(\omega t + \delta)$
   $\qquad - \omega^2 x(t)$

2. (a) $\omega = 7.3 \times 10^{-5}$ rad/s
   (b) $F_c = mR\omega^2$, $F_g = GmM/R^2$ (M は地球の質量)であるから $F_c/F_g = R\omega^2/g$ となる.ここで,重力加速度 $g = MG/R^2$ を用いた.したがって,
   $$\frac{F_c}{F_g} = \frac{R\omega^2}{g}$$
   $$= \frac{(6.4 \times 10^6) \times (7.3 \times 10^{-5})^2}{9.8}$$
   $$= 3.48 \times 10^{-3}$$
   となり,F_c は F_g の 1/300 程度である.
   (c) 地球の質量は
   $$M = \frac{gR^2}{G} = \frac{9.8 \times (6.4 \times 10^6)^2}{6.7 \times 10^{11}}$$
   $$= 6.0 \times 10^{24} \text{ kg}$$
   また,地球の体積は
   $$V = \frac{4}{3}\pi R^3 = 1.1 \times 10^{21} \text{ m}^3$$
   であるから,地球の密度は
   $$\rho = \frac{M}{V} = \frac{6.0 \times 10^{24}}{1.1 \times 10^{21}}$$
   $$= 5.5 \text{ kg/m}^3 = 5.5 \text{ g/cm}^3$$
   となる.

3. $\mu = \tan \theta_c$

4. $v(t) = v_0 e^{-\frac{\gamma}{m}t}$
   $x(t) = \frac{m}{\gamma} v_0 (1 - e^{-\frac{\gamma}{m}t})$

5. $x = -\frac{m}{\gamma}\left\{\frac{mg}{\gamma}(1 - e^{-\frac{\gamma}{m}t}) - gt\right\} + h$

6. 鉛直下向きを正として,
$$v = v_\infty \tanh\left(\frac{v_\infty \beta}{m} t\right)$$
となる.ここで,$v_\infty = \sqrt{mg/\beta}$ である.

7. いま,減衰振動の変位を $x_{\text{減}} = Ae^{-\kappa t}\cos\omega_1 t$ ($\kappa < \omega_0$),過減衰の変位の漸近形を $x_{\text{過}} \xrightarrow[t \to \infty]{} Ae^{-(\kappa - \sqrt{\kappa^2 - \omega_0^2})t}$ ($\kappa > \omega_0$),臨界減衰の変位の漸近形を $x_{\text{臨}} \xrightarrow[t \to \infty]{} Ate^{-\omega_0 t}$ ($\kappa = \omega_0$) とすると,
$$\lim_{t \to \infty} |x_{\text{臨}}|/|x_{\text{減}}| = 0 \text{ と } \lim_{t \to \infty} |x_{\text{臨}}|/|x_{\text{過}}| = 0$$
であるから,減衰振動と過減衰と比べて,臨界減衰の場合が,最も素早く変位がゼロになる(= 制動が効く).

8. (a) $\kappa = \gamma/2m$, $\omega_0 = \sqrt{k/m}$, $f_0 = F_0/m$ とおくと,与式は
$$\frac{d^2 x}{dt^2} + 2\kappa \frac{dx}{dt} + \omega_0^2 x = f_0 \cos \Omega t$$
となる.この方程式の一般解 $x(t)$ は,右辺がゼロの場合(同次方程式)の一般解 $x_c(t)$ に右辺がゼロでない場合(非同次方程式)の特解 $x_p(t)$ を付加した $x(t) = x_c(t) + x_p(t)$ によって与えられる.$x_c(t)$ は,7.5 節で述べたように,時間の経過とともに減衰するので,十分に時間が経過した後には無視できる.したがって,一般解 $x(t)$ は,非同次方程式の特解 $x_p(t)$ によって与えられる.特解を
$$x_p(t) = A\cos(\Omega t - \delta)$$
$$= A(\cos\Omega t \cos\delta + \sin\Omega t \sin\delta)$$
とおいて,振幅 A と位相 δ を求めると,
$$A = \frac{f_0}{\sqrt{(\omega_0^2 - \Omega^2)^2 + (2\kappa\Omega)^2}}$$
$$\tan\delta = \frac{2\kappa\Omega}{\omega_0^2 - \Omega^2}$$
が得られる.
   (b) 振幅 A が極大となる角振動数 Ω_r は,
$$\Omega_r = \sqrt{\omega_0^2 - 2\kappa^2}$$
である.また,$\Omega = \Omega_r$ での振幅 A_r は

$$A_\mathrm{r} = \frac{f_0}{\sqrt{(2\kappa^2)^2 + (2\kappa\sqrt{\omega_0^2 - 2\kappa^2})^2}}$$

となる. もし $\omega_0^2 \gg 2\kappa^2$ (すなわち, $\Omega_\mathrm{r} \approx \omega_0$) ならば, $A_\mathrm{r} \approx f_0/2\kappa\omega_0$ となる.

9. $x = \dfrac{a}{k}\sqrt{\dfrac{m}{k}}\left(\sqrt{\dfrac{k}{m}}\,t - \sin\sqrt{\dfrac{k}{m}}\,t\right)$

10. 保存力 $\boldsymbol{F}$ の作用のもとで, 点 A から点 B まで質点を移動させる際に, 経路 C_1 を辿った場合の仕事 $W_\mathrm{AB}^{(C_1)} = {}_{(C_1)}\!\int_\mathrm{A}^\mathrm{B}\boldsymbol{F}\cdot d\boldsymbol{s}$ と経路 C_2 を辿った場合の仕事 $W_\mathrm{AB}^{(C_2)} = {}_{(C_2)}\!\int_\mathrm{A}^\mathrm{B}\boldsymbol{F}\cdot d\boldsymbol{s}$ は等しく, $W_\mathrm{AB}^{(C_1)} = W_\mathrm{AB}^{(C_2)}$, すなわち, ${}_{(C_1)}\!\int_\mathrm{A}^\mathrm{B}\boldsymbol{F}\cdot d\boldsymbol{s} = {}_{(C_2)}\!\int_\mathrm{A}^\mathrm{B}\boldsymbol{F}\cdot d\boldsymbol{s}$ である.

この式の右辺の積分経路を逆行させて B → A として, 右辺を左辺に移行すると, ${}_{(C_1)}\!\int_\mathrm{A}^\mathrm{B}\boldsymbol{F}\cdot d\boldsymbol{s} + {}_{(C_2)}\!\int_\mathrm{B}^\mathrm{A}\boldsymbol{F}\cdot d\boldsymbol{s} = 0$ となる. この式の左辺の第 1 項は, 点 A から経路 C_1 を辿って点 B に到達することを表しており, 第 2 項は, 点 B から経路 C_2 を辿って点 A に戻ることを表している. すなわち, 第 1 項と第 2 項を合わせると, 閉じた経路 $C = C_1 + C_2$ を周回積分したことを表している. こうして, $\oint_C \boldsymbol{F}\cdot d\boldsymbol{s} = 0$ を得る.

11. (a) $v_0 = \sqrt{2gh},\quad t_0 = \sqrt{\dfrac{2h}{g}}$

    (b) $h_k = e^{2k}h,\quad t_k = e^k\sqrt{\dfrac{2h}{g}}$

    (c) $L = h\dfrac{1+e^2}{1-e^2},\quad T = \sqrt{\dfrac{2h}{g}}\dfrac{1+e}{1-e}$

12. (a) $\omega = \dfrac{d\theta}{dt} = \dfrac{v_0}{L}\cos^2\theta$

    (b) $\boldsymbol{L} = \boldsymbol{r}\times\boldsymbol{p} = (v_0 t\boldsymbol{e}_x + L\boldsymbol{e}_y)\times mv_0\boldsymbol{e}_x = -Lmv_0\boldsymbol{e}_z$ となり, 角運動量は一定である (保存される).

13. (a) $\tau = \sqrt{\dfrac{2h}{g+\alpha}}$

    (b) (1.149)式の g を $g+\alpha$ に置き換えることで,
    $$T = 2\pi\sqrt{\dfrac{l}{g+\alpha}}$$
    を得る.

14. $R = \dfrac{mg}{\cos\theta},\quad T = 2\pi\sqrt{\dfrac{g}{l\cos\theta}}$

15. (a) $\dfrac{1}{2}Ma^2$ (b) $M\left(\dfrac{a^2}{4} + \dfrac{2l^2}{3}\right)$

16. $\dfrac{3}{10}Ma^2$

17. (a) $T = \dfrac{1}{3}Mg,\quad a = \dfrac{2}{3}g$

    (b) $T = Mg,\quad \alpha = 2g$

    (c) $T = M(g+\beta),\quad \alpha = 2g+3\beta$

18. (a) $v_0 = \dfrac{\bar{F}}{M},\quad \omega_0 = \dfrac{5h}{2a^2}\dfrac{\bar{F}}{M}$

    (b) $u = v_0 - a\omega_0 = \left(1 - \dfrac{5h}{2a}\right)\dfrac{\bar{F}}{M}$

    (c) 球を突く高さ h に応じて, 以下の 4 つの場合に分類される.

    i. $h = \dfrac{2}{5}a$ の場合

    $u = 0$ であり, 球は滑らずに前方に転がる. したがって, 玉と水平面の間に摩擦力ははたらかず, 球は速度 v_0 で転がり続ける.

    ii. $a > h > \dfrac{2}{5}a$ の場合

    $u < 0$ であり, 回転の速度の方が並進の速度より速い (後向きに滑りながら前進する). すなわち, 摩擦力は前向きにはたらくので, 回転を減速し重心の並進運動を加速する. やがて球は滑らず前方に転がる.

    iii. $0 < h < \dfrac{2}{5}a$ の場合

    $u > 0$ であり, 回転の速度の方が並進の速度より遅い (前向きに滑りながら前進する). すなわち, 摩擦力は後向きにはたらくので, 回転を加速し, 並進を減速する. やがて玉は滑らずに前方に転がる.

    iv. $-a < h < 0$ の場合

    玉は上記 3 つの場合と逆回転する. 回転の速度の方が並進の速度より速い (後方に滑りながら前進する). すなわち, 摩擦力は後向きにはたらくので, やがて玉は滑らずに後方に転がる.

第 II 部 【熱力学】

1. 圧力 p を温度 T と体積 V の関数 $p = p(T, V)$ として, その微小変化 dp を

$$dp = \left(\frac{\partial p}{\partial T}\right)_V dT + \left(\frac{\partial p}{\partial V}\right)_T dV$$

のように全微分で表す．この式より，圧力＝一定 ($dp=0$) のもとでは，

$$0 = \left(\frac{\partial p}{\partial T}\right)_V dT + \left(\frac{\partial p}{\partial V}\right)_T dV$$

の関係が得られる．

この関係式の両辺を dT で割ると

$$\left(\frac{\partial p}{\partial T}\right)_V + \left(\frac{\partial p}{\partial V}\right)_T \frac{dV}{dT} = 0$$

となるが，この式が $dp=0$ の条件のもとで成り立つことを考えると，dV/dT は $(\partial V/\partial T)_p$ と書くことができるので，

$$\left(\frac{\partial p}{\partial T}\right)_V + \left(\frac{\partial p}{\partial V}\right)_T \left(\frac{\partial V}{\partial T}\right)_p = 0$$

となる．ここで $(\partial p/\partial T)_V$ は，$V=$ 一定のもとでの p と T の関係であるが，$V=$ 一定であれば，p は T のみの関数 $p=p(T)$ なので，

$$\left(\frac{\partial p}{\partial T}\right)_V = \frac{1}{\left(\frac{\partial T}{\partial p}\right)_V}$$

の関係が成り立つ．

したがって，

$$\left(\frac{\partial p}{\partial V}\right)_T \left(\frac{\partial V}{\partial T}\right)_p \left(\frac{\partial T}{\partial p}\right)_V = -1$$

が得られる．

2. 一辺の長さが L の立方体の各辺をそれぞれ微小量 dL だけ膨張させたとき，この立方体の体積変化 dV は $dV = (L+dL)^3 - L^3 \approx 3L^2 dL$ と表される．この式に (3.2) 式を適用すると，$dV = 3L^3 \alpha\, dt = 3\alpha V\, dt$ となる．一方，(3.3) 式より $\Delta V = \beta V\, dt$ であるから，両式を比較することで $\beta = 3\alpha$ が得られる．

3. (3.16) 式の中のモル体積 v を $v = V/n$ と書き直し，両辺に n を乗じることで，

$$\left(p + \frac{n^2 a}{V^2}\right)(V - nb) = nRT$$

のように，n モルのファン・デル・ワールス状態方程式が得られる．

4. (a) $\beta = \dfrac{1}{T}$

(b) $\beta = \dfrac{nRV^2}{pV^3 + n^2aV - 2n^3ab}$

5. (a) $C_V = C$

(b) $C_p - C_V$

$$= \frac{n^2 R^2 T V^3}{(V-nb)(pV^3 - n^2aV + 2n^3ab)}$$

6. (16.18) 式に $dT=0$ を代入することで，

$$dQ = \left\{\left(\frac{\partial U}{\partial V}\right)_T + p\right\} dV$$

を得る．この両辺を dV で割り，温度が一定での変化であることを踏まえて dQ/dV を $(\partial Q/\partial V)_T$ と書き直すことで，

$$\left(\frac{\partial Q}{\partial V}\right)_T = \left(\frac{\partial U}{\partial V}\right)_T + p$$

となる．

さらに，(16.26)～(16.28) 式を用いてこの式を書き直すことで，

$$\left(\frac{\partial Q}{\partial V}\right)_T = \frac{C_p - C_V}{\left(\frac{\partial V}{\partial T}\right)_p} = \frac{C_p - C_V}{\beta V}$$

を得る．

7. (a) $W = C_V \dfrac{\gamma - 1}{k - 1}(T_1 - T_2)$

(b) $Q = C_V \dfrac{k - \gamma}{k - 1}(T_2 - T_1)$

($\gamma = C_p/C_V$ は比熱比)

(c) $C = C_V \dfrac{k - \gamma}{k - 1}$

8. $W = nRT \ln\left(\dfrac{V_2 - nb}{V_1 - nb}\right)$
$\qquad - n^2 a\left(\dfrac{1}{V_1} - \dfrac{1}{V_2}\right)$

9. B→C の等積加熱変化で，気体は外部から $Q_{BC} = c_V(T_C - T_B)$ の熱量を吸収する．一方，D→A の等積冷却変化では，気体は外部に $Q_{DA} = c_V(T_D - T_A)$ の熱量を放出する．A→B と C→D は断熱変化なので，気体は熱的に遮断されており，$Q_{AB} = Q_{CD} = 0$ である．したがって，効率は

$$\eta = 1 - \frac{Q_{DA}}{Q_{BC}} = 1 - \frac{T_D - T_A}{T_C - T_B}$$

と表される．

また，A→B は断熱変化であるから，(16.39) 式より

$$\frac{T_A}{T_B} = \left(\frac{V_1}{V_2}\right)^{\gamma - 1}$$

が成り立ち，C→D も断熱変化であるから，

$$\frac{T_D}{T_C} = \left(\frac{V_1}{V_2}\right)^{\gamma - 1}$$

が成り立つので,
$$\frac{T_A}{T_B} = \frac{T_D}{T_C} \Rightarrow \frac{T_A}{T_D} = \frac{T_B}{T_C}$$
の関係が得られる.

これらの関係式より,効率は
$$\eta = 1 - \left(\frac{V_1}{V_2}\right)^{\gamma-1}$$
を得る.

10. 圧力が一定のもとでは $dQ = C_p dT$ であるから,
$$\Delta S_p = \int_{T_1}^{T_2} \frac{C_p dT}{T} = C_p \ln \frac{T_2}{T_1}$$
である.一方,体積が一定のもとでは $dQ = C_V dT$ であるから,
$$\Delta S_V = \int_{T_1}^{T_2} \frac{C_V dT}{T} = C_V \ln \frac{T_2}{T_1}$$
である.

したがって,
$$\frac{\Delta S_p}{\Delta S_V} = \frac{C_p}{C_V} = \gamma$$
となる.

11. 2つの混合液の最終的な温度は $(T_A + T_B)/2$ である.したがって,液体 A のエントロピー変化 ΔS_A は,
$$\Delta S_A = mc_p \int_{T_A}^{\frac{T_A+T_B}{2}} \frac{dT}{T}$$
$$= mc_p \ln \frac{(T_A + T_B)/2}{T_A}$$
であり,一方,液体 B のエントロピー変化 ΔS_B は,
$$\Delta S_B = mc_p \int_{T_B}^{\frac{T_A+T_B}{2}} \frac{dT}{T}$$
$$= mc_p \ln \frac{(T_A + T_B)/2}{T_B}$$
である.

こうして,全体のエントロピー変化は
$$\Delta S = \Delta S_A + \Delta S_B$$
$$= 2mc_p \ln \frac{(T_A + T_B)/2}{\sqrt{T_A T_B}}$$
である.また,T_A と T_B の相加平均 $= (T_A + T_B)/2$ は相乗平均 $= \sqrt{T_A T_B}$ より大きいので,$\Delta S \geq 0$(等号は $T_A = T_B$ の場合)である.

第Ⅲ部 【電磁気学】

1. (a) $E_x = E_y = 0$
$$E_z = \frac{\lambda}{2\varepsilon_0} \frac{az}{(a^2+z^2)^{3/2}}$$

(b) $E_r = 0 \quad (r < a)$
$$E_r = \frac{\sigma}{\varepsilon_0} \frac{a^2}{r^2} \quad (r \geq a)$$

2. 図に示すように,閉曲面Sの面積素 dS の法線ベクトルを $\bm{n}$,点電荷 q の位置(原点Oとする)から測った dS の位置ベクトルを $\bm{r}$ とする.$\bm{n}$ と $\bm{r}$ のなす角を θ とするとき,位置 $\bm{r}$ での電場 $\bm{E}$ の dS に垂直な成分 E_n は,
$$E_n = \bm{E} \cdot \bm{n} = \frac{1}{4\pi\varepsilon_0} \frac{q}{r^2} \cos\theta$$
と表される.

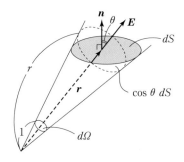

一方,dS が原点Oに対してつくる立体角を $d\Omega$ とすると,$\cos\theta\, dS : d\Omega = r^2 : 1$ すなわち,$\cos\theta\, dS = r^2 d\Omega$ であるから,
$$E_n dS = \frac{1}{4\pi\varepsilon_0} \frac{q}{r^2} \cos\theta\, dS$$
$$= \frac{q}{4\pi\varepsilon_0} d\Omega$$
となる.したがって,この式の両辺を閉曲面にわたって積分すると,
$$\oint E_n dS = \frac{q}{4\pi\varepsilon_0} \underbrace{\oint d\Omega}_{=4\pi} = \frac{q}{\varepsilon_0}$$
となり,(19.51)式が得られる.

3. (a) $E_r = 0 \quad (r < a)$
$$E_r = \frac{\sigma}{\varepsilon_0} \frac{a^2}{r^2} \quad (a \leq r < b)$$
$$E_r = 0 \quad (r \geq b)$$

(b) $E_r = \frac{\rho}{2\varepsilon_0} r \quad (r < a)$
$$E_r = \frac{\rho}{2\varepsilon_0} \frac{a^2}{r} \quad (r \geq a)$$

4. (a) $\phi = \frac{\rho}{6\varepsilon_0}(a^2 + r^2) \quad (r < a)$
$$\phi = \frac{\rho}{3\varepsilon_0} \frac{a^3}{r} \quad (r \geq a)$$

(b) $\phi = -\frac{\lambda}{2\pi\varepsilon_0} \ln r$

5. (a) $C = 4\pi\varepsilon_0 \frac{ab}{b-a}$

(b) $C = 2\pi\varepsilon_0 \dfrac{L}{\ln\dfrac{b}{a}}$

6. $v = \dfrac{eE}{\gamma}(1 - e^{-\frac{\gamma}{m}t})$

   $I = (1 - e^{-\frac{\gamma}{m}t})\dfrac{V}{R} \quad \left(R \equiv \dfrac{\gamma}{ne^2}\dfrac{L}{S}\right)$

7. (a) $m\dfrac{dv_x}{dt} = qv_y B,$

   $m\dfrac{dv_y}{dt} = -qv_x B, \quad m\dfrac{dv_z}{dt} = 0$

   (b) $v_x = v_0 \cos\omega_L t,$

   $v_y = -v_0 \sin\omega_L t, \quad v_z = 0$

   ここで，$\omega_L \equiv qB/m$ は**ラーモア周波数**とよばれる．

   (c) $x = \dfrac{v_0}{\omega_L}\sin\omega_L t,$

   $y = \dfrac{v_0}{\omega_L}(\cos\omega_L t - 1), \quad z = 0$

   (d) $x^2 + \left(y + \dfrac{v_0}{\omega_L}\right)^2 = \left(\dfrac{v_0}{\omega_L}\right)^2.$ すなわち，荷電粒子は $(x, y, z) = (0, v_0/\omega_L, 0)$ を中心に，xy 平面上の半径 v_0/ω_L の円周上を角速度 $\omega_L = qB/m$（ラーモア周波数）で円運動する．

8. 磁束密度 $\boldsymbol{B}$ の大きさは $B = \mu_0 I/2\pi r (a \leq r < b)$ であり，$\boldsymbol{B}$ の向きは，内芯電極に流れる電流 I の向きを右ネジが進む向きとするときに，右ネジが回る向きである．

9. 磁束密度 $\boldsymbol{B}$ の大きさは $B = \mu_0 NI/2\pi R$ であり，$\boldsymbol{B}$ の向きは，コイルに流れる電流の向きを右ネジが回る向きとするときに，右ネジが進む向きである．

10. $V = \dfrac{1}{2}\omega B L^2$

11. (a) $V = \dfrac{1}{2}\omega B a^2$

    (b) その昔は，磁石の N 極から出る（S 極に入る）磁力線は，（まるでブラシの毛のように）磁石の磁極に固定されており，磁石を回転させると磁力線も一緒に回転すると考えられていた．このように考えると，磁石を回転させると，円板を貫く磁力線も回転することになり，起電力が発生するはずである．しかしながら，この考え方は，磁力線が磁極（モノポール）から出入りすることが前提となっており，正しくない．

    本書で述べたように，磁場の発生源はモノポールではなく電流である．そこで，磁石も 1 つのソレノイドコイル（電磁石）のように考えることにする．電流が流れるソレノイドコイルを回転させても，磁束密度はコイルと一緒に回転することはない．その結果，円板を貫く磁力線も変化せず，起電力は発生しない．すなわち，この実験は，モノポールが存在しないことを裏付けているともいえる．

12. $\xi = z + ct, \zeta = z - ct$ とするとき，z と t の偏微分はそれぞれ

    $\dfrac{\partial}{\partial z} = \underbrace{\dfrac{\partial \xi}{\partial z}}_{=1}\dfrac{\partial}{\partial \xi} + \underbrace{\dfrac{\partial \zeta}{\partial z}}_{=1}\dfrac{\partial}{\partial \zeta}$

    $= \dfrac{\partial}{\partial \xi} + \dfrac{\partial}{\partial \zeta}$

    $\dfrac{\partial}{\partial t} = \underbrace{\dfrac{\partial \xi}{\partial t}}_{=c}\dfrac{\partial}{\partial \xi} + \underbrace{\dfrac{\partial \zeta}{\partial t}}_{=-c}\dfrac{\partial}{\partial \zeta}$

    $= c\left(\dfrac{\partial}{\partial \xi} - \dfrac{\partial}{\partial \zeta}\right)$

    となる．これら 2 式を (23.26) 式に代入すると，

    $$4c^2 \dfrac{\partial^2 E_x}{\partial \xi \partial \zeta} = 0$$

    が得られる．これを ξ で積分すると $\partial E_x/\partial \zeta = G(\zeta)$（ここで，$G(\zeta)$ は ζ の任意の関数）となり，さらにこれを ζ で積分すると，

    $E_x = f(\xi) + \displaystyle\int_\zeta G(\zeta')\,d\zeta'$

    $= f(\xi) + g(\zeta)$ （ダランベール解）

    が得られる．

    ここで，$g(\zeta) \equiv \displaystyle\int_\zeta G(\zeta')\,d\zeta'$ は ζ の任意の関数である．

13. (a) $E(r) = \dfrac{V}{r\ln\dfrac{b}{a}}$

    (b) $B(r) = \dfrac{\mu_0 I}{2\pi r}$

    (c) $S(r) = \dfrac{1}{\mu_0}E(r)B(r)$

    $= \dfrac{IV}{2\pi r^2 \ln\dfrac{b}{a}}$

    (d) $P = \displaystyle\int_a^b S(r) \cdot 2\pi r\,dr = IV$

14. 解答略

索　引

ア

アインシュタインの
　光量子仮説　236
アトウッドの器械　93
アボガドロの法則　112, 114
アモントン‐クーロンの
　摩擦法則　33, 34
粗い面　33
安定な平衡点　60
アンペア　5, 189
アンペールの法則　200, 203
アンペール‐マクスウェル
　の法則　221, 225
アンペール力　195

イ

位相　42
　初期——　42
位置エネルギー　57
位置ベクトル　5
因果的決定論　22
因果律　22

ウ

ウェーバー　208
うなり　52
運動エネルギー　62
　重心の——　79
　内部運動の——　79
運動の3法則　19
運動の第1法則
　（慣性の法則）　19
運動の第2法則
　（運動方程式）　20
運動の第3法則
　（作用・反作用の法則）
　24
運動方程式　20
　剛体の——　85
　質量中心に対する——
　74
　重心の——　75
　全角運動量の——　77

　ニュートンの——　20
運動量　23
　——のモーメント　67
　——保存の法則　25, 26,
　74
　角——　65

エ

MKSA単位系　5
MKS単位系　5
SI単位系　5
X線　231
エネルギー等分配則　119,
　120
遠隔作用　28, 156
遠心力　71
円柱座標　8
エントロピー　145, 146
　——増大の法則　146,
　147
　ボルツマンの——　20

オ

オットーサイクル　153
オーム　189
　——の第1法則　189
　——の第2法則　190
温度　106, 107, 108
温度計　109
　経験的——　111
　絶対——　111
　セルシウス——　110

カ

γ線　231
回転運動に対する慣性　89
回転数　17
外力　25, 72
ガウスの法則　170, 171, 172
　磁束密度に対する——
　199, 225
　電場に対する——　159,
　225
可逆機関（可逆サイクル）

　141
　不——　141
可逆変化　129
　不——　129
角運動量　65
　——の保存則　67
　原点の周りの
　　重心の——　80
　重心の周りの全——　80
　内部——　80
角振動数　43, 229
角速度　16
　——ベクトル　17
過減衰　46
重ね合わせの原理　163
可視光　231
加速度　12
　重力——　29
　等——運動　15
荷電粒子　30, 161
ガリレイの相対性原理　70
ガリレイ変換　69
カルノー効率　141
カルノーサイクル　137
カルノーの原理　144
カルノーの定理　143
カロリー　124
カロリック（熱素）　124
慣性　19, 89
　——系　19
　——質量　21, 29
　——抵抗　35
　——の法則
　　（運動の第1法則）　19
　——モーメント　89
　——力　69
　非——系　19
完全弾性衝突（弾性衝突）
　26
完全非弾性衝突　26
完全微分　127
　不——　127
緩和時間　40, 191

キ

気体定数　113
気体の分子運動論　116, 117
基底ベクトル
　（基本ベクトル）　6, 244
起電力　208
　　相互誘導——　217
　　誘導——　208
逆サイクル　142
逆2乗の法則　161
共振　49, 52
　　——振動数　52
強制振動　49
共鳴　52
巨視的な系　104
巨視的な性質　104
均一系　105
近接作用　28, 157
金属　181

ク

クォーク　160
クラウジウスの原理
　（熱力学第2法則）　143
クラウジウスの等式　146
クラウジウスの不等式　146
クロネッカーのデルタ　244
クーロン　29, 159
　　——の法則　30, 161
　　——力（静電気力）　30,
　　156, 161
　　電場に対する——の
　　　法則　164

ケ

経験的温度　111
ケルビン　111
原子　159
　　——核　159
現象論　105
減衰振動　46
原点（座標原点）　4
　　——の周りの重心の
　　　角運動量　80

コ

光子（光量子）　236

拘束条件　83
光速度不変の原理　68
剛体　3, 82
　　——の運動方程式　85
　　——の平面運動　96
　　——の力学　82
光電効果　235
光電子　235
高熱源　136
効率（熱効率）　136
　　熱——　136
固有振動数　49, 52
コリオリの力　71
コンデンサー　183
　　平行平板——　184

サ

3次元極座標　7
サイクル（循環過程）　135
　　オットー——　153
　　カルノー——　137
　　逆——　142
　　順——　142
最大摩擦力　33
作業物質　136
座標原点（原点）　4
作用　24
　　——・反作用の法則
　　　（運動の第3法則）　24

シ

cgs 単位系　5
紫外線　231
磁気モノポール
　（磁気単極子）　200
次元　6
試験電荷　164
自己インダクタンス　216
仕事関数　236
自己誘導　215
自然長　41
磁束　208
　　——線　199
　　反作用——　210
磁束密度　194
　　——に対するガウスの
　　　法則　199, 225
実在気体　111, 114

実体振り子（剛体振り子,
　物理振り子）　91
質点　2
　　——系　3, 72
質量中心　74
　　——に対する運動
　　　方程式　74
磁場（磁界）　157, 194
ジャーク（躍度）　13, 22
シャルルの法則　111
周期　17, 42
自由空間　225
重心（質量中心）　25, 75
　　——座標系　78
　　——の運動エネルギー
　　　79
　　——の運動方程式　75
　　——の周りの全角運動
　　　量　80
　　——ベクトル　75
終端速度　40
自由電子　181
自由度　7, 82
重力（万有引力）　27
　　——加速度　29
ジュール　54, 123
　　——の実験　125
　　——の法則　121
準安定電流　215
循環　201
　　——過程（サイクル）　135
瞬間の速度　10
順サイクル　142
準静的変化（準静的過程）
　128
状態方程式　115
　　ファン・デル・ワールス
　　　の——　115
　　理想気体の——　114
状態量　115
初期位相　42
初期条件　22
真空の透磁率　193
真空の誘電率　161
振動数　43
　　角——　43, 230
　　共振——　52
　　固有——　49, 52

振幅 42, 229

ス

垂直抗力 32
スカラー積(ベクトルの内積) 244
スタイナーの定理(平行軸の定理) 93
ストークスの抵抗法則 35

セ

静止摩擦係数 33, 34
静止摩擦力 33
静電エネルギー 186
静電気力(クーロン力) 156, 159
静電遮蔽(静電シールド) 182
静電場(静電界) 164
静電ポテンシャル(電位) 177
静電誘導 181
静電容量(電気容量) 183, 184
性能係数 142
赤外線 231
積分因子 127
絶縁体 181
接線ベクトル 201
絶対温度(熱力学的温度) 111
絶対時間 68
セルシウス温度(セ氏(摂氏)温度) 110
零ベクトル 15
全運動量の保存 77
全角運動量の運動方程式 77
線素 55
全微分 243
線膨張率 110

ソ

相互インダクタンス 217
相互作用 24
相互誘導 215, 217
　　──起電力 217
相当単振り子の長さ 91

相反関係 218
速度 10
　角── 16
　加── 12
　終端── 40
　瞬間の── 10
　平均の── 10
束縛力 32
ソレノイダル場 199

タ

第1種永久機関 135
第3ビリアル係数 114
体積分 86
体積膨張率 110
帯電 159
第2種永久機関 135
第2ビリアル係数 114
単極誘導 240
単振動 42
弾性 35
　──係数 36
　──衝突(完全弾性衝突) 26
　──体 35
　──率 36
　──力 36
　完全非──衝突 26
　非──衝突 26
断熱 123
　──系 147

チ

力の中心 67
力のモーメント(トルク) 67
中心力 67
中性子 159
張力 32
調和振動子 42
直交軸の定理(平板の定理) 94
直交座標 5

ツ

強い力 27

テ

定圧熱容量 132
定圧変化 128
定圧モル比熱 133
抵抗率 190
定常電流 189
定数係数の同次方程式 243
定数係数の非同次方程式 244
定数変化法 48
定積熱容量 131
定積変化 124
定積モル比熱 133
低熱源 136
ディメンション 6
テイラー展開 242
デカルト座標 5
テスラ 195
電位(静電ポテンシャル) 177
　──差(電圧) 177
電荷 29, 156, 159
　──保存則 160
　試験── 164
　誘導── 181
電気双極子 164
電気素量 160
電気抵抗(抵抗) 189
電気力線 169
電気量(電荷量, 電荷) 159
電子 159
　光── 235
　自由── 181
電磁気学 157
　──の第1の原理(電場に対するガウスの法則) 73
　──の第2の原理(磁束密度に対するビオ-サバールの法則) 197
　──の第3の原理(ファラデーの電磁誘導の法則) 212
　──の第4の原理(マクスウェルの変位電流の法則) 222

電磁気力　27
電磁波　157, 219, 223, 231
電磁誘導　207
　　ファデラーの――の
　　　法則　211, 212, 225
点電荷　30, 161
伝導電流　221
　　――密度　221
電場（電界）　157, 159, 163, 164
　　――に対するガウスの
　　　法則　159, 225
　　――に対するクーロン
　　　の法則　164
　　――のエネルギー密度
　　　187
　　静――　164
　　反――　181
　　誘導――　211
電波　231
電流　5, 157, 188
　　準安定――　215
　　変位――　221
　　誘導――　208

ト

等温変化　128
等価原理　69
等加速度運動　15
導関数　242
統計力学　116
同次（斉次）　243
等時性　42, 45, 47
同次方程式（斉次方程式）
　　243
　　定数係数の――　243
　　定数係数の非――　244
　　非――　50
等速運動　15
等速円運動　16
導体　181
　　半――　181
等電位面　180
等ポテンシャル面　60, 180
動摩擦係数　33, 34
動摩擦力　33
特殊解（特解）　42
特性方程式　43, 243

トムソンの原理（ケルビン
　卿の原理）　143
トライボロジー　34
トルク（力のモーメント）
　　67

ナ

内積（スカラー積）　244
内部運動の運動エネルギー
　　79
内部エネルギー　120
内部角運動量　80
内力　25, 72
ナブラ　59
なめらかな面　33

ニ

2階線形微分方程式　243
2次元極座標　7
ニュートンの運動方程式
　　（ニュートン方程式）　20
ニュートンの抵抗則　35

ネ

熱　122
熱エネルギー　124
熱機関　135
熱効率（効率）　136
熱の仕事当量　124
熱平衡状態　107
熱膨張　110
熱容量　130
　　定圧――　132
　　定積――　131
熱浴（熱源）　109
熱力学第0法則（熱平衡の
　法則）　105, 108
熱力学第1法則（エネルギ
　ー保存の法則）　105, 122, 126
熱力学第2法則（不可逆性
　の法則）　105
熱力学第2法則（クラウジ
　ウスの原理）　135, 143
熱力学的温度（絶対温度）
　　14, 111, 144, 145
熱量　123
粘性係数　35

粘性抵抗　35

ハ

波数　229
波動方程式　228
バネ振り子　41
速さ　11
反作用　24
　　――磁束　210
反電場　181
半導体　181
反発係数（はね返り係数）
　　26
万有引力（重力）　27
　　――定数　28
　　――の法則　28

ヒ

ビオ-サバールの法則　196
光の波動説　234
光の粒子説　234
非慣性系　19
非弾性衝突　26
非同次方程式　50
比熱比　134
非平衡系の熱力学　107
非平衡状態　107
非保存力　56

フ

ファラッド　183
ファラデーの電磁誘導の
　法則　211, 212, 225
不安定な平衡点　60
ファン・デル・ワールスの
　状態方程式　115
不可逆機関　141
不可逆変化（不可逆過程）
　　129
不完全微分　127
複素共役　44
フックの力　36
フックの法則　36
プランク定数　236
プリンキピア　18
フレミングの左手の法則
　　195
分散関係　230

ヘ

閉曲面　171
平均の速度　10
平衡系の熱力学　107
　　非――　107
平行軸の定理(スタイナーの定理)　93
平行平板コンデンサー　184
平板の定理(直交軸の定理)　94
ベクトル　4
　　――積(ベクトルの外積)　25
　　位置――　5
　　基底――　6, 244
　　重心――　75
　　接線――　201
　　零――　15
　　ポインティング――　233
　　法線――　172
ベルヌーイの関係式　119
変位　10
変位電流　221
　　――密度　221
　　マクスウェルの――の法則　221
変数分離形　38
変数分離法　38
偏微分　59, 242
ヘンリー　216

ホ

ポアソンの関係式　134
ボイル‐シャルルの法則　112
ボイルの法則　112
ポインティングベクトル　233
法線ベクトル　172
保存力　56
　　――場　60
　　非――　56
ポテンシャルエネルギー(ポテンシャル)　57
ポリトロープ変化(多方変化)　152
ボルツマン定数　119
ボルツマンのエントロピー　151
ボルト　177
ホール電場　213

マ

マイヤーの関係式　132
マクスウェルの変位電流の法則　221
マクスウェル方程式　157, 225
マクローリン展開　242
摩擦角　100
摩擦力　33
　　最大――　33
　　静止――　33
　　動――　33

ミ

右ネジの法則(右手の法則)　194

モ

モル体積　113
モル比熱　133
　　定圧――　133
　　定積――　133

ヤ

躍度(ジャーク)　13
ヤングの実験　234

ユ

誘導起電力　208
誘導電荷　181
誘導電場　211
誘導電流　208

ヨ

4つの基本的な力　27
4つの原理　157
陽子　159
横波　231
弱い力　27

ラ

ラジアン　42
　　――毎秒　16

リ

力学　2
　　剛体の――　82
力学的エネルギー　62
　　――保存の法則　62
理想気体　111, 117
　　――温度　111
　　――の状態方程式　114
流体力学　35
量子　237
　　――力学　237
臨界減衰　46

レ

レイノルズ数　36
レンツの法則　210

ロ

ローレンツ力　196

著者略歴

山本貴博(やまもと たかひろ)

1975 年　大分県生まれ
1998 年　東京理科大学理学部物理学科卒業
2003 年　東京理科大学大学院理学研究科物理学専攻 博士課程修了．博士（理学）
同　年　科学技術振興事業団（現・科学技術振興機構）博士研究員
2005 年　東京理科大学理学部 助手
2008 年　東京大学大学院工学系研究科 助教
2011 年　東京理科大学工学部 講師
2015 年　東京理科大学工学部 准教授
2019 年　東京理科大学工学部 教授
2020 年　東京理科大学理学部 教授

主な著書：「基礎からの 量子力学」（共著，裳華房）
　　　　　「工学へのアプローチ 量子力学」（裳華房）

基礎からの 物理学

2016 年 11 月 25 日　第 1 版 1 刷発行
2021 年 2 月 15 日　第 4 版 1 刷発行
2024 年 3 月 10 日　第 4 版 2 刷発行

検印省略

定価はカバーに表示してあります．

著作者　山 本 貴 博
発行者　吉 野 和 浩
　　　　東京都千代田区四番町 8-1
　　　　電 話　03-3262-9166（代）
発行所　郵便番号　102-0081
　　　　株式会社　裳 華 房
印刷所　三美印刷株式会社
製本所　株式会社　松 岳 社

一般社団法人
自然科学書協会会員

JCOPY〈出版者著作権管理機構 委託出版物〉
本書の無断複製は著作権法上での例外を除き禁じられています．複製される場合は，そのつど事前に，出版者著作権管理機構（電話03-5244-5088，FAX 03-5244-5089, e-mail: info@jcopy.or.jp）の許諾を得てください．

ISBN 978-4-7853-2252-6

Ⓒ 山本貴博, 2016　　Printed in Japan

力学・電磁気学・熱力学のための 基礎数学

松下 貢 著　Ａ５判／２色刷／242頁／定価 2640円（税込）

「力学」「電磁気学」「熱力学」に共通する道具としての数学を一冊にまとめ，豊富な問題と共に，直観的な理解を目指して懇切丁寧に解説した．取り上げた題材には，通常の「物理数学」の書籍では省かれることの多い「微分」と「積分」，「行列と行列式」も含めた．

【担当編集者より】
「力学」で微分方程式が解けず，勉強に力が入らない．
「電磁気学」でベクトル解析がわからず，ショックだ．
「熱力学」で偏微分に悩み，熱が出た．……
そんな悩める貴方の，頼もしい味方になってくれる一冊です．

【主要目次】
1. 微　分
2. 積　分
3. 微分方程式
4. 関数の微小変化と偏微分
5. ベクトルとその性質
6. スカラー場とベクトル場
7. ベクトル場の積分定理
8. 行列と行列式

本質から理解する 数学的手法

荒木 修・齋藤智彦 共著　Ａ５判／２色刷／210頁／定価 2530円（税込）

「数学は得意ではないけれども，嫌いではない．だから何とか本質から理解したい」という学生のための入門書．
大学理工系の1, 2年生で学ぶ道具としての基礎数学の各テーマについて，「この数学を学ぶことにどんな意味があるのか」「本質は何か」「何の役に立つのか」という問題意識を常に持って考えるためのヒントや解答を丁寧に解説した．類書では省かれることの多い「群論」の初歩も収めた．

【主要目次】
1. 基本の「き」
2. テイラー展開
3. 多変数・ベクトル関数の微分
4. 線積分・面積分・体積積分
5. ベクトル場の発散と回転
6. フーリエ級数・変換とラプラス変換
7. 微分方程式
8. 行列と線形代数
9. 群論の初歩

大学初年級でマスターしたい 物理と工学の ベーシック数学

河辺哲次 著　Ａ５判／284頁／定価 2970円（税込）

大学の理工系学部で主に物理と工学分野の学習に必要な基礎数学の中で，特に1, 2年生のうちに，ぜひマスターしておいてほしいものを扱った．そのため，学生がなるべく手を動かして修得できるように，具体的な計算に取り組む問題を豊富に盛り込んでいる．

【主要目次】
1. 高等学校で学んだ数学の復習 ―活用できるツールは何でも使おう―
2. ベクトル ―現象をデッサンするツール―
3. 微分 ―ローカルな変化をみる顕微鏡―
4. 積分 ―グローバルな情報をみる望遠鏡―
5. 微分方程式 ―数学モデルをつくるツール―
6. 2階常微分方程式 ―振動現象を表現するツール―
7. 偏微分方程式 ―時空現象を表現するツール―
8. 行列 ―情報を整理・分析するツール―
9. ベクトル解析 ―ベクトル場の現象を解析するツール―
10. フーリエ級数・フーリエ積分・フーリエ変換 ―周期的な現象を分析するツール―

山本貴博先生ご執筆の書籍
工学へのアプローチ 量子力学

山本貴博 著　Ａ５判／208頁／定価 2640円（税込）

工学へのアプローチを念頭においた量子力学の入門書としての立場から，早い段階でシュレーディンガー方程式を導入し，その応用例に触れることで，量子力学的世界観に慣れ親しめるように工夫した．

裳華房ホームページ　https://www.shokabo.co.jp/

物　理　定　数

量	値
重力加速度	$g = 9.80665$ m/s^2
万有引力定数	$G = 6.67408 \times 10^{-11}$ N m^2/kg^2
太陽の質量	$S = 1.9891 \times 10^{30}$ kg
電子の静止質量	$m_e = 9.10938356 \times 10^{-31}$ kg
陽子の静止質量	$m_p = 1.672621898 \times 10^{-27}$ kg
中性子の静止質量	$m_n = 1.67492894 \times 10^{-27}$ kg
原子質量単位	$1u = 1.66054018 \times 10^{-27}$ kg
	$= 931.494322$ MeV
エネルギー	$1eV = 1.60217733 \times 10^{-19}$ J
1気圧	$1atm = 1.01325 \times 10^5$ N/m^2
気体1 mol の体積（0℃，1気圧）	$V_0 = 2.241410 \times 10^{-2}$ m^3/mol
1 mol の気体定数	$R = 8.314510$ J/K mol
アボガドロ定数	$N_A = 6.022140857 \times 10^{23}$/mol
熱の仕事当量	$J = 4.1855$ J/cal
ボルツマン定数	$k_B = 1.38064852 \times 10^{-23}$ J/K
真空中の光速	$c = 2.99792458 \times 10^8$ m/s
真空の誘電率	$\varepsilon_0 = 10^7/4\pi c^2 = 8.85418782 \times 10^{-12}$ F/m
真空の透磁率	$\mu_0 = 4\pi/10^7 = 1.25663706 \times 10^{-6}$ H/m
素電荷	$e = 1.60217733 \times 10^{-19}$ C
電子の比電荷	$e/m_e = 1.758820024 \times 10^{11}$ C/kg
ボーア半径	$a_0 = 4\pi\varepsilon_0\hbar^2/m_e e^2 = 5.29177249 \times 10^{-11}$ m
ボーア磁子	$\mu_B = eh/2m_e = 9.2740154 \times 10^{-24}$ J/T
プランク定数	$h = 6.6260756 \times 10^{-34}$ J s
	$\hbar = h/2\pi = 1.05457266 \times 10^{-34}$ J s

ギリシャ文字

大文字	小文字	読み方	大文字	小文字	読み方
A	α	アルファ	N	ν	ニュー
B	β	ベータ	Ξ	ξ	グザイ（クシー）
Γ	γ	ガンマ	O	o	オミクロン
Δ	δ	デルタ	Π	π	パイ
E	ε, ϵ	イプシロン	P	ρ	ロー
Z	ζ	ゼータ（ツェータ）	Σ	σ	シグマ
H	η	イータ（エータ）	T	τ	タウ
Θ	θ, ϑ	シータ（データ）	Υ	υ	ユープシロン
I	ι	イオタ	Φ	ϕ, φ	ファイ
K	κ	カッパ	X	χ	カイ
Λ	λ	ラムダ	Ψ	ψ	プサイ
M	μ	ミュー	Ω	ω	オメガ